U0662389

信息技术基础
（Windows 11+WPS Office 2019）

韩　登　郭伟业　庞英智　主编
仇新红　贾　骋　董亚男　副主编

清华大学出版社
北　京

内 容 简 介

本书紧跟信息技术、信息社会发展动态，内容丰富、实用、通俗易懂，结构清晰，具有很强的实用性，旨在提高学生的信息素养水平，增强个体在信息社会的适应力与创造力。全书分 7 个单元，涵盖了从基础操作到高级应用的内容，具体包括：认识 Windows 11、WPS Office 文字处理、WPS Office 表格处理、WPS Office 演示文稿制作、信息检索、新一代信息技术概述及信息素养与社会责任。本书内容组织采用"任务驱动、案例引导、知识链接"的编排方式，每个单元的内容都经过精心设计，确保理论知识与实践技能的有机结合。

本书为新形态一体化教材，配有丰富的数字化学习资源，包括案例素材、课程标准、微课视频、授课用PPT、习题答案等。

本书可作为 WPS 办公应用1＋X 证书的初级和中级认证相关教学与培训用书，也可作为高职院校及中职院校各专业公共基础课的教材或教学参考用书，还可作为计算机操作培训教材和信息技术爱好者的自学参考书。

本书封面贴有清华大学出版社防伪标签，无标签者不得销售。

版权所有，侵权必究。举报：**010-62782989，beiqinquan@tup. tsinghua. edu. cn**。

图书在版编目(CIP)数据

信息技术基础：Windows 11＋WPS Office 2019/韩登，郭伟业，庞英智主编.

北京：清华大学出版社，2025.9. -- ISBN 978-7-302-69931-6

Ⅰ. TP316.7；TP317.1

中国国家版本馆 CIP 数据核字第 202523Y30J 号

责任编辑：吴梦佳
封面设计：常雪影
责任校对：袁　芳
责任印制：刘　菲

出版发行：清华大学出版社
　　　　网　　　址：https://www.tup.com.cn，https://www.wqxuetang.com
　　　　地　　　址：北京清华大学学研大厦 A 座　　　　邮　　编：100084
　　　　社 总 机：010-83470000　　　　邮　　购：010-62786544
　　　　投稿与读者服务：010-62776969，c-service@tup.tsinghua.edu.cn
　　　　质量反馈：010-62772015，zhiliang@tup.tsinghua.edu.cn
　　　　课件下载：https://www.tup.com.cn，010-83470410
印 装 者：大厂回族自治县彩虹印刷有限公司
经　　销：全国新华书店
开　　本：185mm×260mm　　　　印　　张：14　　　　字　　数：356 千字
版　　次：2025 年 9 月第 1 版　　　　印　　次：2025 年 9 月第 1 次印刷
定　　价：49.00 元

产品编号：107366-01

前　言

　　随着信息技术的飞速发展,信息技术在经济社会各领域的应用日益广泛,已成为推动社会进步和发展的重要力量。为贯彻落实《国家职业教育改革实施方案》和《职业教育提质培优行动计划(2020—2023年)》,积极响应党的二十大精神,我们根据教育部颁布的《高等职业教育专科信息技术课程标准(2021年版)》的要求,精心组织编写了本书。

　　本书旨在培养学生在信息化时代背景下所必需的信息素养、计算思维、数字化创新与发展能力,同时树立正确的信息社会价值观和责任感,为其未来的职业发展、终身学习及服务社会奠定坚实的基础。全书内容紧扣课程标准,紧密结合当前信息技术的发展趋势和实际需求,力求做到科学性、实用性和前瞻性的统一。

　　本书具有以下主要特点。

　　(1)立德树人,德育为先。本书在编写过程中,始终贯彻"价值塑造、能力培养、知识传授"三位一体的育人理念,巧妙地将德育元素融入理论知识和实际操作中,深入挖掘和提炼课程的德育功能,力求培养有担当、高素质、高水平的专业型人才。每单元后的"信息中国"旨在通过展现中国技术的发展历程、现状与未来趋势,增强学生的民族自豪感和责任感。

　　(2)任务驱动,案例引导。本书采用了"任务驱动、案例引导、知识链接"的编排方式,每个单元都通过实际案例和任务来引导学生学习和掌握信息技术技能。本书内容涵盖了从基本操作到高级应用的各个方面,确保学生能够在真实情境中提升实操能力。

　　(3)数字资源,丰富多样。为支持现代化教学,本书配备了丰富的数字资源,包括案例素材、微课、PPT、教学标准、电子教案等。通过扫描二维码,学生可以随时随地查阅相关资源,教师也可以利用这些资源提升教学效果,方便进行线上线下混合式教学。

　　(4)知识链接,能力培养。每个任务模块不仅提供了详细的操作步骤,还通过"知识链接"部分帮助学生理解相关的理论知识。任务实施和实训环节鼓励学生在实际操作中探索和解决问题,提升自主学习能力和实际应用能力。

　　(5)实训任务,技能提升。每个单元都配有实训任务,这些任务设计紧扣实际工作需求,帮助学生将所学知识应用于实际场景中。通过这些实训任务,学生可以熟练掌握WPS Office文字处理的各项技能,如页面设置、字体调整、图片插入等,提高文档编辑和排版的能力。

　　本书共分为7个单元,涵盖了从基础操作到高级应用的内容,具体包括:

认识 Windows 11、WPS Office 文字处理、WPS Office 表格处理、WPS Office 演示文稿制作、信息检索、新一代信息技术概述及信息素养与社会责任。每个单元的内容都经过精心设计,确保理论知识与实践技能的有机结合。

本书由韩登、郭伟业、庞英智担任主编并负责统稿,仇新红、贾骋、董亚男担任副主编,林林、王强、韩志奇、高欣欣、宫赫聪、郑贺伟、吴莹、秦硕、宫志国参与了教材配套资源的制作。其中单元1、单元5由韩登编写,单元2由郭伟业编写,单元3由庞英智编写,单元4由仇新红编写,单元6由贾骋编写,单元7由董亚男编写。

由于编者水平有限,书中难免存在不足之处,恳请各位专家、广大师生及同人批评指正,以便在今后的修订中不断完善。

编 者

2025 年 4 月

目 录

单元 1　认识 Windows 11

知识目标

1. 掌握操作系统的基本概念，深入了解 Windows 11 的特点及其在操作系统领域中的地位和作用。

2. 深入了解 Windows 11 的用户界面布局，包括开始菜单、任务栏、桌面等，以及其基本元素(如窗口、对话框、图标、按钮等)的功能和用法。

3. 理解个性化设置的重要性，掌握 Windows 11 提供的个性化选项，包括主题、桌面背景、屏幕保护程序、分辨率等的设置方法。

4. 熟悉标准键盘布局和键位功能，了解指法输入的基本规范和技巧，以及 Windows 11 中的常用快捷键及其功能。

技能目标

1. 能够熟练启动、关闭 Windows 11 操作系统，并熟练使用其文件管理功能，包括文件的创建、打开、编辑、保存、复制、粘贴、移动和删除等。

2. 能够根据个人喜好和实际需求，自定义 Windows 11，包括个性化设置和高级定制方法。

3. 学会使用 Windows 11 的快捷键提高操作效率，并在不同的软件环境中灵活使用快捷键以提高工作效率。

4. 学会正确的打字姿势和指法，提高打字速度和准确性，为高效工作奠定基础。

素质目标

1. 培养对操作系统的兴趣和深入探索精神，愿意持续学习和掌握新技术。

2. 培养规范的计算机使用习惯，了解操作系统在保护数据安全、提高工作效率方面的重要性，并能在实际工作中加以应用。

3. 通过个性化定制 Windows 11 工作环境，提高工作和学习的舒适度，进一步激发学习和工作的热情。

4. 培养良好的打字习惯和技能，提高个人职业竞争力，为未来的职业发展打下坚实的基础。

任务 1.1　了解并使用操作系统

1.1.1　任务描述

本任务旨在帮助学生全面了解 Windows 11 操作系统，通过实际操作掌握其基本概念、界面布局和基本元素。同时，通过练习文件管理和软件安装与卸载，提高学生的计算机操作技能。在完成任务的过程中，培养学生的探索精神和规范使用计算机的习惯。

1.1.2　任务实施

1. 启动 Windows 11 操作系统

首先，需确保计算机电源已接通，并处于待机状态。随后，按下计算机主机上的电源按钮，此时系统将开始自检并加载必要的启动程序。在启动过程中，可能会看到制造商的徽标或启动画面，随后将进入 Windows 11 的登录界面。在登录界面中需输入正确的账户密码或使用其他认证方式（如指纹识别、面部识别等）进行登录。登录成功后，系统将加载个性化设置和桌面环境，最终呈现 Windows 11 的完整操作界面。

2. 利用"开始"菜单启动程序

在 Windows 11 中打开"记事本"应用程序，操作步骤如下：打开"记事本"窗口，通过单击任务栏或"开始"菜单中的应用程序图标来打开窗口，如图 1-1 所示；或使用 Win＋R 组合键打开"运行"对话框，输入程序名称 notepad，单击"确定"按钮，如图 1-2 所示。

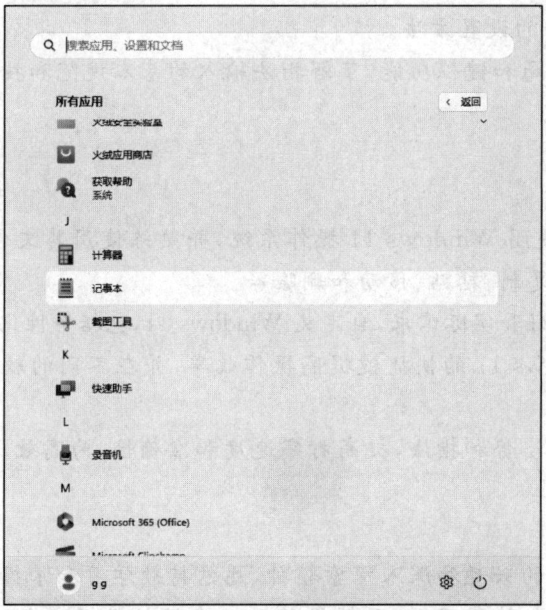

图 1-1　"开始"菜单→"记事本"

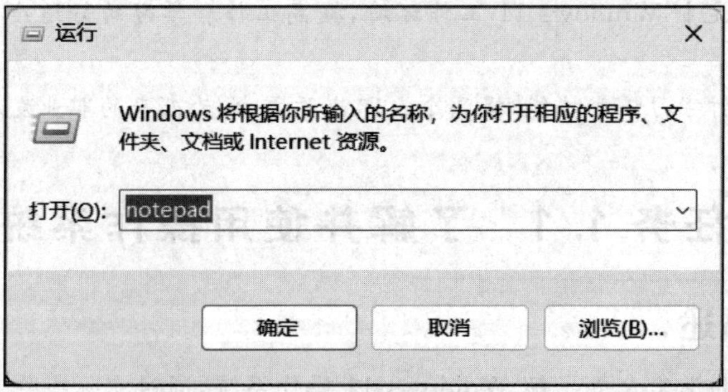

图 1-2　"运行"对话框

3. 文件管理

在记事本中输入自己的班级、学号和姓名,将文件保存在"桌面"并命名为 my01.txt。在桌面创建一个名为"任务 1.1"的新文件夹,将文件"my01.txt"复制到"任务 1.1"文件夹中,删除桌面的"my01.txt"文件,操作步骤如下。

步骤 1:在打开的"记事本"窗口中输入自己的班级、学号和姓名等信息,如图 1-3 所示。依次单击"文件"→"另存为"按钮,选择存放文件的位置为"桌面",在文件名处输入 my01,保存类型选择"文本文档(*.txt)",单击"保存"按钮,如图 1-4 所示。

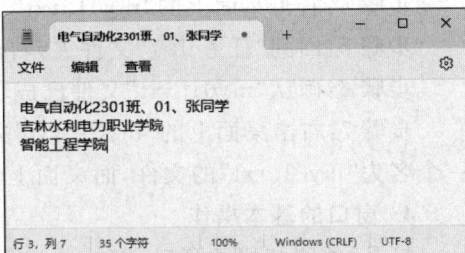

图 1-3 "记事本"窗口

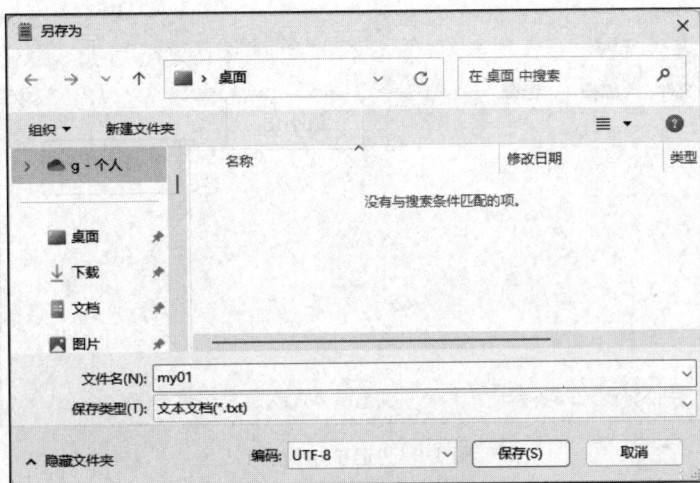

图 1-4 "另存为"对话框

步骤 2:右击 Windows 11 桌面空白处,选择"新建"→"文件夹",如图 1-5 所示。

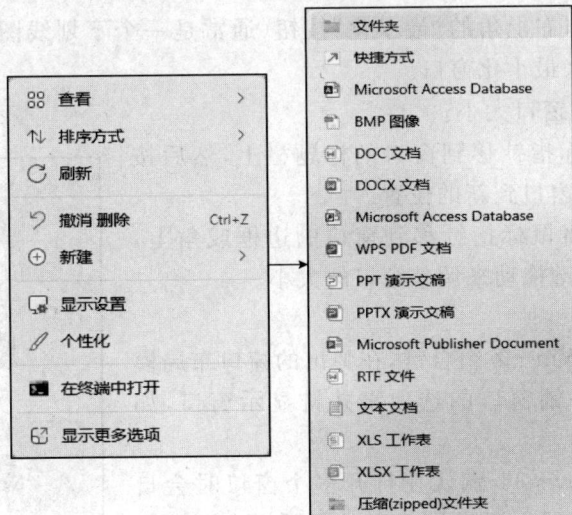

图 1-5 新建文件夹

3

步骤3：在文件夹名称处输入"任务1.1"，按Enter键，双击打开"任务1.1"文件夹。

步骤4：右击桌面上的"my01.txt"文件，选择"复制"选项。

步骤5：回到"任务1.1"文件夹，右击文件夹空白处，选择"粘贴"选项。

步骤6：确认"my01.txt"文件已成功复制到"任务1.1"文件夹中。

步骤7：右击桌面上的"my01.txt"文件，选择"删除"命令。现在，"任务1.1"文件夹中已有一个名为"my01.txt"的文件，而桌面上的原"my01.txt"文件已被删除。

4. 窗口的基本操作

打开、关闭和移动窗口，以及调整窗口大小的操作方法如下。

步骤1：打开"记事本"窗口。通过单击任务栏或"开始"菜单中的应用程序图标来打开窗口，或使用Win+R组合键打开"运行"对话框，输入程序名称"notepad"，并按Enter键来打开对应的窗口，如图1-6所示。

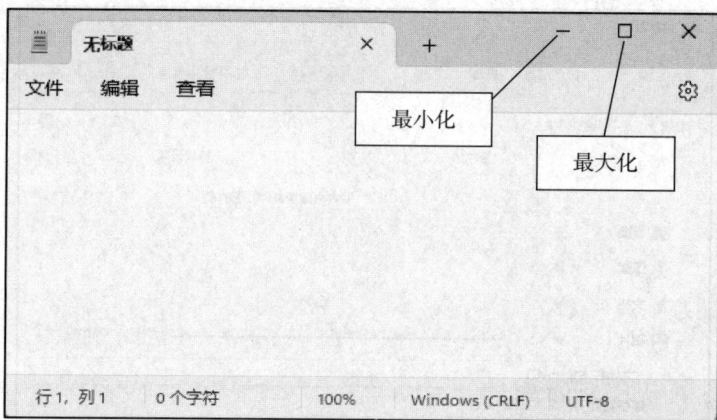

图1-6 "记事本"窗口

步骤2：最大化或最小化窗口。

- 最大化：单击窗口右上角的"最大化"按钮（通常是一个正方形图标），或使用"Win+向上箭头"组合键来最大化窗口。
- 最小化：单击窗口右上角的"最小化"按钮（通常是一个下划线图标），或使用"Win+向下箭头"组合键来最小化窗口。

步骤3：移动和调整窗口大小。

- 移动窗口：将鼠标指针移到窗口的标题栏上，然后按住鼠标左键拖动窗口到新的位置。
- 调整窗口大小：将鼠标指针移到窗口的边框或角上，然后按住鼠标左键拖动来调整窗口的大小。

步骤4：排列窗口。

- 平铺窗口：使用Win+Z组合键，在弹出的窗口布局模式选项中选择平铺窗口的选项来并排显示窗口，如图1-7所示。
- 层叠窗口：Windows 11默认在打开多个窗口时会自动层叠窗口，但也可以通过拖动窗口标题栏来调整层叠顺序。

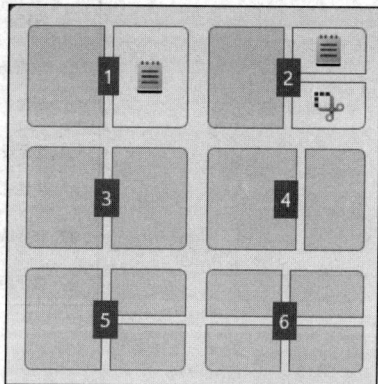

图1-7 平铺窗口

步骤 5：切换窗口。按 Alt＋Tab 组合键会在打开的窗口之间循环切换，释放组合键时会显示当前选择的窗口，如图 1-8 所示。

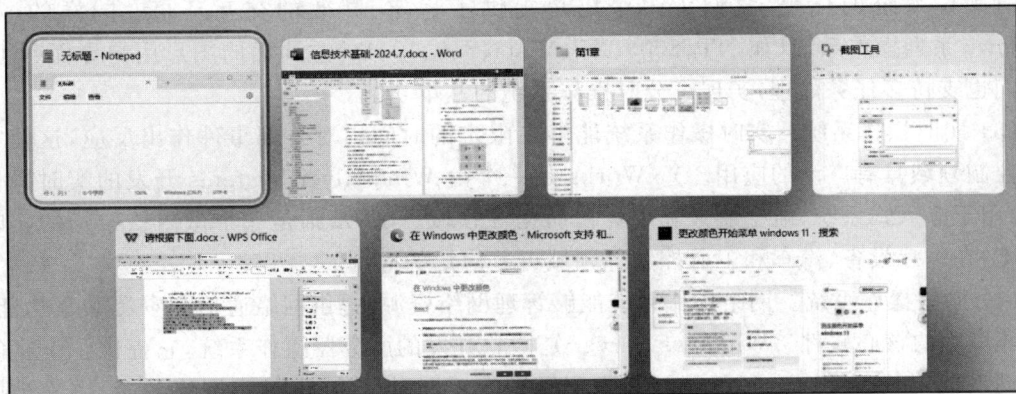

图 1-8　使用 Alt＋Tab 组合键切换窗口

步骤 6：关闭窗口。

● 单击关闭按钮：直接单击窗口右上角的"×"关闭按钮。

● 使用快捷键：按 Alt＋F4 组合键，会弹出关闭窗口的确认对话框（如果有未保存的更改），再次按 Enter 键或单击"是"来关闭窗口。

1.1.3　知识链接

1.1.3.1　计算机操作系统的概念、功能与种类

1. 计算机操作系统的概念

计算机操作系统是指管理计算机硬件与软件资源的计算机程序，也是计算机系统的内核与基石。操作系统需要处理如管理与配置内存、决定系统资源供需的优先次序、控制输入设备与输出设备、操作网络与管理文件系统等基本事务。此外，操作系统还提供了一个让用户与系统交互的操作界面。

2. 计算机操作系统的功能

计算机操作系统的功能广泛且复杂，主要包括以下几个方面。

（1）资源管理。操作系统需要有效地管理计算机的各类资源，包括处理器管理、存储管理、设备管理、文件管理等，以确保这些资源得到合理、高效的利用。

（2）用户接口。操作系统为用户提供了便捷、友好的操作界面，使用户能够方便地与计算机进行交互。

（3）系统安全。操作系统还需要确保系统的安全性和稳定性，防止恶意软件或病毒的入侵，保护用户数据的安全。

3. 计算机操作系统的种类

（1）批处理操作系统。批处理操作系统适用于处理大量数据。它通过自动组织成批作业，使计算机能够依次对多个任务进行处理。这种操作系统模式在早期计算机应用中非常常见，如 MS-DOS 中的批处理系统，它允许用户将多个命令组合成一个批处理文件，从而自动执行这些命令。尽管现代操作系统更偏向其他环境，但早期的 UNIX 系统也支持批处理功能。

（2）分时操作系统。分时操作系统允许多个用户通过各自的终端与计算机进行交互，同时共享主机中的资源。这种操作系统允许多个用户同时访问系统，互不干扰。UNIX/Linux是分时操作系统的代表，它们为多个用户提供了稳定、高效的交互环境。同样的，尽管Windows系列操作系统（如NT、2000、XP、Vista、7、8、10、11）主要面向图形用户界面（GUI），但它们也支持多任务处理，实现了分时操作系统的基本功能。

（3）实时操作系统。实时操作系统能够在限定的时间内对外部事件作出反应，这使它在实时控制领域具有广泛的应用。VxWorks是一个由Wind River Systems开发的实时操作系统，常用于嵌入式系统、航空航天和工业自动化等领域。QNX则是一个微内核架构的实时操作系统，在医疗设备、汽车和工业控制等领域有着广泛的应用。

（4）网络操作系统。网络操作系统能够管理网络资源，提供网络通信和资源共享功能，是网络环境中的核心软件。Windows Server是微软开发的服务器操作系统，它提供了丰富的网络管理功能，如文件共享、远程访问和安全管理等。同时，Linux（带有网络功能）也常被用作网络操作系统，如Ubuntu Server、CentOS等版本，它们为网络环境中的资源共享和通信提供了强大的支持。

（5）分布式操作系统。分布式操作系统将物理上分布的多个计算机系统中的资源进行统一管理，实现资源的共享和协同工作。这种操作系统模式在大型数据中心和云计算环境中具有广泛的应用。例如，Google的Borg/Omega系统就是谷歌内部使用的分布式操作系统，它展示了分布式操作系统在大型数据中心中的应用。同样，Apache Hadoop虽然不是完整的操作系统，但它是一个处理和分析大数据的分布式系统平台，其运行依赖分布式操作系统的概念和技术。

计算机操作系统是计算机系统中不可或缺的组成部分，不同种类的操作系统服务于不同的应用场景和需求。从批处理到分布式操作系统，它们各自具有独特的特点和优势，为计算机技术的发展和应用提供了强大的支持。

1.1.3.2　熟悉界面布局

1. 了解Windows 11界面

（1）"开始"菜单。在Windows 11中，"开始"按钮和菜单位于屏幕底部任务栏的中间，与以前版本的Windows中位于屏幕左下角的位置不同。"开始"菜单的布局更加简洁，采用图标代替动态磁贴，提供了更清晰、更直观的用户体验。"开始"菜单的顶部包含一个搜索栏，允许用户键入文本以搜索计算机上的应用程序和文件，以及从网络中提取信息和从Windows应用商店提取相关结果。可以将常用的应用程序固定到"开始"菜单，并自定义"开始"菜单以满足个人需求。在固定应用程序的顶部有一个"所有应用"的按钮，单击后可以访问计算机上安装的所有应用程序和程序。

（2）任务栏。任务栏位于屏幕底部，通常包含"开始"按钮、搜索框、已固定的应用程序图标、系统通知区域和时间显示等。

（3）桌面。桌面是Windows 11的主要工作区域，用于放置文件和应用程序的快捷方式、文件夹等，如图1-9所示。它是用户与计算机交互的起点，通过桌面，用户可以方便地访问和管理他们的文件、程序和其他资源。在桌面上，用户可以创建新的文件夹来整理文件，也可以将常用的应用程序或文件的快捷方式放在桌面上，以便快速启动或访问。此外，Windows 11的桌面还支持个性化设置，用户可以根据自己的喜好选择背景图片、主题和颜色等，使桌面更

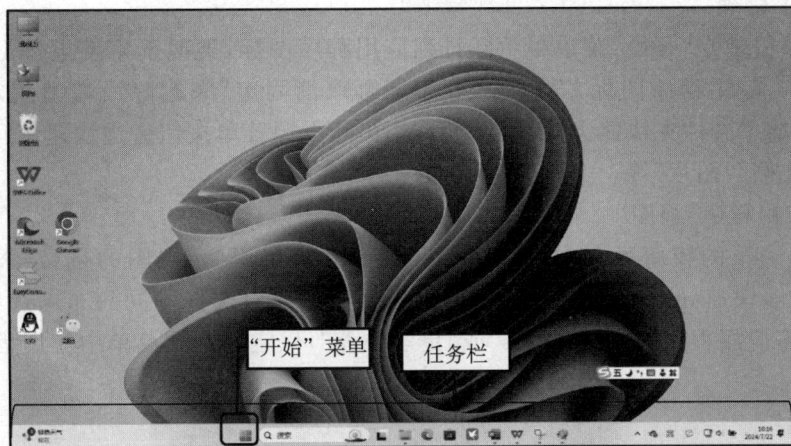

图 1-9　Windows 11 桌面

加美观和舒适。

2. 了解 Windows 11 窗口

（1）显示窗口。

① 快捷键：按 Alt＋Tab 组合键，可以在打开的窗口之间切换，方便快速找到需要显示的窗口。

② 任务栏：将鼠标移动到任务栏中的图标上，即可预览该窗口，单击即可将窗口显示在屏幕上。

③ 任务视图：单击任务栏中的任务视图图标，可以显示所有打开的窗口，单击需要显示的窗口即可。

（2）隐藏窗口。

① 最小化窗口：单击窗口右上角的最小化按钮，可以将窗口隐藏到任务栏中，方便后续快速打开。

② 任务视图：单击任务栏中的任务视图图标，可以显示所有打开的窗口，单击需要隐藏的窗口即可实现隐藏（注意，这实际上是通过切换到其他窗口来隐藏当前窗口）。

③ 快捷键：按 Win＋D 组合键，可以将所有窗口最小化，直接显示桌面。

（3）窗口颜色和外观设置。在桌面空白区域右击，在弹出的快捷菜单中选择"个性化"选项，进入窗口颜色和外观的设置界面。在"颜色"选项卡中，可以修改选择模式，如选择深色模式，并在下方的主题色中选择喜欢的颜色。还可以选择是否在"开始"和"任务栏"中显示重点颜色，以及在"标题栏和窗口边框"中显示强调色。

（4）贴靠窗口功能。Windows 11 新增了贴靠窗口的功能，可以将需要的窗口完美地并排放置在一个屏幕上，从而提高多任务处理的效率。

Windows 11 的窗口系统通过优化显示和隐藏窗口的方法、提供丰富的颜色和外观设置选项及新增的贴靠窗口功能等，为用户带来了更加便捷和高效的操作体验。

1.1.3.3　了解"开始"菜单

1. 位置与外观

在默认情况下，Windows 11 的"开始"菜单位于任务栏的中央，也可以选择将其移回屏幕的左侧，类似于 Windows 的传统风格。可以自定义"开始"菜单和任务栏的颜色，选择浅色或深色主题，甚至还可以为它们设置完全自定义的颜色。

2. 应用程序管理

用户可以轻松地在"开始"菜单中重新排列应用程序图标，类似于移动设备上的主屏幕管理；可以通过右击应用程序图标，选择"从开始屏幕取消固定"来删除或取消固定应用程序。Windows 11 新增了文件夹快捷方式功能，允许用户从电源菜单按钮旁边快速访问不同的文件夹，如"设置""文档""图片"等。

3. "所有应用程序"视图

在 Windows 11 的较新版本中，微软更新了"所有应用程序"视图的布局，添加了字母索引，以便用户能够快速导航到已安装的应用程序。用户可以选择不同的布局选项，如默认的 50/50 拆分、更多应用程序的"更多 Pins"或"更多推荐"，以定制开始菜单中应用程序和推荐的显示比例。

4. 搜索功能

"开始"菜单中包含搜索栏，用户可以在其中输入关键词，快速查找所需的文件、应用程序或网络资源。

5. 账户设置

单击"账户"图标，可以在打开的列表中更改账户设置、锁定账户和注销账户。

6. 电源和设置按钮

"开始"菜单中还包括电源按钮，用于关机、重启、休眠等电源管理操作。单击"设置"按钮可以进入系统设置，对显示器、音量、网络等系统参数的调整。

任务 1.2　定制 Windows 11 工作环境

1.2.1　任务描述

在当前快速发展的数字化环境中，工作环境设置对于提高工作效率和用户体验至关重要。Windows 11 作为广泛使用的操作系统，其工作环境的个性化定制不仅能满足用户的基本需求，还能提升用户的操作体验。本任务旨在定制 Windows 11 的工作环境，包括桌面背景、屏幕保护程序、桌面图标、任务栏设置及开始屏幕的应用固定等，以满足用户的个性化需求，提升工作效率。

1.2.2　任务实施

1. 账户设置

将"\信息技术基础\配套资源\任务 1.1\1. png"图片设置为本地账户头像，设置账户密码为"123"，操作步骤如下。

步骤 1：打开"设置"应用。单击任务栏中的"开始"按钮，然后单击"设置"图标（看起来像齿轮的图标），如图 1-10 所示。

步骤 2：进入账户设置。在"设置"窗口的左侧菜单中，单击"账户"选项。在账户设置页面单击"账户信息"按钮，如图 1-11 所示。在"调整照片"选项组中单击"选择文件"右侧的"浏览文件"按钮，如图 1-12 所示。

步骤 3：选择要设置为头像的图片。在打开的文件资源管理器中，浏览配套资源所在文件夹，选中文件"1. png"，单击"选择图片"按钮，所选图片将设置为账户头像。

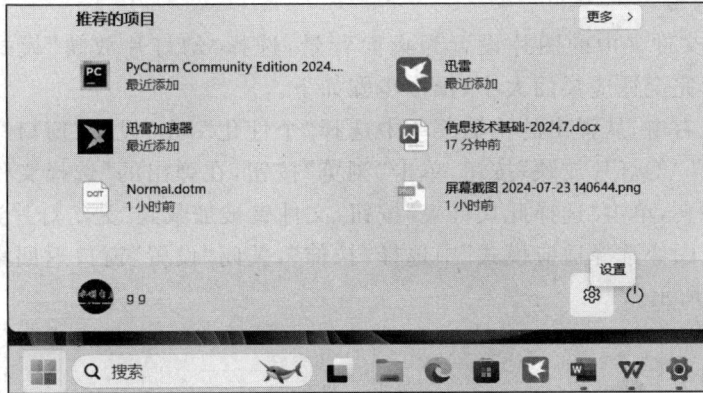

图 1-10 单击"设置"图标

图 1-11 "设置"窗口

图 1-12 账户信息

9

2. 更改桌面背景

将"任务1.1"文件夹中的图片设置为桌面背景，选择"幻灯片放映"模式，显示方式选择"拉伸"以确保图片完全适应桌面大小，操作步骤如下。

在桌面空白处右击，从弹出的快捷菜单中选择"个性化"，在"设置"窗口"背景"下的"个性化设置背景"中选择"幻灯片放映"按钮，单击"浏览"按钮，在弹出的"选择文件夹"对话框中选择图片所在的文件夹，单击"选择此文件夹"按钮，文件夹被加载到"为幻灯片选择图像相册"下的框中，在"为桌面图像选择适应模式"中选择"拉伸"，关闭"设置"窗口返回桌面，桌面背景更换完成，如图1-13所示。

图1-13　更换桌面背景

提示：设置背景为"幻灯片放映"后，还可以设置图片切换的频率和是否无序播放等。如果在"个性化设置背景"下选择"图片"，可将指定的图片设置为桌面背景；选择"纯色"，可将桌面背景设置为某种指定的颜色。

3. 设置屏幕保护程序

启用屏幕保护程序，设置触发条件为1分钟内无鼠标和键盘操作。屏幕保护程序选择显示3D文字，内容为"我爱我的祖国，我爱我的家乡"，操作步骤如下。

步骤1：在屏幕底部任务栏的搜索框中输入"屏幕保护"，在"最佳匹配"查找结果中单击"更改屏幕保护程序"，如图1-14所示。

步骤2：在"屏幕保护程序设置"对话框中单击"屏幕保护程序"下拉列表，在打开的"屏幕保护程序"选项中选择"3D文字"，单击"应用"按钮，如图1-15所示。

步骤3：在"3D文字设置"对话框的"自定义文字"中输入要显示的文字"我爱我的祖国，我爱我的家乡"。调整好文字的字体、大小和颜色，使其与所用的显示器匹配且看起来美观，单击"确定"按钮，如图1-16所示。

步骤4：找到"等待"时间处，将其设置为1分钟。这样，在1分钟没有鼠标和键盘活动后，屏幕保护程序将会启动。勾选"在恢复时显示登录屏幕"复选框，确保在屏幕保护程序启动后，用户需要输入密码才能回到桌面。

步骤5：完成所有设置后，单击"确定"按钮完成屏幕保护程序的设置。

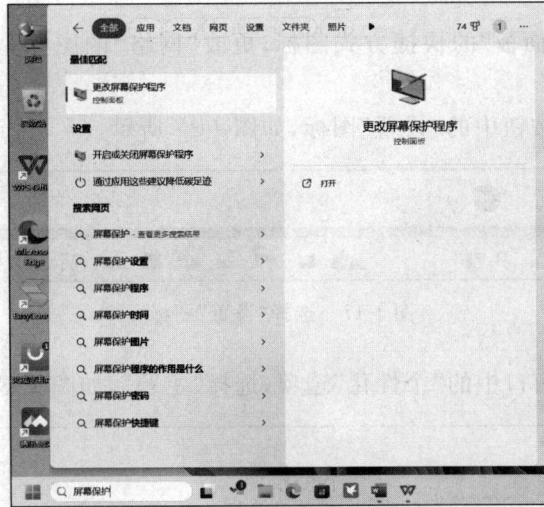

图 1-14　搜索"屏幕保护"程序

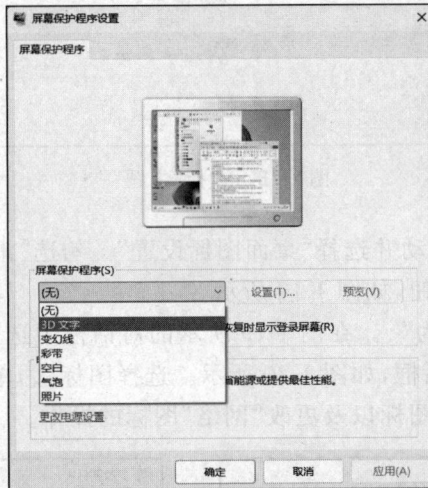

图 1-15　"屏幕保护程序设置"对话框

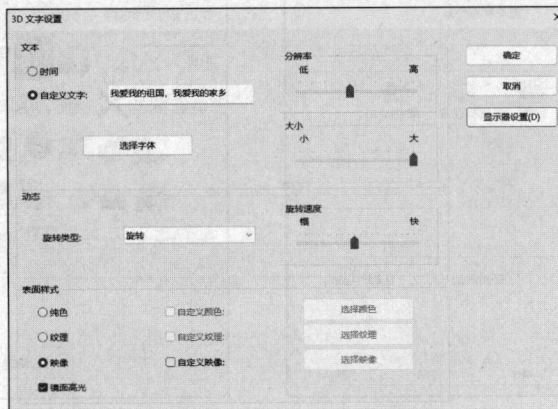

图 1-16　"3D 文字设置"对话框

11

4. 桌面图标设置

在桌面上添加"控制面板"的快捷方式图标，更改"网络"的图标为🔍（自定义图标），操作步骤如下。

步骤1：选择"开始"按钮中的"设置"图标，如图1-17所示。

图1-17　选择"设置"图标

步骤2：单击"设置"窗口中的"个性化"选项，选择"主题"，如图1-18所示。

图1-18　选择"主题"

步骤3：在主题下，向下滚动并选择"桌面图标设置"。勾选"桌面图标"中的"控制面板"复选框，单击"应用"和"确定"按钮，如图1-19所示。

步骤4：更改"网络"图标为🔍。在图1-19所示的对话框中选中"网络"图标，单击"更改图标"按钮，打开"更改图标"对话框，如图1-20所示。选择图标🔍，单击"确定"按钮，关闭"设置"窗口后，完成添加"控制面板"图标以及更改"网络"图标的操作。

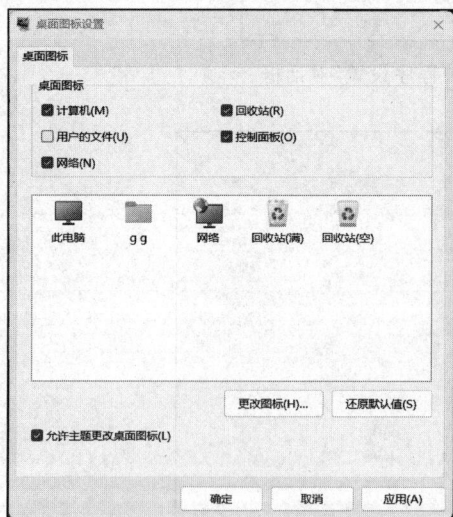

图1-19　"桌面图标设置"对话框

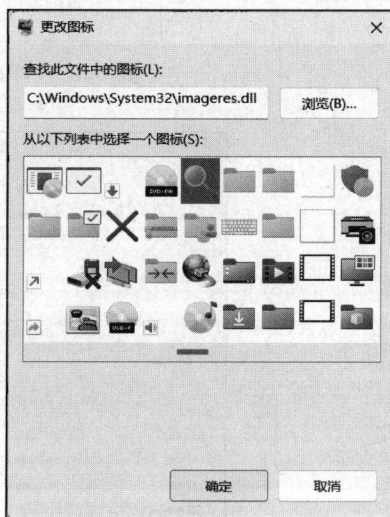

图1-20　"更改图标"对话框

5. 任务栏设置

将任务栏的对齐方式设置为"靠左",设置任务栏能够自动隐藏,以提高桌面空间利用率,操作步骤如下。

在任务栏空白处右击,在弹出的快捷菜单中选择"任务栏设置"命令,在弹出的"设置"窗口中展开"任务栏行为"下拉列表,在"任务栏对齐方式"中选择"靠左",选中"自动隐藏任务栏"复选框,如图 1-21 所示,关闭"设置"窗口返回桌面。当光标不在任务栏位置时,任务栏消失;当光标移动到任务栏位置时,任务栏出现。

图 1-21　设置任务栏对齐方式

6. "开始"屏幕设置

将 WPS Office 程序固定到"开始"屏幕,以便于快速访问,操作步骤如下:在"开始"菜单中的 WPS Office 程序上右击,弹出快捷菜单,选择"固定到'开始'屏幕",如图 1-22 所示,即可将 WPS Office 程序添加到"开始"屏幕,如图 1-23 所示。

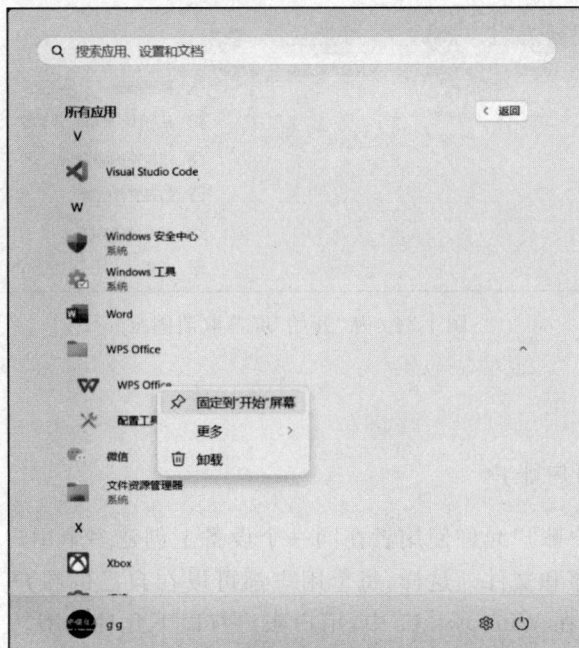

图 1-22　固定到"开始"屏幕

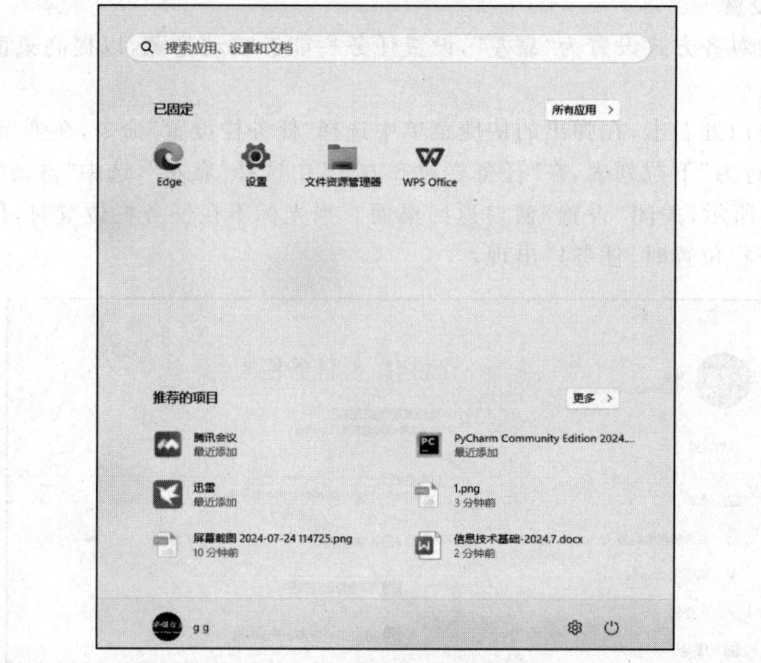

图 1-23　已固定的应用

取消已固定的 WPS Office 程序的操作步骤如下：右击"开始"屏幕中已固定的 WPS Office 程序，在弹出的快捷菜单中选择"从'开始'屏幕取消固定"，可使 WPS Office 程序从"开始"屏幕的已固定应用中取消，如图 1-24 所示。

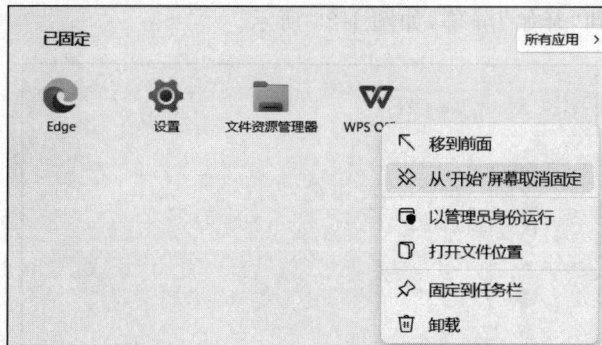

图 1-24　从"开始"屏幕取消固定

1.2.3　知识链接

1.2.3.1　了解用户账户

Windows 11 的用户账户允许使用者在同一个设备上创建多个用户账户，每个用户账户都有自己的设置、应用程序和文件。这样，每个用户都可以在自己的账户下工作，而不会影响其他用户的数据和设置。在 Windows 11 中，用户账户有以下几种类型。

（1）标准用户账户。标准用户账户具有有限的权限，只能访问自己的文件和应用程序，不能更改系统设置或安装软件。标准用户账户适合普通用户使用。

（2）管理员账户。管理员账户具有最高的权限,可以更改系统设置、安装软件和访问其他用户的文件。管理员账户适合需要管理设备或安装软件的用户使用。

（3）来宾账户。来宾账户是一个临时账户,主要用于共享设备给其他用户使用。来宾账户没有自己的文件和设置,每次使用后都会被删除。

在 Windows 11 中,可以按照以下步骤创建新的用户账户。

步骤 1:单击"开始"按钮,选择"设置"按钮。

步骤 2:在"设置"窗口中找到并单击"账户"按钮。

步骤 3:在"账户"选项卡中找到并单击"家庭和其他用户"按钮。

步骤 4:在"家庭和其他用户"窗口中找到并单击"添加用户"按钮。

步骤 5:在"添加用户"窗口中选择要创建的用户类型(标准用户或管理员),然后按照指示输入用户名和密码。

步骤 6:单击"下一步"按钮,按照指示完成用户账户的创建。

注意:这些操作步骤适用于 Windows 11 的默认设置。如果您使用的是 Windows 11 的其他版本或自定义设置,可能需要根据实际情况进行调整。

1.2.3.2　了解虚拟桌面

Windows 11 的虚拟桌面功能允许用户在一个窗口中创建和管理多个桌面环境,每个桌面环境都是独立的,可以放置不同的应用程序和文件。Windows 11 虚拟桌面的具体功能和使用方法如下。

（1）创建虚拟桌面。在 Windows 11 中,用户可以通过按 Windows+Ctrl+D 组合键来创建一个新的虚拟桌面。

（2）切换虚拟桌面。用户可以通过按 Windows+Ctrl+←或→组合键来切换不同的虚拟桌面。用户也可以单击任务栏上的虚拟桌面图标来切换不同的虚拟桌面。

（3）移动应用程序到虚拟桌面。用户可以将应用程序拖动到不同的虚拟桌面中,以便在不同的桌面环境中使用不同的应用程序。

（4）重命名虚拟桌面。用户可以右击任务栏上的虚拟桌面图标,选择"重命名"来为虚拟桌面设置一个名称,以便更好地管理和识别不同的虚拟桌面。

（5）删除虚拟桌面。用户可以右击任务栏上的虚拟桌面图标,选择"删除"来删除不需要的虚拟桌面。

（6）桌面背景。用户可以为每个虚拟桌面设置不同的桌面背景,以便更好地区分不同的虚拟桌面环境。

（7）桌面布局。用户可以调整虚拟桌面的布局,以便更好地适应不同的应用程序和文件。

Windows 11 的虚拟桌面功能可以帮助用户更好地管理和组织应用程序和文件,提高工作效率。用户可以根据自己的需求来创建和管理不同的虚拟桌面,以便更好地适应不同的工作环境。

1.2.3.3　了解多窗口分屏显示

Windows 11 提供了多种多窗口分屏显示的功能,使用户能够更高效地管理和使用多个应用程序窗口。以下是一些主要的多窗口分屏显示功能。

1. 快速布局

在 Windows 11 中，可以通过将窗口拖动到屏幕的边缘或角落来快速创建分屏布局。例如，将窗口拖动到屏幕的左侧或右侧，系统会自动将窗口调整到屏幕的一半大小。拖动到角落则可以创建四分之一屏幕的布局。

2. Snap 布局

当用户将窗口拖动到屏幕的顶部时，Windows 11 会显示一个 Snap 布局的菜单，提供多种预设的窗口布局选项，如左/右分屏、四分屏等。用户可以选择一个布局，然后将其他窗口拖动到相应的区域。

3. 任务视图和虚拟桌面

通过任务视图（Task View）按钮或快捷键（Windows＋Tab），可以查看所有打开的窗口，并创建新的虚拟桌面。虚拟桌面允许在不同的工作环境之间切换，每个虚拟桌面可以有不同的窗口布局。

4. Snap Groups

Windows 11 引入了 Snap Groups 功能，当将窗口分屏时，系统会自动将这些窗口组合成一个 Snap Group。可以通过任务栏上的 Snap Group 图标快速恢复或管理这些窗口。

5. 触摸优化

对于触摸设备，Windows 11 提供了优化的手势来管理多窗口。例如，三指滑动可以快速切换任务视图，四指滑动可以切换虚拟桌面。

通过这些功能，Windows 11 提供了更加直观和高效的多窗口管理体验，无论是使用鼠标、键盘还是触摸设备，都能轻松地进行多任务处理。

1.2.3.4 字体的安装

1. 直接安装字体

首先要确保已经获得了需要安装的字体文件，通常是 TTF 或 OTF 格式。按 Windows＋E 组合键，打开文件资源管理器，找到并选中想要安装的字体文件。右击选中的字体文件，然后选择"安装"选项，系统会自动将字体安装到系统字体文件夹中。

2. 通过字体文件夹安装

按 Windows＋R 组合键，打开"运行"对话框，输入 fonts，然后按 Enter 键，打开系统字体文件夹。在文件资源管理器中，导航到保存字体文件的位置，选中需要安装的字体文件，右击选中的字体文件，选择"复制"，然后在字体文件夹窗口中右击空白处，选择"粘贴"，系统会自动安装这种字体。

3. 通过设置应用安装

单击任务栏中的"开始"按钮，然后选择"设置"图标（齿轮形状）。在设置窗口中，单击左侧菜单中的"个性化"选项。在个性化设置中，向下滚动并单击"字体"选项。在字体设置页面中，单击"浏览"按钮，选择想要安装的字体文件，然后单击"安装"按钮。

4. 通过控制面板安装（适用于传统用户）

按 Windows＋R 组合键，打开"运行"对话框，输入 control，然后按 Enter 键，打开控制面板。在控制面板中，选择"外观和个性化"，然后单击"字体"按钮。在字体窗口中，将想要安装的字体文件拖放到字体窗口中，或者右击字体文件，单击"安装"按钮。

任务 1.3　熟悉键盘指法和常用快捷键

1.3.1　任务描述

本任务旨在提高用户对计算机键盘操作的熟练程度,特别是针对 Windows 11 操作系统的常用快捷键。通过系统的练习和实践,用户将能够熟练掌握键盘指法,包括字母、数字、符号的输入方法,以及常用快捷键在 Windows 11 操作系统中的应用,从而提高工作效率和用户体验。

1.3.2　任务实施

1. 键盘指法及速度练习

按照正确的指法练习中/英文输入,课后自行练习,直到满足本项目的最低要求。推荐练习打字网站:金山打字通。

2. 常用键和高频快捷键自测

新建一个空白文档,输入两自然段文本作为自测的文本素材,完成如下自测。

(1) 如何删除当前光标之前的字符? 如何删除当前光标之后的字符?

(2) 确认插入、改写状态,并实现两者之间的切换。

(3) 确认键盘空格键、Backspace 键、Delete 键、Insert 键的位置,体验其功能。

(4) 确认英文字母大/小写的切换键。

(5) 光标的定位:当前行首、行尾、文档的开始和文档的结尾。

(6) 中/英文的输入切换,中文输入法的选择。

(7) 确认数字小键盘的激活键。

(8) 确认制表键的位置并体验其功能。

(9) 如何撤销上一个操作? 那么反撤销操作呢?

(10) 确认 Windows 键位置及 Windows 键的至少 3 种常用组合键。

(11) 体验 Ctrl 键不少于 5 种的功能。

(12) 体验 Alt 键不少于 5 种的功能。

1.3.3　知识链接

1.3.3.1　认识键盘

1. 键盘布局

键盘样式有很多种,但操作都是一样的,只是设计的大小不同,通常分为以下几个区域,如图 1-25 所示。

(1) 主键盘区是键盘上最大的区域,包含字母键(A～Z)、数字键(0～9)、符号键和一些功能键(如 Shift、Ctrl、Alt),该区域主要用于输入文字和数字。

(2) 数字键区位于键盘的右侧,专门用于输入数字和进行简单的数学运算。数字键区类似于一个计算器的键盘,方便用户进行数据输入和计算。

(3) 功能键区位于键盘的顶部,标有 F1 到 F12 的键用于执行特定的功能或快捷操作。

图 1-25　认识键盘

（4）控制键区位于主键盘区的右侧，包括方向键（上、下、左、右）、Home、End、Page Up、Page Down 等，用于在文档或网页中移动光标，主要用于控制光标的位置和滚动页面。

（5）状态指示区通常位于键盘的右上角或数字键盘区的上方，用于显示键盘的当前状态，如大小写锁定、数字锁定和滚动锁定等。

- 大写锁定指示灯（Caps Lock）。当 Caps Lock 键被按下时，此指示灯会亮起，表示键盘处于大写锁定状态，输入的字母将自动转换为大写字母。再次按下 Caps Lock 键，指示灯熄灭，键盘恢复为小写输入状态。
- 数字锁定指示灯（Num Lock）。当 Num Lock 键被按下时，此指示灯会亮起，表示数字键盘区处于数字输入模式，可以输入数字和运算符。再次按下 Num Lock 键，指示灯熄灭，数字键盘区将切换为导航键模式，用于控制光标移动。
- 滚动锁定指示灯（Scroll Lock）。当 Scroll Lock 键被按下时，此指示灯会亮起，表示屏幕滚动锁定功能已启用。在某些应用程序中，按下 Scroll Lock 键后，使用方向键将滚动屏幕而不是移动光标。再次按下 Scroll Lock 键，此指示灯熄灭，恢复为正常操作模式。

2. 基准键位

基准键位位于主键盘区，包括字母键 A、S、D、F 和 J、K、L、；。这些键位是打字时手指的初始位置，也称为"原位键"或"基准行"。打字之前要将左手的食指、中指、无名指、小指分别放在 F、D、S、A 键上，将右手的食指、中指、无名指、小指分别放在 J、K、L、；键上，双手的拇指都放在空格键上。

F 键和 J 键上都有一个凸起的小横扛或小圆点，盲打时可以通过它们指到基准键位，如图 1-26 所示。

图 1-26　基准键位

3. 手指分工

打字时的手指分工是指每个手指在键盘上的特定负责区域,这是提高打字速度和准确性的关键,如图 1-27 所示。

图 1-27　手指分工

4. 打字姿势

(1) 手指位置。双手的手指应轻轻放在基准键位上(A、S、D、F 和 J、K、L、;),手腕保持放松,不悬空或过度弯曲。

(2) 击键动作。打字时,手指从基准键位出发,快速击打目标键,然后迅速返回基准键位。避免用一个手指连续击打多个键。

(3) 手腕和手臂。手腕应保持平直,不要过度弯曲或翘起。手臂自然下垂,与身体保持适当距离。

5. 英文字母大小写切换方法

(1) 使用 Caps Lock 键。按下 Caps Lock 键后,键盘将切换到大写锁定状态,所有输入的字母都将自动转换为大写字母。再次按下 Caps Lock 键,键盘将恢复为小写输入状态。当 Caps Lock 键被按下时,键盘右上角的 Caps Lock 指示灯会亮起,提示当前处于大写锁定状态。

(2) 使用 Shift 键。Shift 键位于键盘两侧,下方是 Ctrl 键。按住 Shift 键的同时按下字母键,可以输入大写字母。例如,按住 Shift 键再按 A 键,将输入大写字母 A。Shift 键还可以用于输入上标符号和特殊字符。例如,按住 Shift 键再按数字键 1,将输入感叹号"!"。

(3) 使用 Caps Lock 和 Shift 键的组合。在 Caps Lock 开启的情况下,按住 Shift 键再按字母键,可以输入小写字母。例如,Caps Lock 开启时,按住 Shift 键再按 A 键,将输入小写字母 a。

1.3.3.2　常用键和快捷键

在 Windows 11 操作系统中,掌握常用键(见表 1-1)和高频快捷键(见表 1-2)可以显著提高工作效率。

表 1-1　常用键

常用键	说　　明
Windows	位于主键盘区最后一行,在 Alt 键的左右侧,带有 Windows 标志。按下该键可以打开"开始"菜单,再次按下该键可以关闭"开始"菜单

续表

常用键	说　　明
Alt	位于空格键的两侧。常与其他键组合使用，实现各种快捷操作
Ctrl	位于主键盘区最后一行的左右两端。常与其他键组合使用，实现各种快捷操作
Shift	位于 Ctrl 键的上方。用于输入大写字母、上标符号和特殊字符
Tab	位于 Caps Lock 键的上方。用于在选项之间切换或对齐文本
Enter	位于主键盘区右侧 Shift 键上方。用于确认输入或换行
Backspace	位于主键盘区 Enter 键的上方。用于删除光标前的一个字符
Delete	位于控制键区上部第二行第一个。用于删除光标后的一个字符

表 1-2　高频快捷键

高频快捷键	功 能 说 明
Windows+D	显示桌面。再次按下可以恢复之前的窗口
Windows+E	打开文件资源管理器
Windows+L	锁定计算机
Windows+I	打开设置
Windows+Tab	打开任务视图，显示所有打开的窗口和虚拟桌面
Alt+Tab	在打开的窗口之间切换
Ctrl+Shift+Esc	打开任务管理器
Ctrl+C	复制选中的内容
Ctrl+V	粘贴复制的内容
Ctrl+X	剪切选中的内容
Ctrl+Z	撤销上一步操作
Ctrl+A	全选当前窗口中的内容
Ctrl+S	保存当前文档或文件
Alt+F4	关闭当前窗口或程序
F5	刷新当前窗口或网页

使用这些常用键和高频快捷键，可以在 Windows 11 操作系统中更加高效地进行各种操作。不断练习和应用这些快捷键，可以显著提升工作效率。

在 Windows 11 中混合输入中英文时，会频繁地遇到中/英文的切换、半角/全角的切换及中/英文符号的切换等问题。

（1）中/英文切换。

- 默认输入法切换（Shift 键）：按下 Shift 键可以在中英文输入法之间切换。如果当前是中文输入法，按下 Shift 键会切换到英文输入模式；反之，亦然。

- 输入法快捷键（Windows＋空格组合键）：按下 Windows＋空格组合键可以在已安装的输入法之间循环切换。

（2）半角/全角切换。半角/全角字符切换（Shift＋空格组合键）：按下 Shift＋空格组合键可以在半角和全角字符之间切换。半角字符占用一个标准字符的位置，而全角字符占用两个标准字符的位置。

（3）中/英文符号切换。中/英文标点切换（Ctrl＋句号组合键）：按下 Ctrl＋句号组合键可以在中文标点和英文标点之间切换。例如，在中文输入模式下，按下这个组合键可以将句号从中文句号"。"切换为英文句号"."。

（4）其他相关快捷键。

- 打开/关闭输入法（Windows＋空格组合键）：除了切换输入法，这个组合键还可以用于打开或关闭输入法面板。
- 显示输入法菜单（Ctrl＋Shift 组合键）：按下 Ctrl＋Shift 组合键可以显示当前输入法的菜单，方便进行更多设置和切换。

（5）注意事项。

- 输入法设置：不同的输入法软件可能有不同的快捷键设置，可以在输入法的设置菜单中查看和自定义快捷键。
- 系统语言设置：确保系统语言和输入法设置正确，以便顺利进行中/英文切换。

信 息 中 国

国产操作系统

国产操作系统是指由中国自主研发和生产的计算机操作系统。这些操作系统通常旨在满足国内市场需求，支持国家信息安全和自主可控的战略目标。国产操作系统的发展，经历了从模仿到创新的过程，逐渐形成了具有中国特色的技术体系和产品生态。

1. 国产操作系统的主要特点

（1）自主知识产权。国产操作系统强调自主研发，拥有完整的知识产权，确保技术不受外部限制，保障国家信息安全。

（2）适应本土需求。国产操作系统在设计和功能上更加贴近中国用户的实际需求，包括语言支持、本地化服务、政策合规等方面。

（3）生态系统建设。国产操作系统积极构建自己的软件生态系统，包括应用商店、开发者社区、兼容性测试等，以吸引更多的开发者和用户。

（4）安全可控。国产操作系统在安全性方面进行了特别优化，包括数据加密、权限管理、安全更新等，以应对日益复杂的网络安全威胁。

（5）政策支持。中国政府对国产操作系统的发展给予了大力支持，包括政府采购、专项资金、税收优惠等政策措施，以促进国产操作系统的普及和应用。

2. 国产操作系统有代表性的产品

以下是国产操作系统中有代表性的产品，它们在不同领域展现了中国在操作系统自主研发方面的成果。

（1）麒麟操作系统（Kylin OS）。麒麟操作系统是由中国国家高技术研究发展计划（863

计划）资助开发的，旨在满足政府和关键基础设施领域对操作系统自主可控的需求。麒麟操作系统基于 Linux 内核，强调安全性和稳定性，支持多种国产 CPU 架构，如龙芯、飞腾等。它提供了丰富的办公和安全应用，适用于政府、金融、能源等关键行业。

（2）深度操作系统（Deepin OS）。深度操作系统是由深度科技公司开发的，是一个面向普通用户的桌面操作系统。深度操作系统以其美观的界面设计和良好的用户体验而受到欢迎。它基于 Debian Linux，提供了丰富的本地化支持和易于使用的应用商店，适合家庭和办公环境。

（3）统信 UOS。统信 UOS 是由统信软件技术有限公司开发的，是一个面向企业级用户的国产操作系统。统信 UOS 支持多种硬件平台，包括 x86、ARM 等，提供了全面的办公和安全解决方案。它强调系统的安全性和兼容性，适用于企业级应用和政府机构。

（4）鸿蒙操作系统（Harmony OS）。鸿蒙操作系统是华为公司为应对外部环境变化而自主研发的全场景分布式操作系统。该系统采用微内核设计，支持多种设备形态，包括智能手机、平板电脑、智能手表等。它强调跨设备的无缝协同和高性能体验，是华为构建智能生态系统的重要组成部分。

实 训 任 务

1. 设置桌面背景，将图片放置方式设置为"填充"。

2. 创建一个以自己名字命名的 Microsoft 账户。

3. 修改账户头像和密码，密码为 123。

4. 修改主题样式，然后自定义任务栏，将画图程序固定到任务栏。

5. 假设你从互联网上下载了一个名为 CustomFont. ttf 的字体文件，并将其保存在桌面上。请按照以下步骤，通过快捷方式安装该字体。

（1）打开文件资源管理器，导航到桌面，找到 CustomFont. ttf 文件。

（2）右击 CustomFont. ttf 文件，选择"创建快捷方式"。

（3）将创建的快捷方式移动到 C:\Windows\Fonts 文件夹中。

（4）确认字体已成功安装，并在字体设置中查看该字体是否可用。

操作提示：在文件资源管理器中，可以通过在地址栏直接输入 C:\Windows\Fonts 快速导航到字体文件夹。安装完成后，可以在设置中的"个性化"→"字体"页面查看已安装的字体列表。

6. 直接安装字体。假设你有一个名为 SpecialFont. otf 的字体文件，并将其保存在"文档"文件夹中，请按照以下步骤，直接安装该字体。

（1）打开文件资源管理器，导航到"文档"文件夹，找到 SpecialFont. otf 文件。

（2）右击 SpecialFont. otf 文件，选择"安装"。

（3）确认字体已成功安装，并在字体设置中查看该字体是否可用。

操作提示：在文件资源管理器中，可以通过在地址栏直接输入"文档"快速导航到文档文件夹。安装完成后，可以在设置中的"个性化"→"字体"页面查看已安装的字体列表。

单元 2 WPS Office 文字处理

📚 知识目标

1. 掌握 WPS Office 文字的基本概念和界面布局，了解其主要功能和特点。
2. 理解文档编辑的基本原理，包括文字输入、格式调整、段落设置等。
3. 学习文档排版的专业知识，包括字体、字号、颜色、对齐方式等排版技巧。
4. 了解 WPS Office 文字的高级功能，如文档模板、样式管理、自动编号等。
5. 掌握文档管理的知识，包括文档的创建、保存、打开、关闭、备份等基本操作。

🛠 技能目标

1. 能够熟练使用 WPS Office 文字进行文档的编辑和排版，包括文字输入、格式调整、段落设置等。
2. 能够运用 WPS Office 文字的高级功能，如文档模板、样式管理、自动编号等，提高文档编辑效率。
3. 能够独立完成文档的创建、修改、保存和打印等操作，确保文档的准确性和完整性。
4. 学会使用 WPS Office 文字的协作功能，如共享文档、评论和修改等，提升团队协作效率。
5. 具备一定的文档管理能力，能够合理组织和管理个人或团队的文档资源。

🏆 素质目标

1. 培养良好的文档编辑习惯，注重文档的规范性和可读性。
2. 提高自主学习和解决问题的能力，能够独立思考并寻求有效的解决方案。
3. 培养团队协作和沟通能力，能够与团队成员有效沟通并协作完成文档编辑任务。
4. 树立信息安全意识，保护个人和团队的文档资源不被非法获取或篡改。
5. 激发创新思维和创造力，能够在文档编辑中融入个人观点和创意。

任务 2.1 排版学习资料《七律·长征》

2.1.1 任务描述

新建空白文档，基于素材"七律长征.txt"进行排版，排版效果如图 2-1 所示。掌握页面、字符和段落的设置、边框/底纹、分栏、项目符号、编号和查找与替换等操作。

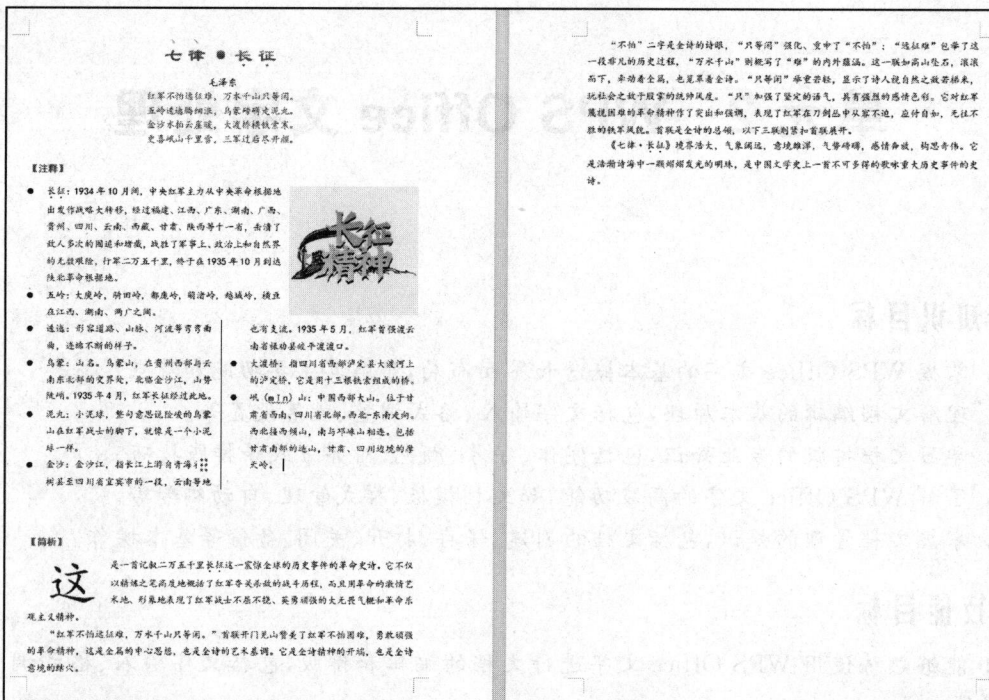

图 2-1　排版效果

2.1.2　任务实施

1. 页面的设置

纸张大小为 A4；纸张方向为纵向，上、下边距为 2.4 厘米，左、右边距为 3 厘米；页眉和页脚距边界分别为 1.4 厘米和 1.55 厘米，操作步骤如下。

步骤 1：启动 WPS，单击"文件"菜单中的"打开"选项，打开"素材"文件夹中的文件"2.1 七律-长征.docx"。

步骤 2：在"页面"选项卡的"页面设置"功能组中设置纸张大小、纸张方向、页边距，或单击"页面设置"功能组右下角的 ⌐ 按钮，如图 2-2 所示。

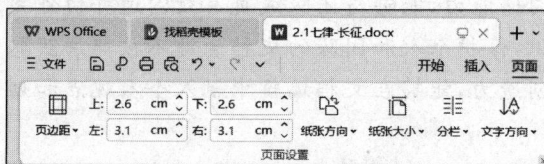

图 2-2　"页面设置"功能组

步骤 3：单击"纸张大小"按钮，在展开的下拉列表中选择"A4"，如图 2-3 所示。

步骤 4：单击"页边距"按钮，在展开的下拉列表中选择"自定义页边距"，打开"页面设置"对话框，如图 2-4 所示，或在"页面设置"功能组中直接设置。

步骤 5：单击"版式"选项卡，在"距边界"处设置页眉"1.4 厘米"、页脚"1.55 厘米"，单击"确定"按钮，如图 2-5 所示。

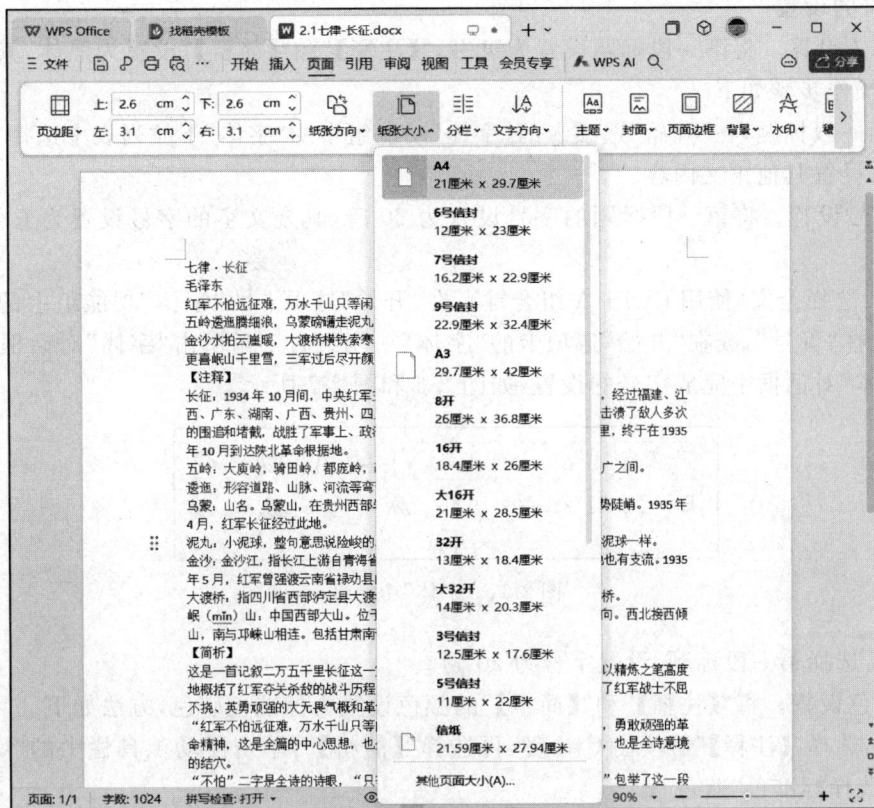

图 2-3 设置纸张大小

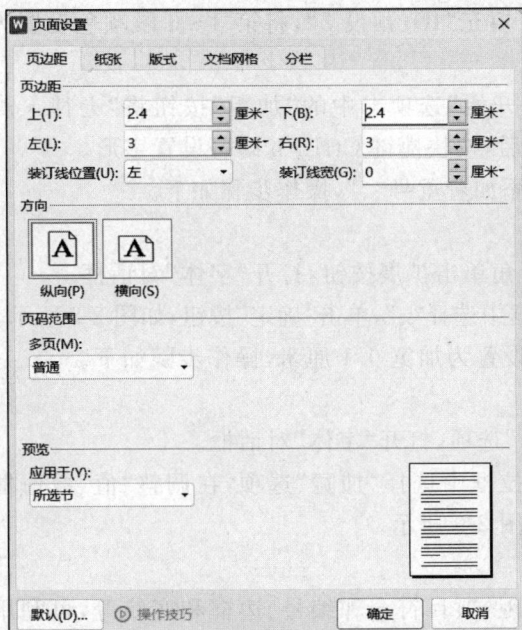

图 2-4 "页面设置"对话框

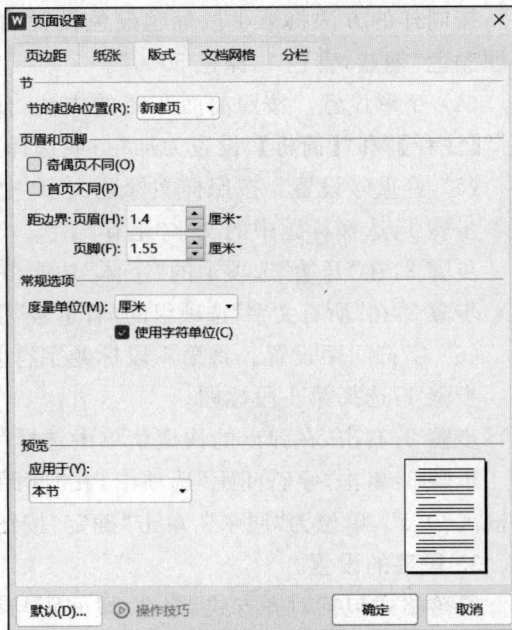

图 2-5 "版式"选项卡

2. 字符的设置

（1）字体设置。将第一段标题设置为隶书，"【注释】"和"【简析】"设置为黑体，其余文字设置为楷体，操作步骤如下。

选择第一段标题，在"开始"选项卡的"字体"功能组中的"字体"下拉列表中选择"隶书"，用同样的方法设置其他正文内容。

（2）字号设置。将第一段标题的字号设置为 20 磅，其余文字的字号设置为五号，操作步骤如下。

步骤 1：选择全文（使用 Ctrl＋A 组合键），在"开始"选项卡的"字体"功能组中的"字号"下拉列表中选择"五号"，或在"开始"选项卡的"字体"功能组右下角单击"字体"对话框按钮，在打开的"字体"对话框中完成字号的设置，如图 2-6 和图 2-7 所示。

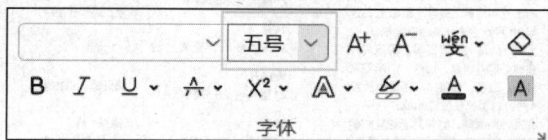

图 2-6　"字体"功能组

步骤 2：选择第一段标题，设置字号为 20 磅。

（3）颜色设置。将"【注释】"和"【简析】"的颜色设置为标准色蓝色，方法如下。

方法 1：选择"【注释】"后按住 Ctrl 键，再选择"【简析】"，单击浮动工具栏中的"字体颜色"下拉按钮，选择标准色"蓝色"。

方法 2：选择"【注释】"后按住 Ctrl 键，再选择"【简析】"，在"开始"选项卡的"字体"功能组中的"字体颜色"下拉按钮中选择标准色"蓝色"。

按同样的方法将第 1 段标题颜色设置为渐变填充"ID：预设 2"，将第 3～6 段颜色设置为主题颜色"钢蓝，着色 1，深色 50％"。

（4）字形设置。按照前面介绍的方法，使用"开始"选项卡中的"加粗"按钮将"七律·长征""【注释】"和"【简析】"设置为加粗；或选择文字后，按快捷键 Ctrl＋b 即可设置字形。

（5）着重号设置。按照样文标题文字"七律"添加着重号"、"，操作步骤如下。

步骤 1：选择标题中的文字"七律"。

步骤 2：在"开始"选项卡的"字体"功能组右下角单击扩展按钮，打开"字体"对话框。

步骤 3：在"所有文字"选项组的"着重号"下拉框中选择"、"，单击"确定"按钮，如图 2-8 所示。

（6）字符间距设置。将第 1 段标题字符间距设置为加宽 0.1 厘米，操作步骤如下。

步骤 1：选择第 1 段标题。

步骤 2：右击，在弹出的快捷菜单中选择"字体"选项，打开"字体"对话框。

步骤 3：单击"字符间距"选项卡，在"间距"下拉框中选择"加宽"选项，在调整"值"数值框中输入"0.1"，单位为"厘米"，单击"确定"按钮，如图 2-9 所示。

3. 段落的设置

段落格式包括对齐方式、缩进、段间距与行间距、项目符合和编号、边框和底纹等，可利用图 2-10 所示的浮动工具栏和图 2-11 所示的"段落"功能组来设置。

（1）对齐方式设置。将第 1～6 段设置为居中对齐，操作方法如下。

方法 1：选择第 1～6 段，在浮动工具栏中单击"对齐"下拉按钮，选择"居中对齐"。

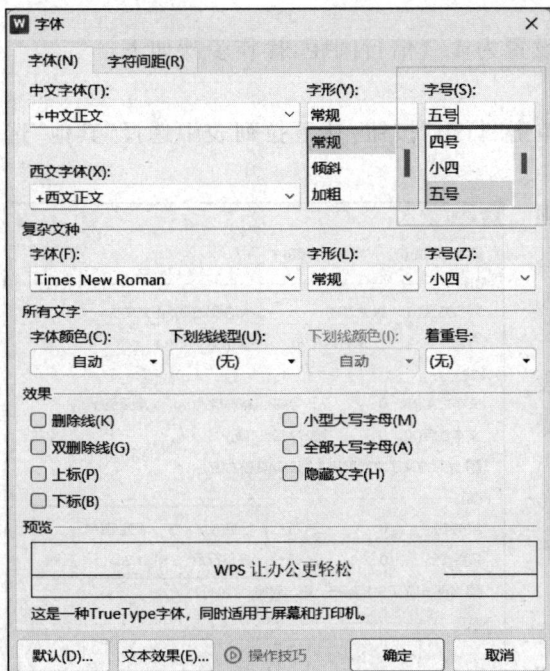

图 2-7　"字体"对话框

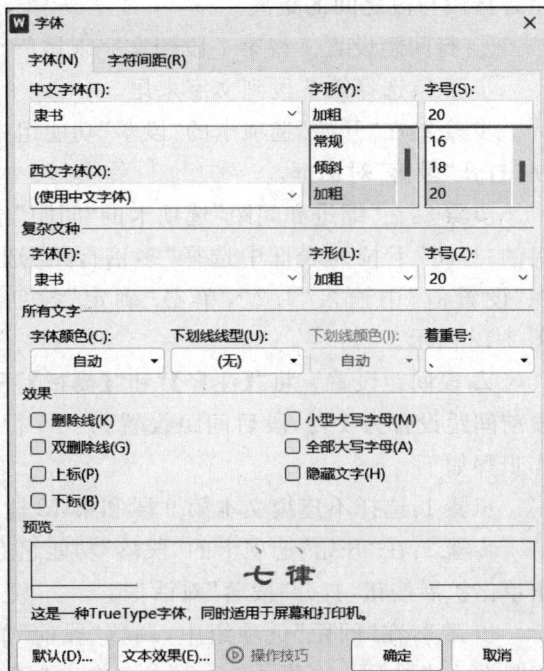

图 2-8　着重号设置

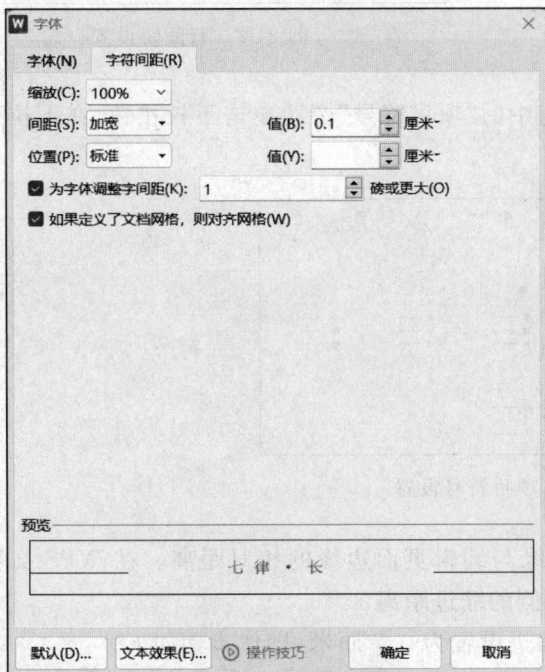

图 2-9　字符间距设置

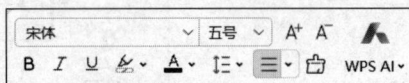

图 2-10　浮动工具栏

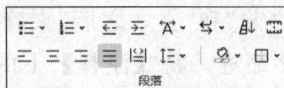

图 2-11　"段落"功能组

方法 2：选择第 1～6 段，在"开始"选项卡的"段落"功能组中单击"居中对齐"按钮。

（2）间距设置。间距包括行间距和段间距。行间距是指段落内行与行之间的距离，段间距是指段与段之间的距离。

① 行间距设置。将第 7 段到文字末尾行距设置为 1.2 倍行间距，操作步骤如下。

步骤 1：选择第 7 段到文字末尾。

步骤 2：在"开始"选项卡的"段落"功能组中单击"行距"按钮，从下拉列表中选择"其他"选项，打开"段落"对话框。

步骤 3：在"缩进和间距"选项卡的"间距"选项组的"行距"下拉列表框中选择"多倍行距"选项，在"设置值"中输入"1.2"，单击"确定"按钮，如图 2-12 所示。

② 段间距设置。将"【注释】"和"【简析】"两段段前间距设置为 1 行，段后间距设置为 0.5 行，操作步骤如下。

步骤 1：选择不连续文本第 9 段和第 12 段。

步骤 2：在"开始"选项卡的"段落"功能组右下角单击扩展按钮，打开"段落"对话框。

步骤 3：在"间距"选项组中，调整"段前"的值为"1"行、"段后"的值为"0.5"行，单击"确定"按钮。

（3）项目符号设置。对"【注释】"中的文字添加圆形项目符号，操作步骤如下。

步骤 1：选择"【注释】"后的文本。

步骤 2：在"开始"选项卡的"段落"功能组中的"项目符号"旁边单击下拉按钮，在下拉列表中选择圆形项目符号，如图 2-13 所示。

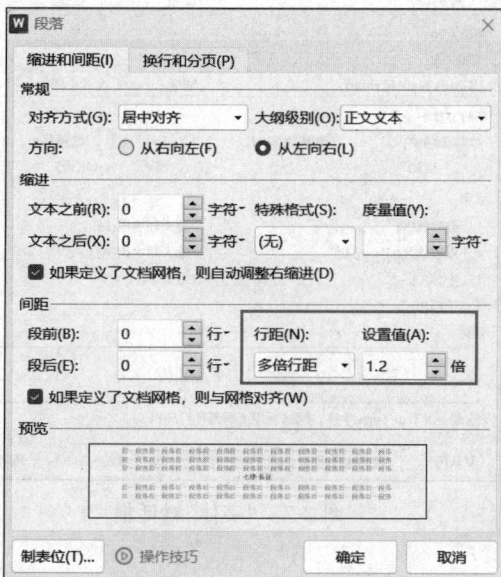

图 2-12　行间距设置

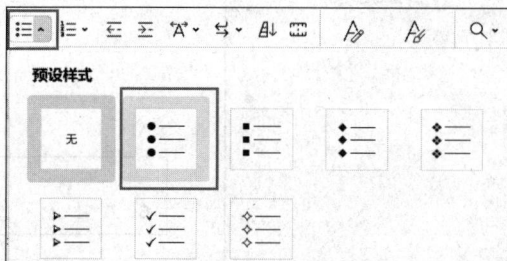

图 2-13　项目符号设置

（4）缩进设置。段落的缩进是指段落边缘与编辑页面边缘的相对距离。在 WPS 文字中使用"文本之前"和"文本之后"来确定左右两侧的缩进距离。

① 文字缩进。将"【注释】"下的文字左缩进设置为 0.7 厘米，操作步骤如下。

步骤 1：选择"【注释】"下的文字。

步骤 2：在"开始"选项卡的"段落"功能组右下角单击扩展按钮，打开"段落"对话框。

步骤 3：在"缩进"选项组中，将"文本之前"的值调整为"0.7"，单位为"厘米"，单击"确定"按钮，如图 2-14 所示。

② 首行缩进。将"【简析】"下的文字各段首行缩进 2 个字符,操作步骤如下。

步骤 1:选择"【简析】"下的文字。

步骤 2:右击选定文本,在弹出的快捷菜单中选择"段落"选项,打开"段落"对话框。

步骤 3:在"缩进"选项组的"特殊格式"下拉列表中选择"首行缩进"选项,调整"度量值"为"2",单击"确定"按钮,如图 2-15 所示。

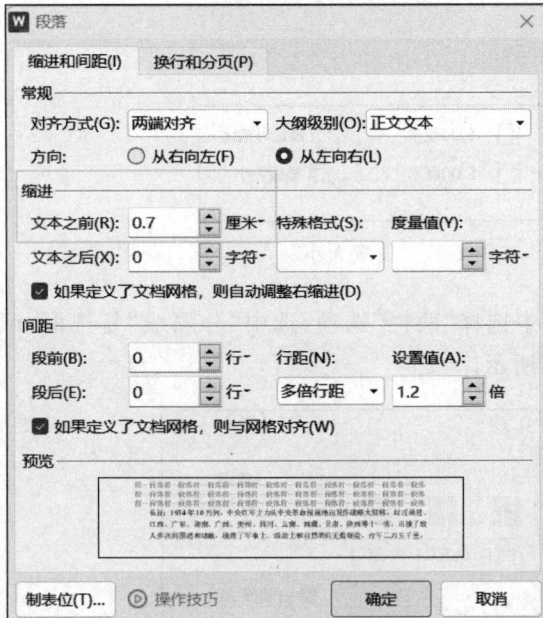

图 2-14　文字缩进设置	图 2-15　首行缩进设置

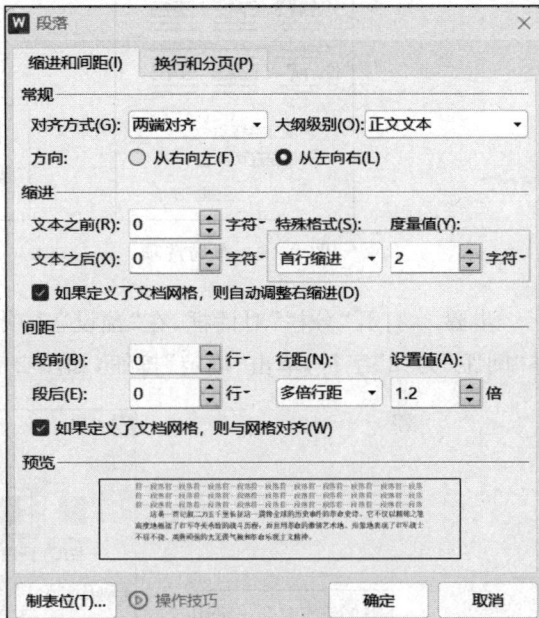

4. 图片的设置

(1)插入图片。在文档中插入图片"长征精神 .jpg",操作步骤如下。

步骤 1:将插入符定位在要插入图片的位置。

步骤 2:单击"插入"选项卡中的"图片"按钮,选择"本地图片"选项,位置选择"第 2 节\素材",选择"长征精神 .jpg",然后单击"确定"按钮。

(2)编辑图片。将插入图片的文字环绕方式设置为"四周型环绕",图片大小设置为宽度和高度均为 5 厘米,调整图片位置,置于第 8~9 段右边,操作步骤如下。

步骤 1:单击选择图片,在弹出的"快速工具栏"中单击"布局选项"按钮,在下拉列表中选择"文字环绕"项下的"四周型环绕",如图 2-16 所示。

步骤 2:在"图片工具"选项卡的"大小"功能组中,将形状高度值设置为"5.00 厘米"、形状宽度值设置为"5.00 厘米",如图 2-17 所示。

步骤 3:用鼠标拖动图片移动至第 8~9 段右边。

5. 分栏和首字下沉

(1)设置分栏。将第 10~15 段分为等宽两栏,加分割线,栏间距为 2 字符,操作步骤如下。

步骤 1:选择第 10~15 段的文本。

步骤 2:在"页面"选项卡的"页面设置"功能组中单击"分栏"按钮,在下拉列表中选择"更多分栏",如图 2-18 所示。

图 2-16　布局选项

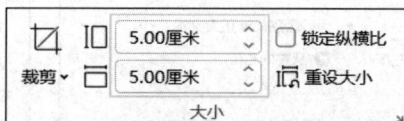

图 2-17　设置大小

步骤 3：打开"分栏"对话框，在"预设"选项组中选择"两栏"选项，选中"分隔线"复选框，调整"间距"为"2"字符，单击"确定"按钮，如图 2-19 所示。

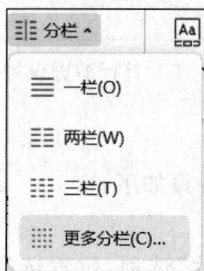

图 2-18　更多分栏

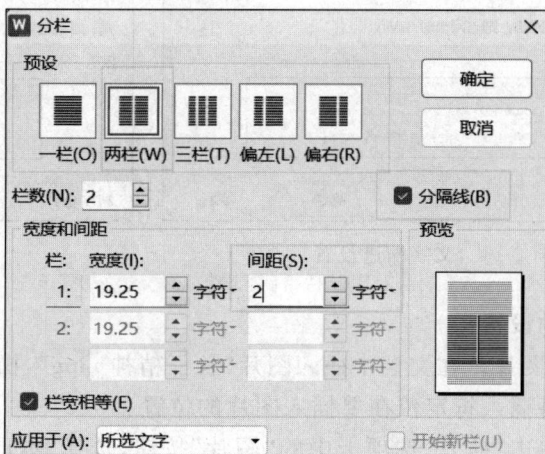

图 2-19　设置分栏

（2）首字下沉。将第 17 段开头文字"这"设置为首字下沉，下沉 3 行，距正文 0.5 厘米，操作步骤如下。

步骤 1：将插入符定位在第 17 段。

步骤 2：在"插入"选项卡的"部件"功能组中单击"首字下沉"按钮，打开"首字下沉"对话框，在"位置"选项组中选择"下沉"选项，"下沉行数"设置为"3"，"距正文"改为"0.5"厘米，单击"确定"按钮，如图 2-20 所示。

6. 查找和替换

WPS 文档的查找和替换功能非常强大，不仅可以迅速定位到文档中的特定词语，还能对找到的词语进行批量替换，以及对其格式的修改。

查找并将文本中的"长征"替换为加着重号"."的"长征"，操作步骤如下。

步骤 1：启动查找和替换功能。在"开始"选项卡的"查找"功能组中单击"查找替换"按钮，或者直接按 Ctrl＋H 组合键，快速打开"查找和替换"对话框，如图 2-21 所示。

图 2-20　设置首字下沉

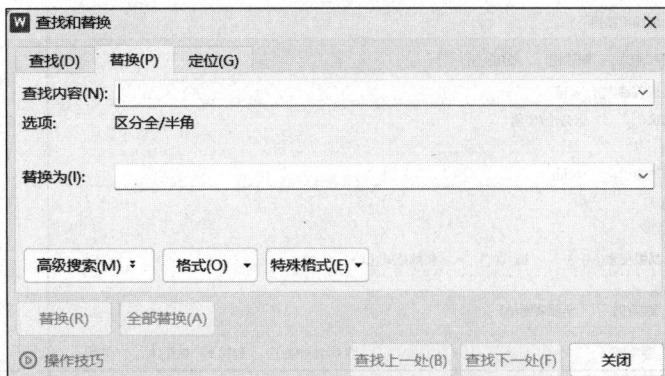

图 2-21　"查找和替换"对话框

步骤 2：设置查找和替换参数。在"查找和替换"对话框中选择"替换"选项卡，在"查找内容"框中输入"长征"，确保准确无误。在"替换为"框中同样输入"长征"，但此时需要对替换后的文本进行格式设置。

将光标定位在"替换为"框中的"长征"上。单击"格式"下拉按钮，在展开的下拉列表中选择"字体"，如图 2-22 所示。在弹出的"替换字体"对话框中选择"着重号"项，并为其选择"."作为着重号，单击"确定"按钮，保存字体设置，如图 2-23 所示。

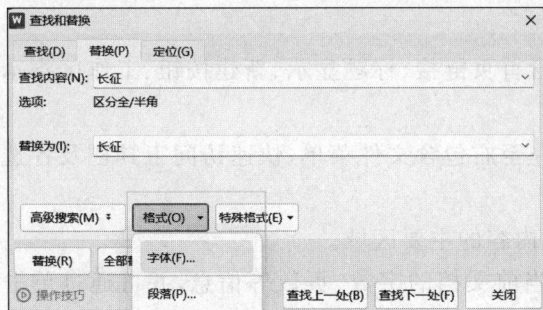

图 2-22　"格式"→"字体"

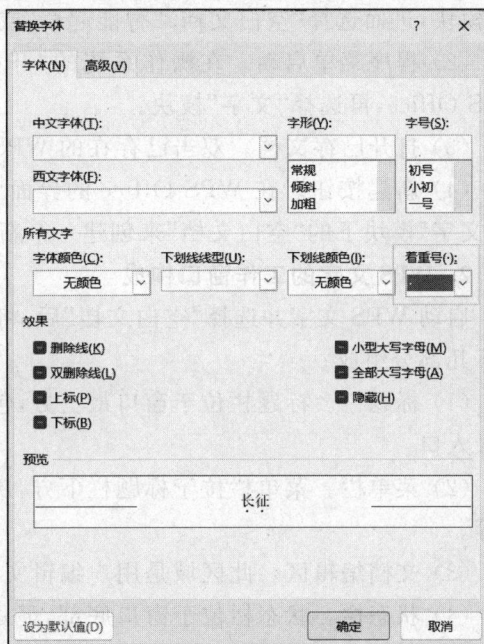

图 2-23　着重号

步骤 3：执行替换操作。在"查找和替换"对话框中确认查找和替换参数设置无误。单击"全部替换"按钮，WPS 将自动在文档中查找所有"长征"的实例，并用加着重号的"长征"替换它们，如图 2-24 所示。替换完成后，WPS 会弹出一个对话框告知替换的结果，包括替换的次数等信息，如图 2-25 所示。单击"确定"按钮，关闭所有对话框，完成操作。

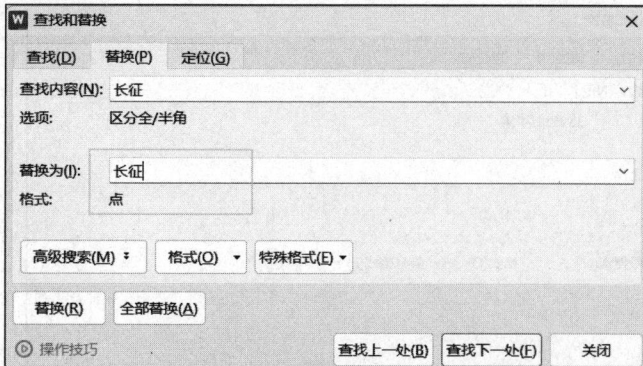

图 2-24　执行替换操作

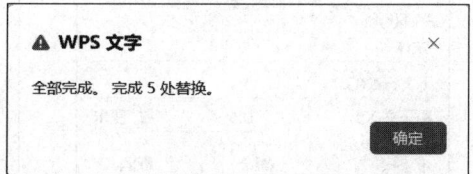

图 2-25　完成替换

2.1.3　知识链接

2.1.3.1　了解 WPS 文字

1. WPS 文字的启动方式

通过金山官网下载并正确安装 WPS Office 后，用户可以通过以下方式启动 WPS 文字。

（1）桌面快捷方式。双击桌面上的 WPS Office 快捷方式图标，在弹出的界面中选择"文字"模块，进而选择"空白文档""智能起草"或推荐的模板来快速创建文档。

（2）程序菜单启动。在操作系统的"开始"菜单中找到 WPS Office 相关条目，单击启动 WPS Office，再选择"文字"模块。

（3）打开已存文档。双击已存在的 WPS 文字文档，将直接启动 WPS 文字并打开该文档。

（4）新建按钮。在 WPS Office 的界面中，通过单击标题栏中的加号按钮新建文档，并选择"文字"模块下的"空白文档"来创建一个新的文字文稿。

2. WPS 文字的工作窗口构成

启动 WPS 文字并选择"空白文档"后，将打开 WPS 文字的工作窗口。该工作窗口主要由以下几部分组成。

（1）标题栏。标题栏位于窗口最上方，包含首页链接、标题显示、新建按钮、工作区指示及登录入口。

（2）菜单栏。菜单栏位于标题栏下方，从左至右包含文件菜单、快速访问工具栏及各选项卡等。

（3）文档编辑区。此区域是用户编辑文稿内容的主要区域。

（4）状态栏。状态栏位于窗口底部，显示当前文档的字数、页数等信息，并可通过单击字数查看详细字数统计。

（5）视图切换按钮。默认显示"页面视图"，用户可在此快速切换至"全屏显示""阅读版式""写作模式""大纲""Web 版式"和"护眼模式"等视图模式。

（6）显示比例调整。用户可调整文档的"页面缩放比例"，通过拖动滚动条或单击"最佳显示比例"按钮进行快速调整。

3. WPS 文字的保存方法

完成文档编辑后，为确保内容不丢失，用户可采取以下方法进行保存。

（1）快速工具栏保存：单击快速工具栏中的"保存"按钮。

（2）文件菜单保存：选择"文件"菜单下的"保存"选项。

（3）快捷键保存：按 Ctrl＋S 组合键进行快速保存。

首次保存时，WPS 文字将弹出"另存为"对话框，提示用户选择保存位置、文件名和文件类型（默认扩展名为".docx"）。后续保存时，如未更改保存位置或文件名，则直接覆盖保存当前文档。用户也可通过"文件"菜单下的"另存为"选项将文档保存到其他位置或以其他名字保存，同时支持将文档输出为 PDF 格式。

4. WPS 文字的退出方式

在完成文档编辑后，用户可通过以下方式退出 WPS 文字。

（1）关闭按钮退出：单击窗口右上角的"关闭"按钮✕。

（2）名称区退出：单击名称区右侧的"关闭"按钮✕。

（3）文件菜单退出：选择"文件"菜单下的"退出"选项。

（4）快捷键退出：按 Ctrl＋F4 组合键快速退出 WPS 文字。

2.1.3.2　WPS 文本编辑基础

1. 输入与删除文本

在空白文档中，左上角闪动的光标称为"插入点"。用户在此处输入的文字将自动显示到插入点所在位置，并随着文字的输入自动换行和分页。删除文本时，用户可使用鼠标或键盘来删除指定内容。

2. 文本选择

在对文本进行复制、移动等操作前，需先选择目标文本。用户可通过鼠标拖动、双击、三击或使用键盘快捷键等方式来选择文本。

3. 文本复制

文本复制是指将选定的文本复制到文档中的其他位置，原文本保持不变。用户可通过鼠标拖动、右键菜单或键盘快捷键等方式进行文本复制。

4. 文本移动

文本移动是指将选定的文本移动到文档中的其他位置，原位置上的内容将被删除。用户可通过鼠标拖动、右键菜单或键盘快捷键等方式进行文本移动。

5. 文本粘贴

文本粘贴是指将已复制或剪切的文本插入文档的指定位置。用户可在目标位置右击选择"粘贴"或使用键盘快捷键进行粘贴操作。

6. 恢复与撤销

WPS 文字具备撤销和恢复功能，可记录用户对文档的每一步操作。当用户误操作或需要撤销上一步操作时，可通过"撤销"功能进行恢复。

2.1.3.3　设置页面格式

新建文档时，WPS 文字对文档的纸张大小、纸张方向和页边距等进行了默认设置，用户也可根据需要对这些设置进行更改。在 WPS 文字中，可利用"页面"选项卡中的相应功能按钮（或"页面设置"对话框）设置页面格式，如图 2-26 所示。

选择或自定义页边距

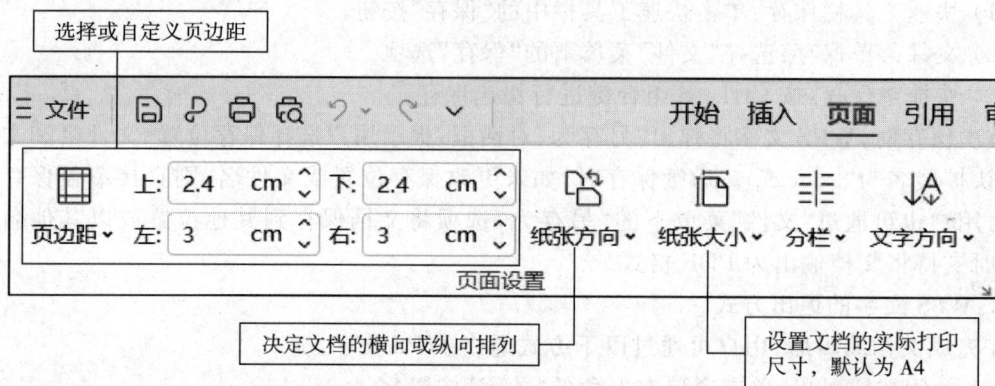

决定文档的横向或纵向排列

设置文档的实际打印尺寸，默认为 A4

图 2-26　设置页面格式

2.1.3.4　设置字符格式

字符格式作为文档排版的核心要素之一，涵盖了文本的字体选择、字号调整、字形变换、下划线应用及字体颜色的定制等关键属性。在追求文档版面美观、增强阅读体验、凸显标题与关键信息的背景下，对文档中特定文本的字符格式进行精细设置显得尤为重要。

在 WPS 文字处理软件中，可通过"开始"选项卡中的功能按钮（或利用"字体"对话框）来实现对字符格式的全面设置。如图 2-27 所示，用户可直观地单击相应功能按钮来快速应用格式设置；同时，对于更为复杂的格式需求，也可通过单击特定功能按钮的下拉按钮，进一步在下拉列表中选择符合需求的选项，以达到精细化的格式控制。

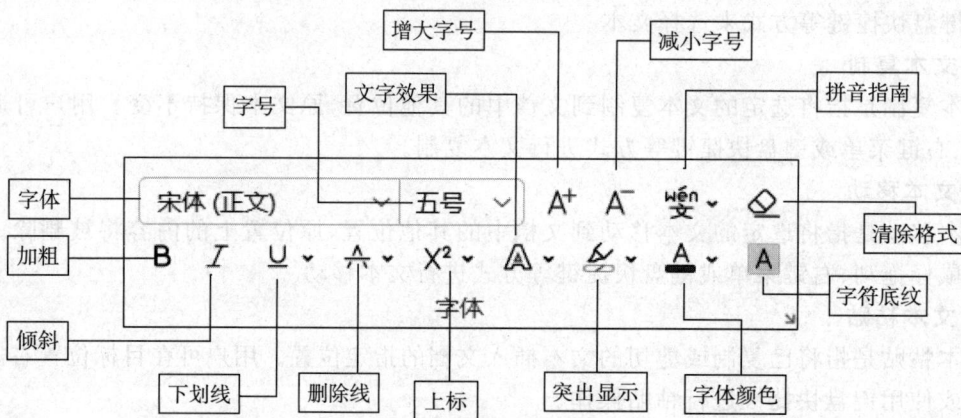

图 2-27　设置字符格式

2.1.3.5　设置段落格式

段落是以回车符"↵"为结束标记的内容。段落的格式设置主要包括段落的对齐方式、段落缩进、段落间距及行距等。在 WPS 文字中，如果要设置某个段落的格式，只需将插入点定位到该段落中；如果要同时设置多个段落的格式，可同时选中这些段落，并利用"开始"选项卡中的相应功能按钮（或"段落"对话框）设置段落格式，如图 2-28 所示。

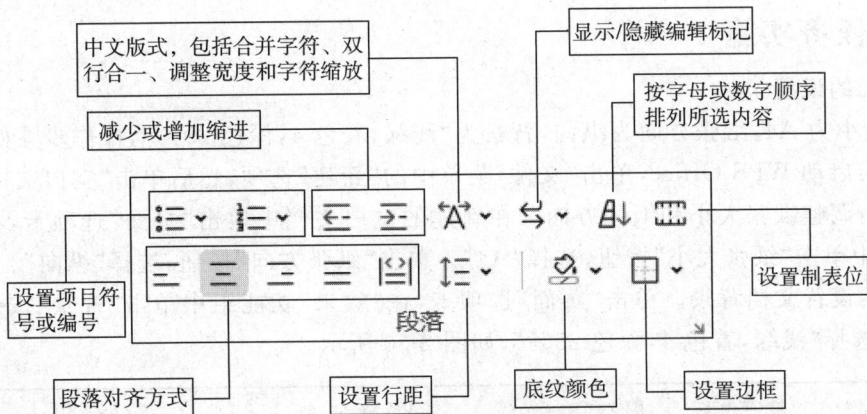

图 2-28　设置段落格式

任务 2.2　制作垃圾分类主题海报

2.2.1　任务描述

随着城市化进程的加快,垃圾产生量逐年增加,对环境造成了严重的影响,但垃圾中也有许多可回收利用的资源,如纸张、塑料、金属等。通过垃圾分类宣传,让每个人参与到垃圾分类实践中,可提高公众的环保意识。垃圾分类主题海报效果如图 2-29 所示。

图 2-29　垃圾分类主题海报效果

2.2.2 任务实施

1. 页面的设置

纸张大小为 A4，纸张方向为纵向，背景为"浅绿，着色 4，深色 25％"，操作步骤如下。

步骤 1：启动 WPS Office，单击"文件"菜单中的"新建"选项，然后单击"空白文档"。

步骤 2：调整纸张大小和纸张方向。在新建的空白文档中单击"页面"选项卡，在"页面设置"功能组中单击"纸张大小"按钮，选择"A4"。单击"纸张方向"按钮，选择"纵向"。

步骤 3：设置文档背景。单击"页面"选项卡，在"效果"功能组中单击"背景"按钮。在"主题颜色"中选择"浅绿，着色 4，深色 25％"，如图 2-30 所示。

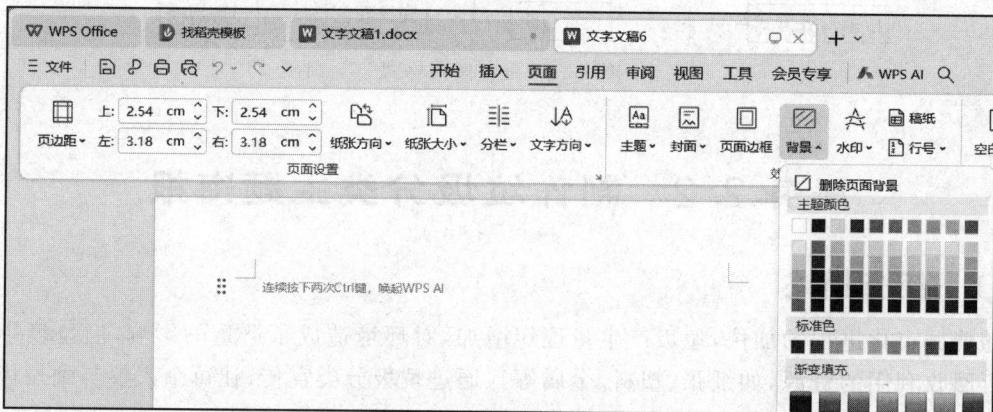

图 2-30 设置文档背景

2. 文本框的设置

（1）字体设置：微软雅黑。

（2）字号设置："学/文/明/条/例/做/文/明/个/人"为 28 磅；"践行垃圾分类 倡导文明新风"为 20 磅。

（3）字体颜色设置：字体颜色为白色。

（4）文字居中对齐，形状样式为无填充颜色，无边框颜色。

操作步骤如下。

步骤 1：插入文本框。在新建的空白文档中定位到需要插入文本框的位置。在"插入"选项卡的"常用对象"功能组中单击"文本框"按钮，或单击"文本框"下拉按钮，在展开的下拉列表中选择"横向"选项。

步骤 2：绘制并输入文本。在文档的适当位置按住鼠标左键并拖动，绘制出一个横向文本框。在该文本框中输入文本"学/文/明/条/例/做/文/明/个/人"。再绘制一个横向文本框，在文本框中输入"践行垃圾分类 倡导文明新风"。

步骤 3：调整文本框文本格式及属性。选中"学/文/明/条/例/做/文/明/个/人"文本框中的文本。在"开始"选项卡的"字体"功能组中设置字体为"微软雅黑"，字号为"28 磅"，字体颜色为"白色"。

类似地，选中"践行垃圾分类 倡导文明新风"文本框中的文本，并设置字体为"微软雅黑"，字号为"20 磅"，字体颜色为"白色"。根据需要，使用鼠标拖动文本框的边框或角部，调整两个文本框的高度、宽度和位置，确保它们符合文档的排版要求。

为使两个文本框均无填充颜色和边框颜色，可以在"文本工具"选项卡的"形状样式"功能组中进行设置，单击"填充"下拉按钮，在下拉列表中选择"无填充颜色"，在"轮廓"的下拉列表中选择"无边框颜色"。

3. 插入矩形

共插入两个矩形，第一个矩形内的文字为"共同保护环境创造美好校园"，字体为"微软雅黑"，字号为"28 磅"，加粗，居中对齐，文字颜色与纸张的背景色一致；第二个矩形放在垃圾分类处。两个矩形形状填充均为"白色"，排列设置为"置于底层"，操作步骤如下。

步骤 1：插入第一个矩形。单击"插入"选项卡，单击"形状"按钮，从下拉列表中选择"矩形"。在"践行垃圾分类 倡导文明新风"下方，拖动鼠标，绘制出所需大小的矩形。

步骤 2：设置第一个矩形中的文字内容。右击刚刚绘制的矩形，选择"编辑文字"，在矩形中输入文字"共同保护环境创造美好校园"。选中文字，设置字体为"微软雅黑"，字号为"28 磅"，加粗，单击"字体颜色"下拉列表中的"取色器"选项，单击纸张的背景处，完成文字颜色的设置。单击"段落"功能组中的"居中对齐"按钮，完成文字对齐设置。

步骤 3：插入第二个矩形。重复步骤 1 的操作，再次插入一个矩形。将此矩形放置在文档中的垃圾分类处。

步骤 4：设置矩形的形状填充。分别选中两个矩形，在"绘图工具"选项卡的"形状样式"功能组中单击"填充"按钮，在下拉列表中单击"主题颜色"下的"白色"。或是在弹出的"快速工具栏"中单击"形状填充"按钮，在"主题颜色"项中选择"白色"。

步骤 5：设置矩形的排列顺序。选中两个矩形后，在"绘图工具"选项卡的"排列"功能组中单击"下移"按钮，在下拉列表中选择"置于底层"按钮，确保两个矩形不会遮挡其他文档内容。

4. 图片的设置

（1）垃圾分类 Logo 图片。

① 图片大小：高度 2.39 厘米，宽度 1.70 厘米。

② 环绕方式：浮于文字上方。

③ 对齐方式：顶端对齐，横向分布。

操作步骤如下。

步骤 1：在"插入"选项卡的"常用对象"功能组中单击"图片"按钮，在展开的下拉列表中选择"本地图片"选项，如图 2-31 所示。

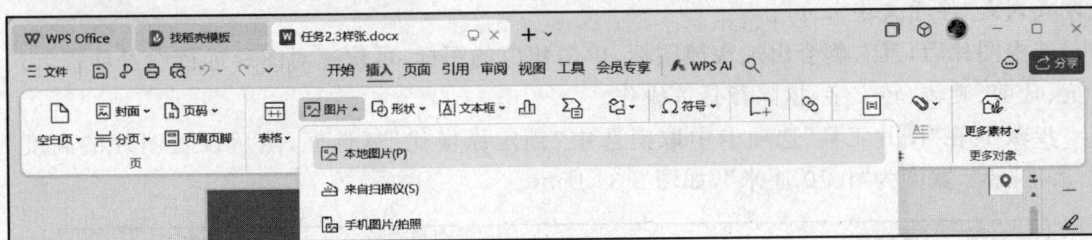

图 2-31　插入本地图片

步骤 2：在打开的"插入图片"对话框中选择素材文件夹中的"可回收物 . png""其他垃圾 . png""易腐垃圾 . png""有害垃圾 . png"图片，单击"打开"按钮，如图 2-32 所示，将所选图片插入文档中。

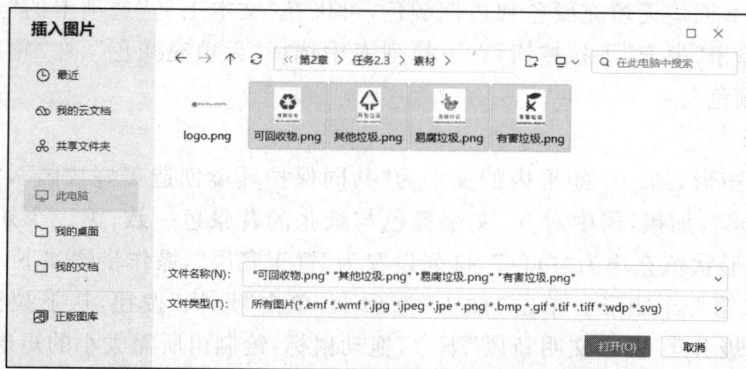

图 2-32　插入图片

步骤 3：保持图片的选中状态，然后单击"绘图工具"选项卡中的"环绕"按钮，在展开的下拉列表中选择"浮于文字上方"选项，如图 2-33 所示。

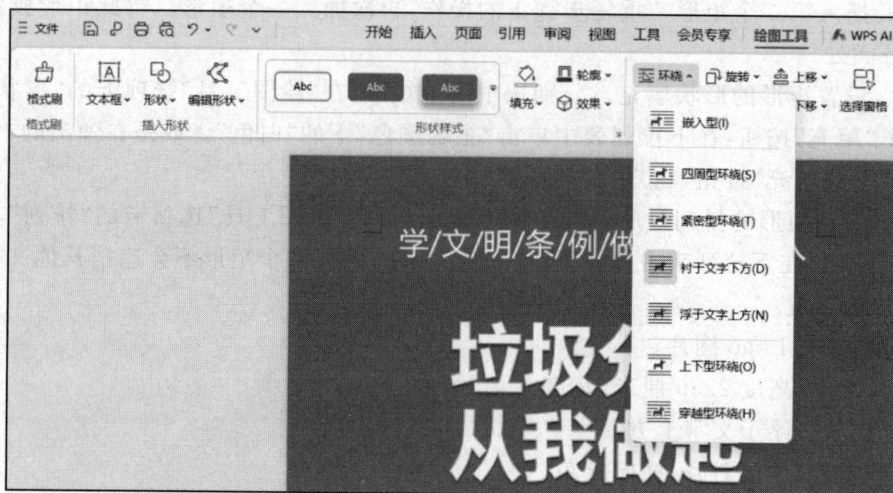

图 2-33　设置环绕方式

提示：插入文档中的图片，其默认环绕方式是"嵌入型"，而艺术字、形状和文本框的默认环绕方式则是"浮于文字上方"。

选中图片后，其右侧会出现快捷图标，单击相应的图标，可快速对图片进行设置环绕方式、预览、裁剪、旋转、转文字、抠除背景等操作。

步骤 4：在"图片工具"选项卡中取消选中"锁定纵横比"复选框，然后设置图片的高度为"2.39 厘米"，宽度为"1.70 厘米"，如图 2-34 所示。

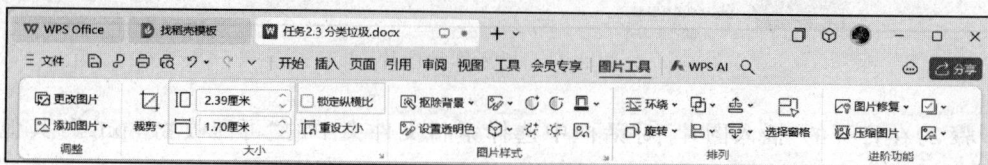

图 2-34　设置图片大小

步骤 5：保持图片的选中状态。随后单击"图片工具"选项卡中的"对齐"按钮，在展开的下拉列表中依次选择"顶端对齐"和"横向分布"选项，以确保图片在顶部对齐，并在水平方向上均匀分布。也可以通过"快速工具栏"中的"顶端对齐"和"横向分布"按钮，根据需要手动调整图片到合适的位置，如图 2-35 所示。

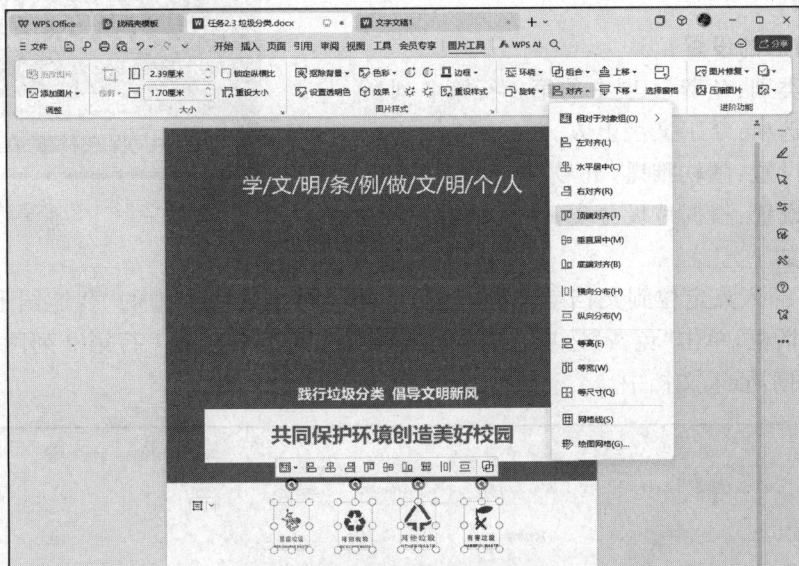

图 2-35　设置图片的对齐方式

（2）学校 Logo 图片。

① 图片大小：高度 2.10 厘米，宽度 7.26 厘米。

② 环绕方式：浮于文字上方。

操作步骤参考"（1）垃圾分类 Logo 图片"的步骤，不再赘述。

5. 艺术字的设置

（1）样式设置：填充-白色，轮廓-着色 5，阴影。

（2）字体设置：微软雅黑。

（3）字号设置：70 磅。

（4）行距设置：固定值 80 磅。

操作步骤如下。

步骤 1：单击"插入"选项卡中的"艺术字"按钮，在展开的下拉列表中选择艺术字样式"填充-白色，轮廓-着色 5，阴影"，如图 2-36 所示。

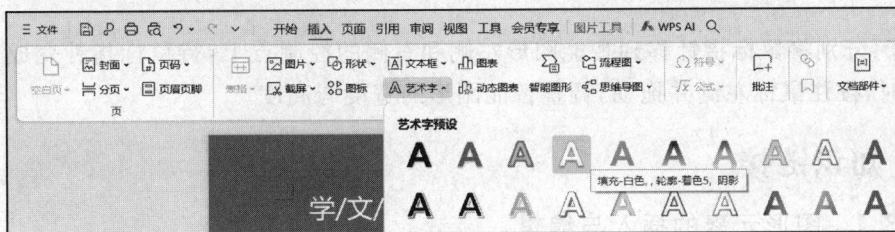

图 2-36　新建艺术字

步骤 2：在编辑框中输入文字"垃圾分类从我做起"。选中输入的文字，在"文本工具"或"开始"选项卡中，设置字体为"微软雅黑"，字号为"70 磅"，加粗；在段落中设置行距为"固定值 80 磅"，并根据需要调整到合适的位置，如图 2-37 所示。

6. 智能图形的设置

（1）图形类别：免费|4 项中的第 1 行第 2 列。

（2）布局选项：浮于文字上方。

（3）字号设置：微软雅黑，五号。

（4）颜色设置：根据垃圾分类 Logo 的颜色设置。

操作步骤如下。

图 2-37　艺术字的设置

步骤 1：将插入点定位到文档空白处，然后单击"插入"选项卡中的"智能图形"按钮，打开"智能图形"对话框，单击"免费"选项，选择"4 项"，再选择其中的第 1 行第 2 列图形，如图 2-38 所示，将所选图形插入文档中。

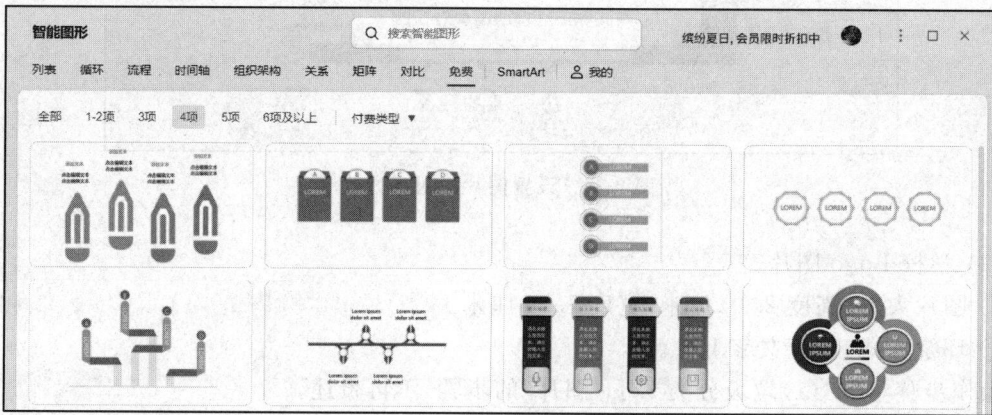

图 2-38　智能图形

步骤 2：保持智能图形的选中状态，单击"绘图工具"选项卡中的"环绕"按钮，在展开的下拉列表中选择"浮于文字上方"选项。

步骤 3：选中要单独修改智能图形中的一块后，在"文本工具"选项卡的"形状样式"功能组中单击"填充"下拉按钮，单击"取色器"后选择颜色进行填充。

步骤 4：选中智能图形的标题文本，分别修改其中的文本为"可回收物""易腐垃圾""其他垃圾"和"有害垃圾"。利用"开始"或"文本工具"选项卡将其字体设置为"微软雅黑"，字号设置为"五号"。

步骤 5：分别将鼠标指针移到智能图形左侧和右侧的控制点上，待鼠标指针变成左右双向箭头形状时，按住鼠标左键并拖动，调整智能图形的宽度与高度。

2.2.3　知识链接

2.2.3.1　图形元素的插入与编辑

WPS 文字提供了丰富的图形元素，包括线条、矩形、基本形状、箭头总汇、公式形状、流程图、星与旗帜、标注 8 类预设图形,用于增强文档的视觉效果和表达力,可以通过以下步骤插入和编辑这些图形。

1. 插入图形

单击"插入"选项卡中的"形状"按钮,从下拉列表中选择所需的图形类别和具体形状,如图 2-39 所示。在文档中拖动鼠标绘制图形,可通过按住 Shift 键绘制正圆或正方形。

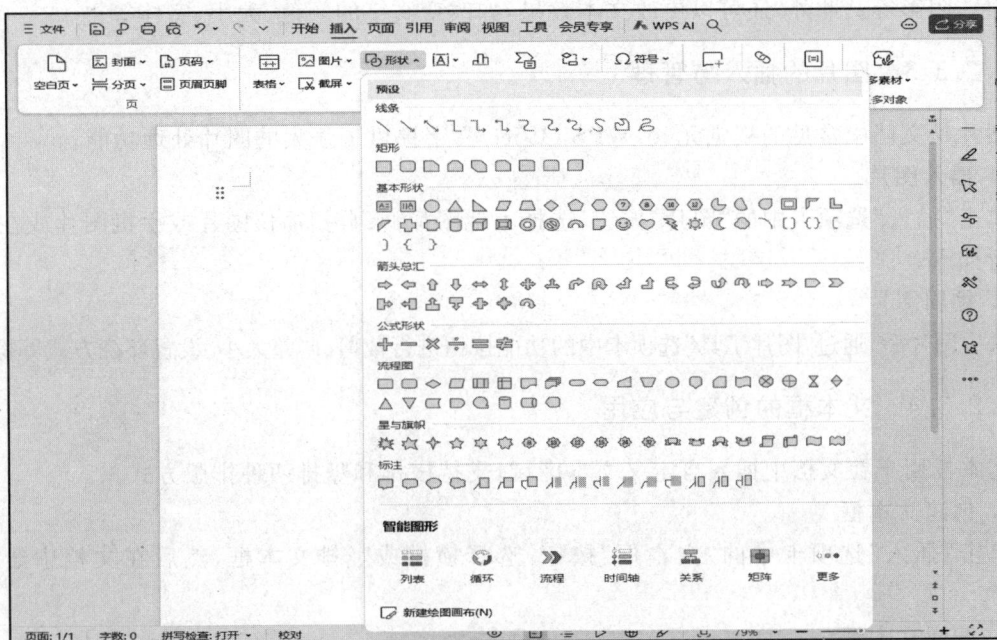

图 2-39　插入形状

2. 设置图形格式

选中图形后,右击并选择"设置对象格式",或直接在"绘图工具"选项卡中设置图形的填充、轮廓和效果,可以通过"编辑形状"按钮更改图形的形状或编辑其顶点,实现自定义图形设计。

3. 图形排列与对齐

使用"绘图工具"中的"环绕""上移""下移"等按钮,调整图形的环绕方式和图层位置,如图 2-40 和图 2-41 所示。利用"对齐"按钮,可以快速对齐多个图形,提升文档整体布局的美观性。

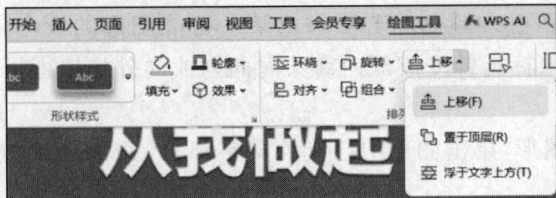

图 2-40　上移

图 2-41　下移

2.2.3.2　艺术字的创建与调整

艺术字是增强文档视觉效果的重要元素,WPS Office 文字支持插入和编辑艺术字。

41

1. 插入艺术字

单击"插入"选项卡中的"艺术字"按钮，从预设样式中选择一种，然后输入所需文字。

2. 编辑艺术字

选中艺术字后，通过"文本工具"选项卡中的功能按钮，调整艺术字的形状效果、文本效果等。例如，用户可以通过调整艺术字样式，使其更加独特和个性化。艺术字样式包括线条的粗细、颜色、阴影等。此外，还可以更改文本效果，如改变文字的颜色、大小、字体等。

2.2.3.3　图片的插入与管理

图片是文档中常见的视觉元素，WPS Office 文字提供了强大的图片处理功能。

1. 插入图片

单击"插入"选项卡中的"图片"按钮，选择本地图片、来自扫描仪图片或手机图片或在线图片进行插入。

2. 编辑图片

选中图片后，通过"图片工具"选项卡中的功能按钮进行裁剪、调整大小、设置环绕方式等操作。

2.2.3.4　文本框的创建与应用

文本框用于在文档中插入自定义文本区域，支持横排和竖排两种排版方式。

1. 创建文本框

单击"插入"选项卡中的"文本框"按钮，选择横排或竖排文本框，然后在文档中绘制文本框。

2. 编辑文本框

选中文本框后，通过"文本工具"选项卡中的功能按钮设置文本框的格式、文字方向等。

2.2.3.5　智能图形的插入与编辑

智能图形是 WPS Office 文字提供的一种高效的信息展示工具。

1. 插入智能图形

单击"插入"选项卡中的"智能图形"按钮，选择所需的图形类别和样式，插入文档中，如图 2-42 所示。

2. 编辑智能图形

选中智能图形，单击图形中的文字，输入新的文字内容。单击需要调整的智能图形右上角的"智能图形处理"图标💡后可以设置项目个数和更改颜色。若要修改某一智能图形的大小，单击该智能图形，在其四周出现的控制点处，当鼠标指针变成双向箭头时向内或向外拖曳即可完成智能图形大小的调整。

（1）文字内容编辑。选中需要编辑的智能图形，单击图形中已有的文字部分，并输入新文字内容。

（2）项目与颜色调整。若需对智能图形的项目个数或颜色进行修改，单击该图形右上角的"智能图形处理"图标。在弹出的选项中，根据需要调整项目个数，选择或更改图形颜色。

（3）大小调整。当需要调整智能图形的大小时，单击选中该图形。此时，图形四周将出现控制点。将鼠标指针移动至任意控制点上，当鼠标指针变为双向箭头时，向内或向外拖曳鼠标，即可完成智能图形大小的调整。

图 2-42 插入智能图形

任务 2.3 制作简约型表格个人简历

2.3.1 任务描述

设计并制作一份毕业生求职的个人简历,需涵盖个人基本信息、教育背景、工作经历、技能特长及自我评价等核心内容,确保简历内容清晰、逻辑严密、易于阅读,便于毕业生在求职过程中向用人单位投递,提高求职成功率。参照图 2-43 所示效果,设计并制作个人简历。

1. 设计样式要求

(1)页面布局。简历应采用标准的 A4 纸张大小,页边距适中,保证整体布局的协调性和专业性。

(2)字体与字号。使用简洁易读的字体,如宋体、微软雅黑等,字号大小应适中,便于阅读。标题部分可采用加粗或加大字号的方式突出显示。

(3)颜色搭配。整体颜色搭配应简洁大方,避免使用过于花哨或刺眼的颜色。建议使用黑、白、灰等中性色调,或搭配少量亮色作为点缀。

2. 内容要求

(1)基本信息包括姓名、电话、电子邮箱、应聘职位等。

(2)教育背景应列出最高学历、毕业院校、专业、学习时间等信息。

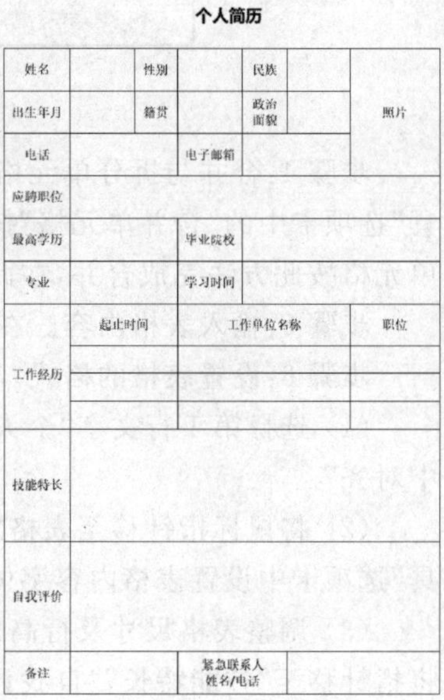

图 2-43 个人简历效果

（3）工作经历需详细描述过去的工作经历，包括起止时间、工作单位名称、职位等。

（4）技能特长应列举个人具备的专业技能、语言能力及计算机操作水平等。

（5）自我评价即简要介绍自己的性格特点、工作态度及职业目标等。

3. 达到效果

最终制作出的个人简历的整体设计风格应简洁大方，符合求职场合的正式氛围；内容应条理清晰，便于招聘方快速了解求职者的基本情况；通过合理的排版和布局，突出求职者的核心竞争力和优势。

2.3.2 任务实施

步骤 1：启动 WPS Office，单击"文件"菜单中的"新建"选项，然后单击"空白文档"按钮。

步骤 2：调整纸张大小和纸张方向。在新建的空白文档中单击"页面"选项卡，在"页面设置"功能组中单击"纸张大小"按钮，选择"A4"。单击"纸张方向"按钮，选择"纵向"。

步骤 3：插入表格，设计简历布局。将光标插入点放在第 2 行行首。在"插入"选项卡的"常用对象"组中单击"表格"按钮，在下拉列表中选择"插入表格"选项。在打开的"插入表格"对话框中设置"列数"为"7"，"行数"为"13"，单击"确定"按钮完成表格的插入，如图 2-44 所示。

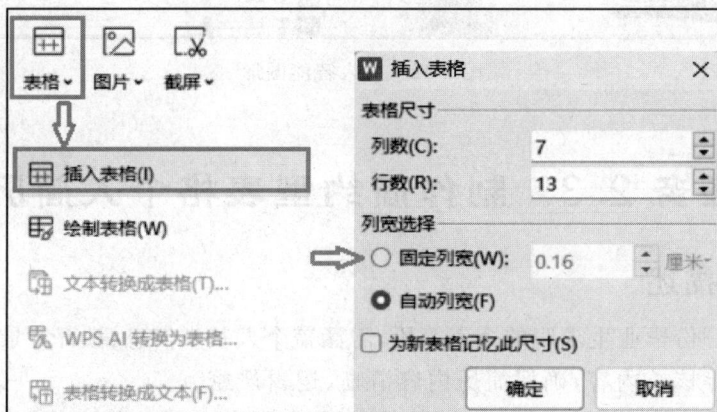

图 2-44 插入表格

步骤 4：合并与拆分单元格。选中表格的第 3 行中的第 2 列和第 3 列，然后单击"表格工具"选项卡中的"合并单元格"按钮，将其合并成一个单元格，如图 2-45 所示。其他需要合并的单元格按此方法完成合并，在此不再赘述，效果如图 2-46 所示。

步骤 5：输入表格内容。在表格中的相应位置填写文本信息，效果如图 2-47 所示。

步骤 6：设置表格的格式。

（1）选择第 1 行文字"个人简历"，设置字体为"黑体"，字号为"小二"，对齐方式设置为"居中对齐"。

（2）将鼠标指针移至表格左上角处，单击"表格选择框"图标，选中整个表格。在"表格工具"选项卡中设置表格内容字体为"宋体"，字号为"小四"，对齐方式为"垂直居中""水平居中"。

（3）调整表格尺寸及行高。定位至表格右下角尺寸调整图标，拖动以调整表格垂直尺寸。将指针移至"技能特长""自我评价"及"备注"行下方边界线，当指针变为双向箭头时，拖动以调整行高。

图 2-45　合并单元格

图 2-46　合并与拆分效果

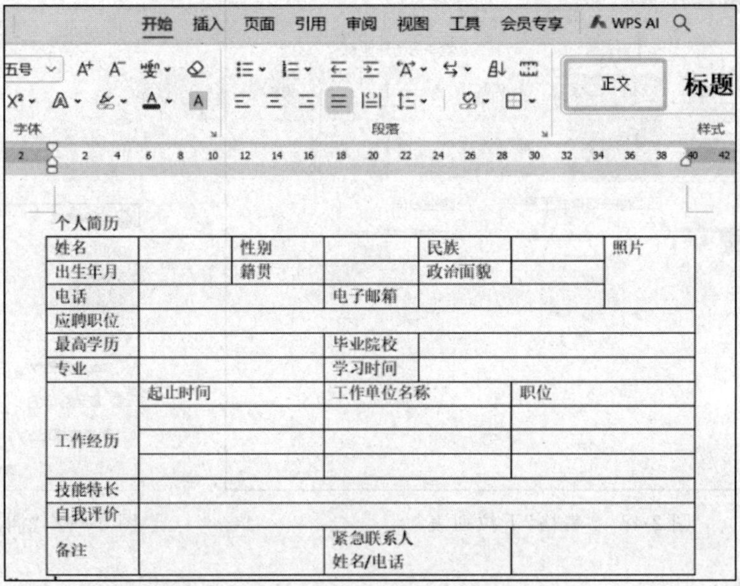

图 2-47　填写文本信息

2.3.3　知识链接

2.3.3.1　创建表格

1. 手动创建表格

打开 WPS Office 文字文档,定位到需要插入表格的位置。单击"插入"选项卡中的"表格"按钮,在下拉列表中选择"插入表格"选项,如图 2-48 所示。在弹出的"插入表格"对话框的"列数"和"行数"文本框中分别输入所需的列数和行数,如 5 列 3 行。单击"确定"按钮,即可在光标位置插入一个 3 行 5 列的表格,如图 2-49 所示。

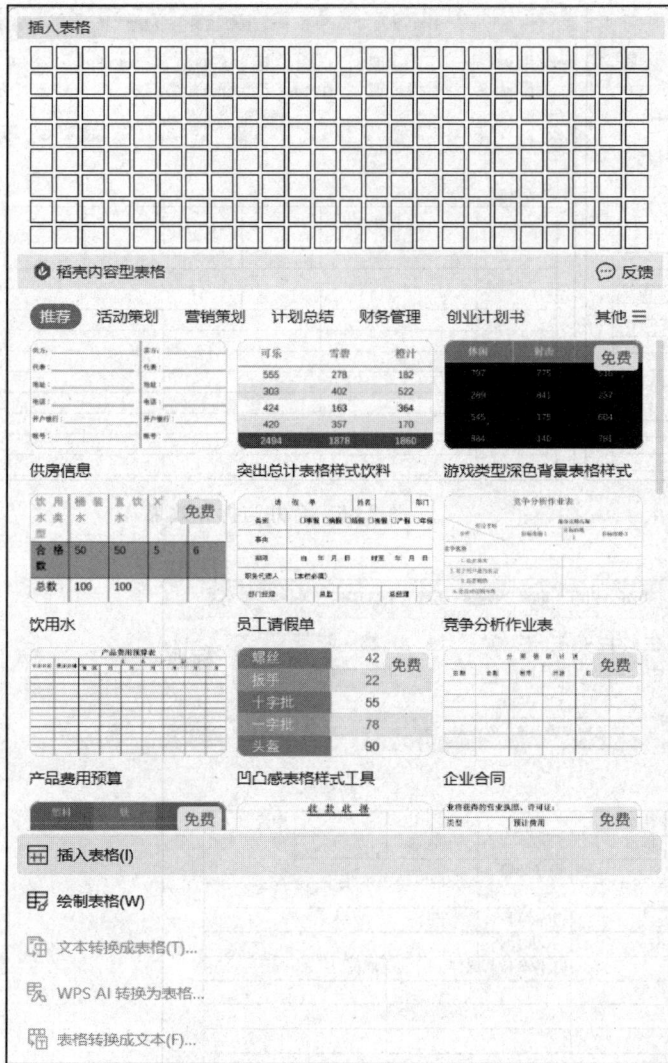

图 2-48 "表格"下拉列表

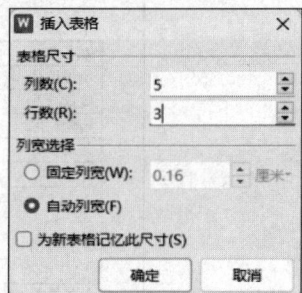

图 2-49 "插入表格"对话框

2. 绘制表格

单击"插入"选项卡中的"表格"按钮,在下拉列表中选择"绘制表格"。此时鼠标指针变为笔的形状,在需要插入表格的位置的左上角按住鼠标左键不放,并向右下角拖曳鼠标。拖动过程中,鼠标指针经过的区域将出现表格框架,并在区域右侧显示当前绘制表格的行数和列数,如图 2-50 所示。松开鼠标左键,即可完成表格的绘制。

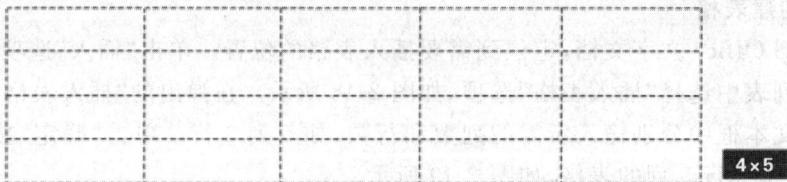

图 2-50 绘制表格

2.3.3.2 表格的选择与操作

1. 选择表格

将鼠标指针移到表格上时,表格的左上角和右下角会出现两个控制点,分别是表格移动控制点和表格大小控制点,如图 2-51 所示。将鼠标指针移到表格移动控制点上,单击即可选中整个表格;按住鼠标左键并拖动鼠标,可以移动表格。将鼠标指针移到表格大小控制点上,按住鼠标左键并拖曳鼠标,可按比例缩放表格。

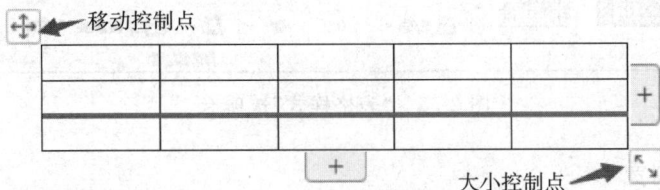

图 2-51 表格控制点

2. 使用"表格工具"选项卡

选中表格或表格中的单元格后,WPS Office 文字的顶部将出现"表格工具"选项卡。该选项卡提供了丰富的表格编辑功能,如插入行/列、拆分/合并单元格、设置单元格对齐方式、排序表格内容、设置重复标题行、插入公式等,如图 2-52 所示。

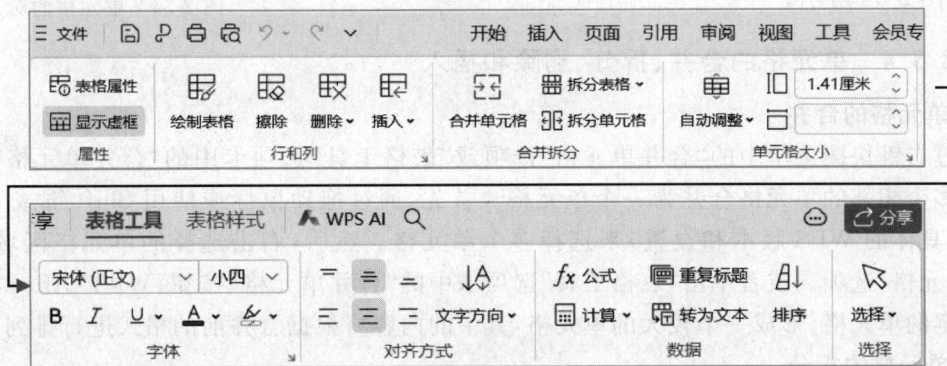

图 2-52 "表格工具"选项卡

3. 删除表格

单击表格中的任意单元格,再单击"表格工具"选项卡中的"删除"按钮,在下拉列表中选择"表格"选项即可。

将鼠标指针移到表格移动控制点上后右击,在弹出的快捷菜单中选择"删除表格"选项,也可将表格删除。在表格移动控制点上单击,选中整个表格,按 Shift+Delete 组合键,也可删除表格。选中整个表格后,如果只按 Delete 键,则只清除表格中的数据,不会删除表格。

2.3.3.3 表格样式与格式化

1. 表格样式

在"表格样式"选项卡中可以设置表格样式、边框、底纹、绘制斜线表头、清除表格样式等,如图 2-53 所示。应用样式后,表格的外观将发生显著变化,使文档更加美观易读。

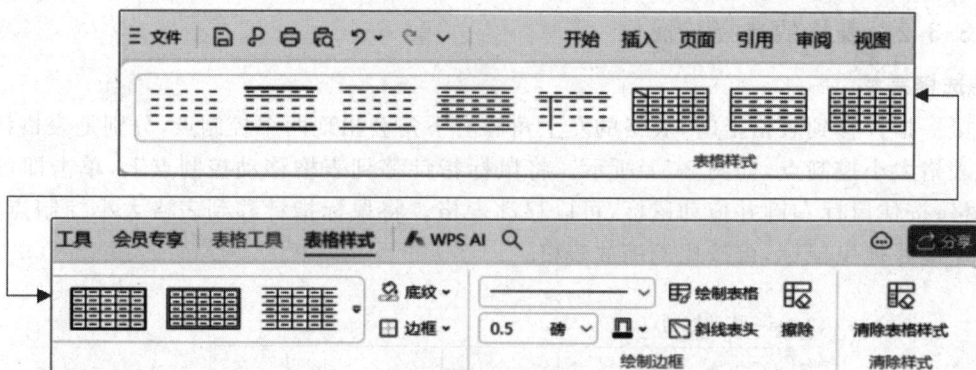

图 2-53　"表格样式"选项卡

2. 调整行高与列宽

可以通过"表格属性"对话框手动设置表格的行高和列宽，也可以通过拖动表格线来手动调整行高和列宽。这些操作可以根据需要随时进行，以满足不同的排版需求。

3. 设置单元格对齐方式

WPS Office 文字支持 9 种单元格对齐方式，由垂直方向的"上、中、下"与水平方向的"左、中、右"组合而成。通过右键快捷菜单或"表格工具"选项卡中的对齐方式选项，可以轻松设置单元格的对齐方式，如图 2-54 所示。

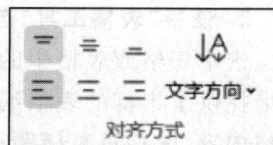

图 2-54　单元格的对齐方式

2.3.3.4　单元格的合并、拆分、删除和插入

1. 单元格的合并

通过右键快捷菜单中的"合并单元格"选项或"表格工具"选项卡中的"合并单元格"按钮，可以将多个相邻的单元格合并为一个单元格。首先，通过拖动鼠标或使用 Shift 键或 Ctrl 键（取决于具体的 WPS 版本和设置）来选择多个单元格。然后，右击选择的单元格区域，选择"合并单元格"选项。或者单击"表格工具"选项卡中的"合并单元格"按钮，WPS Office 将自动合并选定的单元格，形成一个较大的单元格，其中的内容将根据合并前的格式进行排列。

2. 单元格的拆分

右击要拆分的单元格，在弹出的快捷菜单中选择"拆分单元格"选项，打开"拆分单元格"对话框，在"列数"和"行数"文本框中输入列数和行数，单击"确定"按钮，即可拆分目标单元格。

3. 单元格的删除

右击要删除的单元格，在弹出的快捷菜单中选择"删除单元格"选项，打开"删除单元格"对话框，选中相应的单选按钮，即可删除单元格。或者将光标移至目标单元格上，单击"表格工具"选项卡中的"删除"下拉按钮，选择相应选项，即可删除单元格，如图 2-55 所示。

4. 单元格的插入

将光标移至要插入单元格的位置附近，右击，在弹出的快捷菜单中选择"插入"选项，在右侧的下一级菜单中选择相应的选项，即可插入单元格。或者将光标移至要插入单元格的位置附近，单击"表格工具"选项卡中的"在上方插入行""在下方插入行""在左侧插入列""在右侧插入列""插入单元格"按钮，即可插入单元格，如图 2-56 所示。

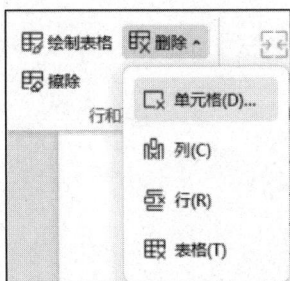

图 2-55 单元格的删除   图 2-56 单元格的插入

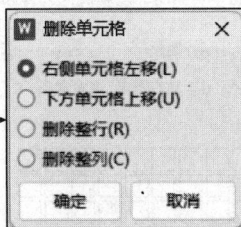

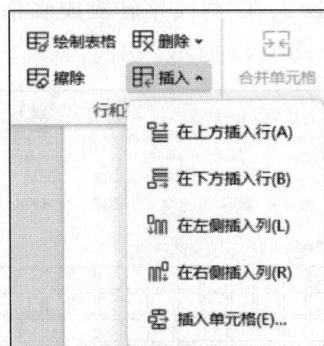

任务 2.4 制作产品订购单

2.4.1 任务描述

大禹水利公司近期需采购一批办公设备及用品，为确保采购流程的顺利进行，特需设计一份清晰、专业的产品订购单模板。此模板将作为公司采购过程中的重要文件，应包含完整的订单信息，以便于采购、财务及物流等部门的协同工作。参照图 2-57 所示效果，设计并制作产品订购单。

订购单

序号	物品名称	品牌	规格型号	单位	数量	单价	金额	备注
1	监控摄像头	海康威视	3347WDV3-L6MM	台	30	566	16980	
2	监控摄像头	海康威视	3366WDV3-I6mm	台	30	500	15000	
3	打印纸	3D	A4	箱	20	102	2040	
4	白板笔	CG	6889	支	20	11.50	230	
5	铅笔	ZH	2B	支	100	0.56	56	
			合计		200		34306	

图 2-57 产品订购单效果

2.4.2 任务实施

（1）设置标题文本"订购单"的文本格式为"微软雅黑，小一，居中对齐"，操作步骤如下。

打开指定的素材文件"2.4 订购单.docx"，选中第 1 行文本"订购单"后，在"开始"选项卡中设置字体格式为"微软雅黑，小一"，并设置对齐方式为"居中对齐"。

（2）参照效果将文本转成表格，操作步骤如下。

步骤 1：选中第 2 行至文档末尾的内容，在"插入"选项卡的"表格"中单击"文本转换成表格"选项，如图 2-58 所示。

步骤 2：在"将文字转换成表格"对话框中选择分隔符，本任务使用英文逗号，单击"确定"按钮，如图 2-59 所示。

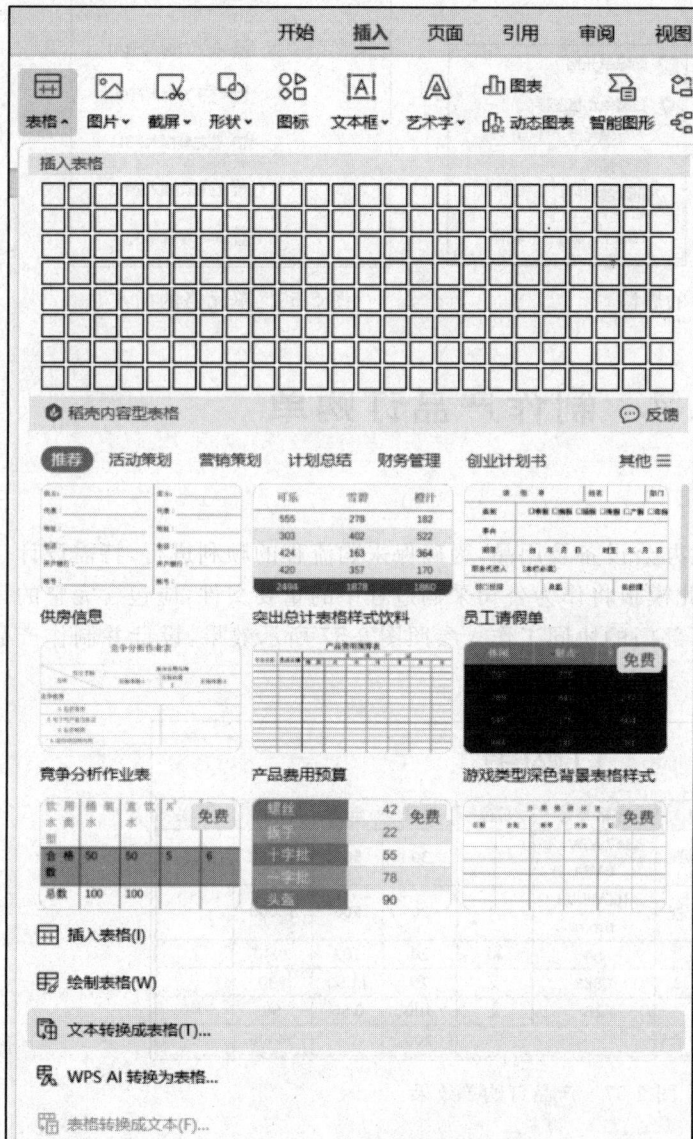

图 2-58　文本转换成表格

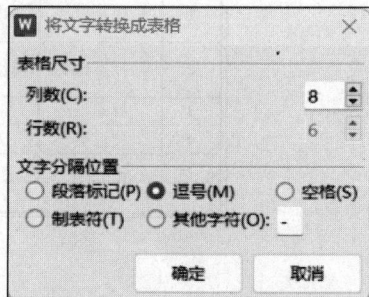

图 2-59　选择文字分隔

（3）表格数据处理，包括按商品单价降序排列；利用公式计算各行的金额；在表格的最下方添加一行总金额，并使用函数计算，操作步骤如下。

步骤 1：选定整个表格后，在"表格工具"选项卡的"数据"功能组中单击"排序"按钮，在打开的"排序"对话框中选择"列表"中的"有标题行"单选按钮，在"主要关键字"下拉列表中选择"单价"，在"类型"中选择"数字"，选择"降序"单选按钮，单击"确定"按钮，如图 2-60 所示。

步骤 2：在表格的最下方添加一行。选定表格的最后一行后右击，在弹出的快捷菜单中依次选择"插入"→"在下方插入行"选项，或者单击表格下方中间位置的 `+` 按钮，如图 2-61 所示。按图 2-57 所示的效果完成单元格的合并，并输入文本，如图 2-62 所示。

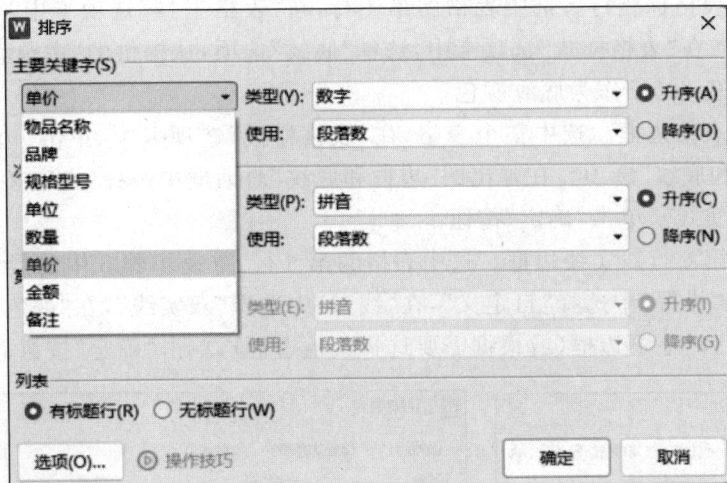

图 2-60　排序

图 2-61　单击表格下方的命令按钮

图 2-62　合并单元格

步骤 3：将光标定位到需要计算的"监控摄像头"所在行的金额方框内，在"表格工具"选项卡的"数据"功能组中单击"fx 公式"按钮，在打开的"公式"对话框中输入公式"＝E2＊F2"，单击"确定"按钮，如图 2-63 所示。计算其他物品的金额时，只需更换对应的行号即可，合计数量与合计金额的公式都为"＝SUM（ABOVE）"。

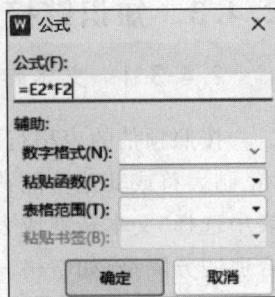

（4）表格编辑，包括在表格的左侧添加序号列，用于记录位置；整个表格居中，表格内容居中；设置表格标题行的文本加粗，底纹为"钢蓝，着色 1，浅色 80％"；设置表格的外边框为 1.5 磅的实线，第 6 行设置双实线，颜色为红色，操作步骤如下。

步骤 1：添加序号列。在表格左侧第 1 列的内容处右击，依次选择"插入"→"在左侧插入列"选项。在新插入的列中，从第 1 行开始，依次输入序号及对应的数字，以记录每个条目的位置。

图 2-63　"公式"对话框

步骤 2：调整表格位置。选中整个表格，单击"表格工具"选项卡中的"表格属性"按钮，打开"表格属性"对话框，在"表格"选项卡的"对齐方式"中单击"居中"按钮，单击"确定"按钮，实现整个表格在页面上居中显示，如图 2-64 所示。

步骤 3：在"表格工具"选项卡的"对齐方式"功能组中单击"垂直居中"和"水平居中"按钮，实现表格内容居中。

51

步骤4：设置表格标题行。选中表格的第1行，在"表格工具"选项卡中，将选定的标题行字体设置为加粗。在"表格样式"选项卡中，选择"底纹"选项，从提供的"主题颜色"选项中选择"钢蓝，着色1，浅色80%"作为底纹颜色。

步骤5：设置表格边框。选中整个表格，在"表格样式"选项卡中，单击"边框"旁边的下拉按钮，选择"边框和底纹"选项。在弹出的"边框和底纹"对话框中选择"自定义"选项，设置外边框为"1.5磅"的"实线"，单击"确定"按钮。

步骤6：设置第6行双实线边框。选中表格的第6行，重复步骤5中的操作，打开"边框和底纹"对话框。在"设置"中选择"自定义"，在"线型"中选择"双实线"，在"颜色"中选择"红色"。应用设置到第6行的上下边框（或根据需要选择其他边框），单击"确定"按钮，如图2-65所示。

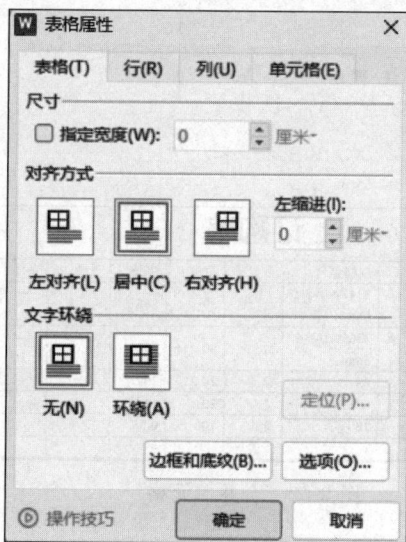

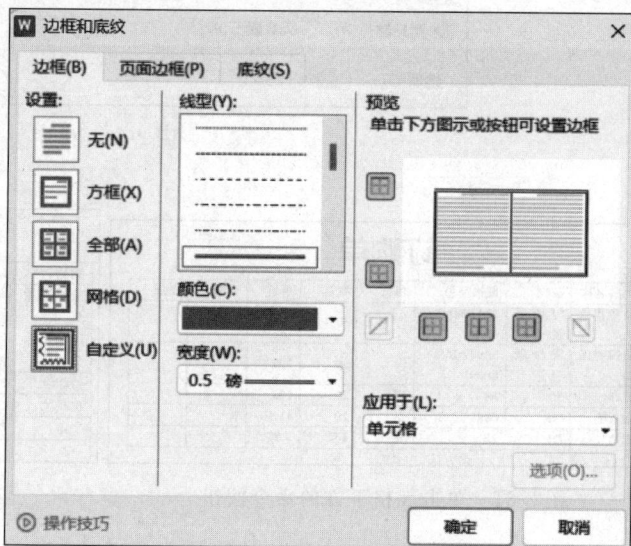

图 2-64 表格居中 图 2-65 边框和底纹设置

2.4.3 知识链接

2.4.3.1 文本转换成表格

按照预估的表格行数和列数在文档中输入表格中的文字，并确保文字之间使用统一的空格、制表符或其他分隔符分隔。选中这些文字，单击"插入"选项卡中的"表格"按钮，在下拉列表中选择"文本转换成表格"。在弹出的"将文字转换成表格"对话框中"文字分隔位置"处选择合适的分隔符，如空格。在"表格尺寸"的"列数"文本框中输入所需的列数，单击"确定"按钮，即可完成表格的插入。

2.4.3.2 表格排序

1. 排序条件设置

选中需要排序的表格或某一列后，单击"表格工具"选项卡中的"排序"按钮。在弹出的对话框中选择需要排序的列，并设置排序方式为升序或降序。

2. 标题行处理

在排序时，需要选择是否包含标题行。如果包含标题行，排序将仅对实际数据行进行操作。

2.4.3.3　公式计算

WPS Office 支持在表格单元格中输入公式进行计算,常用的函数及其用途如表 2-1 所示。在输入公式时,数据可从表格的四个方向(LEFT、RIGHT、ABOVE、BELOW)中取。例如,要计算当前单元格左侧数据的和,可以使用公式"＝SUM(LEFT)"。

表 2-1　常用的函数及其用途

序号	函 数 名	用　　途
1	SUM	用于计算指定范围内的数值总和
2	AVERAGE	用于计算指定范围内数值的平均值
3	MAX	用于找出指定范围内的最大值
4	MIN	用于找出指定范围内的最小值
5	IF	用于根据条件返回不同的结果

2.4.3.4　表格样式

1. 设置表格样式

(1) 预设样式。选中需要应用样式的表格,在"表格样式"选项卡的"表格样式"功能区中,选择喜欢的预设样式即可快速美化表格。

(2) 自定义样式。如果用户需要更个性化的样式,可以根据自己的需求自定义表格样式,包括字体、颜色、边框等。

2. 设置表格边框

选中要进行边框设置的表格或特定单元格区域,在"开始"选项卡的"段落"功能组中单击"边框"的下拉列表,选择预设的边框样式,如"所有框线"为整个表格添加框线,或者"外侧框线"仅为表格外部添加框线。若需要更详细的边框设置,则单击"边框和底纹",在弹出的"边框和底纹"对话框中选择"边框"选项卡,在此可以设置边框的线型、颜色、宽度,并指定边框应用于"文字""段落""单元格"或"表格"的哪个部分。完成设置后,单击"确定"按钮,将应用边框设置到选定的表格或单元格。

3. 设置表格底纹

与设置边框类似,选中要进行底纹设置的表格或特定单元格区域。在"表格样式"选项卡中单击"底纹"下拉列表,从弹出的颜色选择器中选择需要的底纹颜色。

任务 2.5　批量制作学生信息卡

2.5.1　任务描述

在日常工作和生活中,经常需要批量生成如邀请函、录取通知书、工资条、工作卡、准考证等文档。这些文档的共同特点是主体内容和格式保持一致,仅涉及如姓名、性别、金额或成绩等个别信息的变动。为此,WPS Office 文字提供了"邮件合并"功能,极大地提高了此类工作的效率。

基于给定的"学生信息卡模板.docx""学生信息.docx"及 10 个图片文件，文件内容和文件列表如图 2-66 所示，运用"邮件合并"功能，批量制作如图 2-67 所示的学生信息卡。

（a）"学生信息卡模板.docx"文件

学号	姓名	性别	班级	系部	文件名
23010901007	刘晓	男	电子技术 2301	电子学院	23010901007.jpg
23010901008	张天宇	男	电子技术 2301	电子学院	23010901008.jpg
23010902001	宫婷	女	电子技术 2302	电子学院	23010902001.jpg
23010903017	李云飞	男	电子技术 2303	电子学院	23010903017.jpg
23020101001	李庆	男	智能机电技术 2301	智能工程学院	23020101001.jpg
23050201003	高欣	女	供用电技术 2301	电气学院	23050201003.jpg
23060605009	孙启月	女	大数据与财务管理 2305	会计学院	23060605009.jpg
23060603017	顾小宇	女	大数据与财务管理 2303	会计学院	23060603017.jpg
23060601001	由长春	男	大数据与财务管理 2301	会计学院	23060601001.jpg
23060601003	卢海东	男	大数据与财务管理 2301	会计学院	23060601003.jpg

（b）"学生信息.docx"文件内容

（c）文件列表

图 2-66　文件内容和文件列表

图 2-67　学生信息卡效果

利用提供的素材插入文本合并域。参照效果图熟悉素材及素材之间的关联，在指定位置插入学生学号、姓名、性别、班级、系部合并域。批量显示学生免冠照片。通过此任务，掌握邮件合并的基本操作，以及在文档中批量展示图片的技巧。

2.5.2　任务实施

步骤 1：打开指定的素材文件"学生信息卡模板.docx"，在"引用"选项卡的"邮件合并"功能组中单击"邮件合并"按钮，如图 2-68 所示。

步骤 2：在"邮件合并"选项卡中，单击"打开数据源"下拉列表中的"打开数据源"按钮，如图 2-69 所示。在打开的"选取数据源"对话框中选取数据源"学生信息.docx"文档，单击"打开"按钮，如图 2-70 所示。

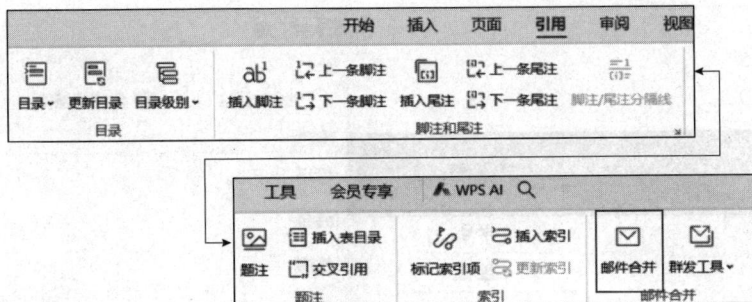

图 2-68　邮件合并

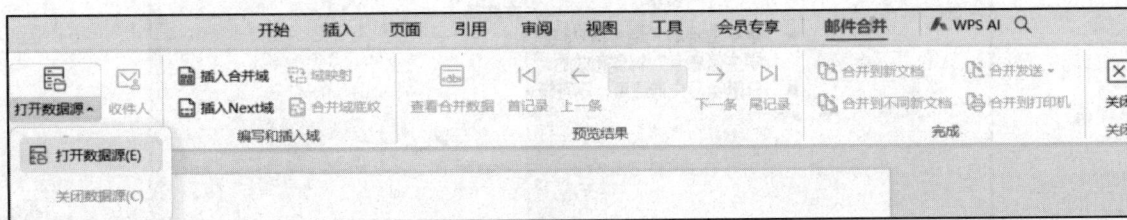

图 2-69　打开数据源

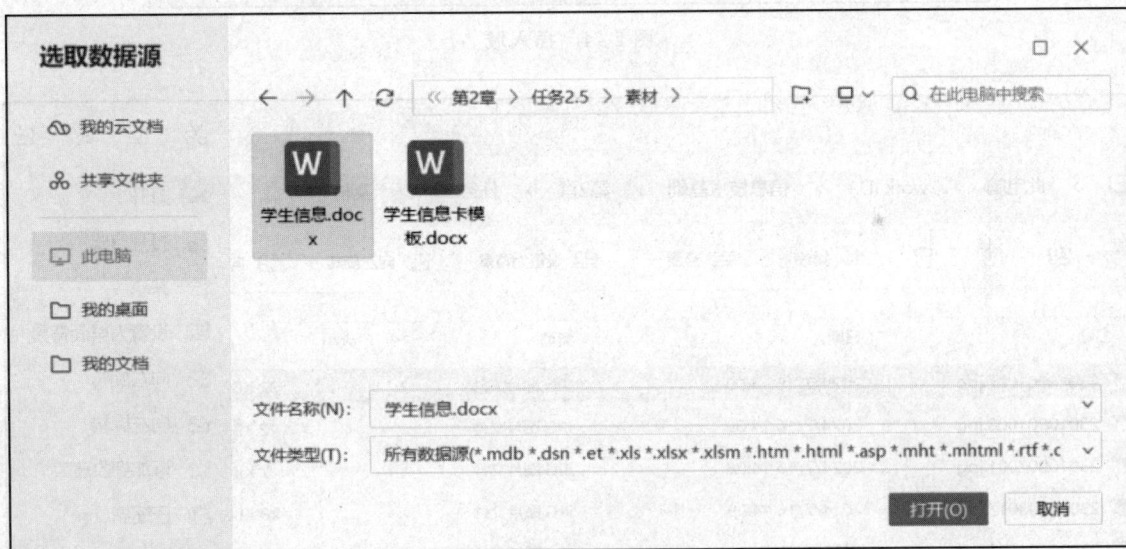

图 2-70　选取数据源

　　步骤 3：在指定位置插入合并域。先将光标定位到"学号："右面的文本框中，再单击"插入合并域"按钮，在弹出的"插入域"对话框中选择"数据库域"单选按钮，在"域"列表中选择"学号"内容项，单击"插入"按钮后，再单击"关闭"按钮。按此操作方法依次插入域"姓名""性别""班级"和"系部"，如图 2-71 所示。

　　步骤 4：插入图片域。打开图片所在的文件夹，右击，在弹出的快捷菜单中选择"复制文件地址"，复制图片所在的路径，如图 2-72 所示。

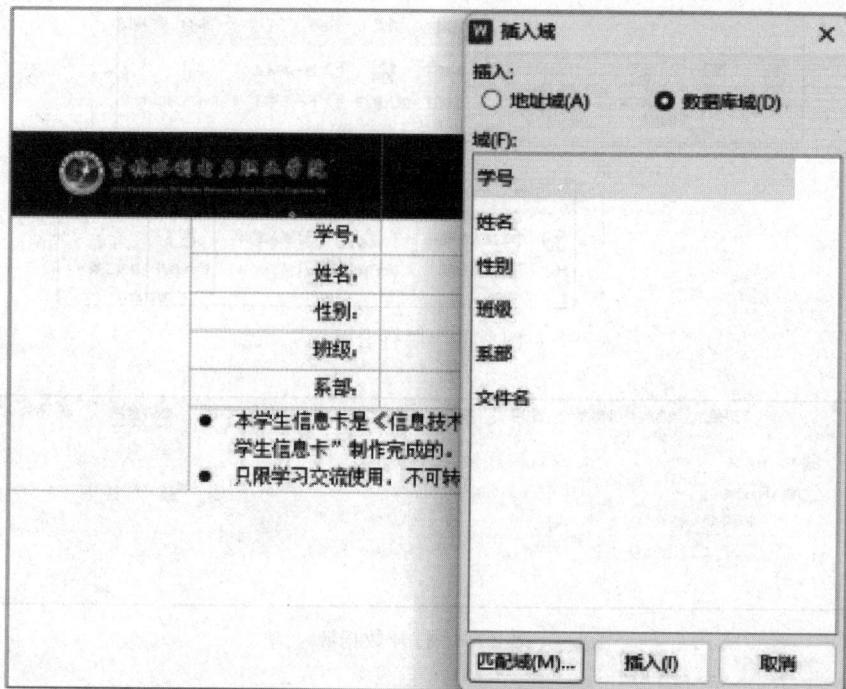

图 2-71　插入域

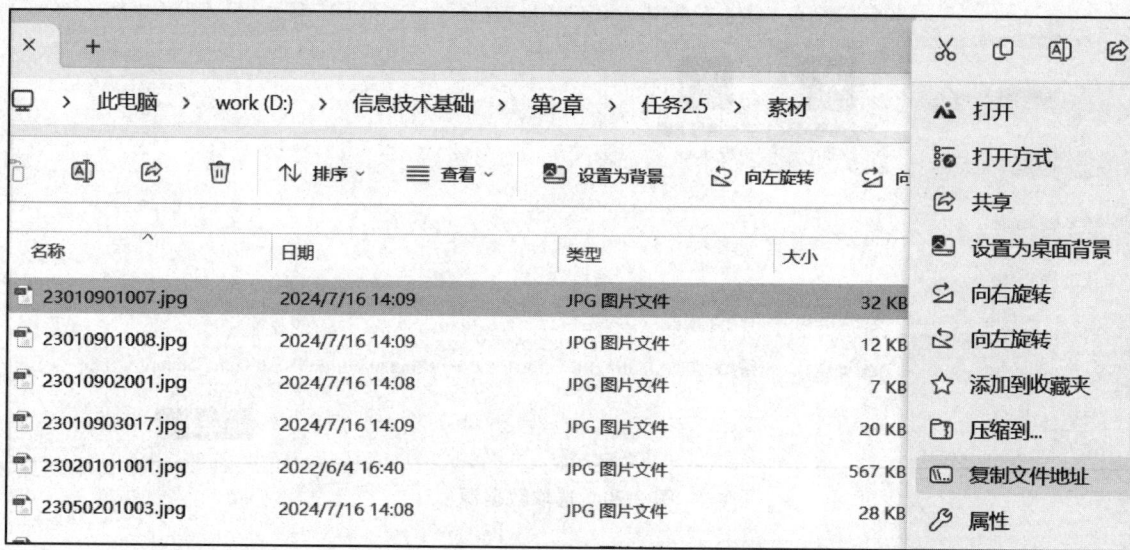

图 2-72　复制文件地址

　　步骤 5：将插入点定位到要放置照片的单元格中，在"插入"选项卡的"文档部件"下拉列表中单击"域"选项，在"域"对话框的"域名"框中选择"插入图片"，在"域代码"文本框中"INCLUDEPICTURE "后面粘贴刚复制的地址，将内容修改为如 INCLUDEPICTURE"D：\\信息技术基础\\第 2 章\\任务 2.5\\素材\\23010901007.jpg"的形式，单击"确定"按钮，如图 2-73 所示。

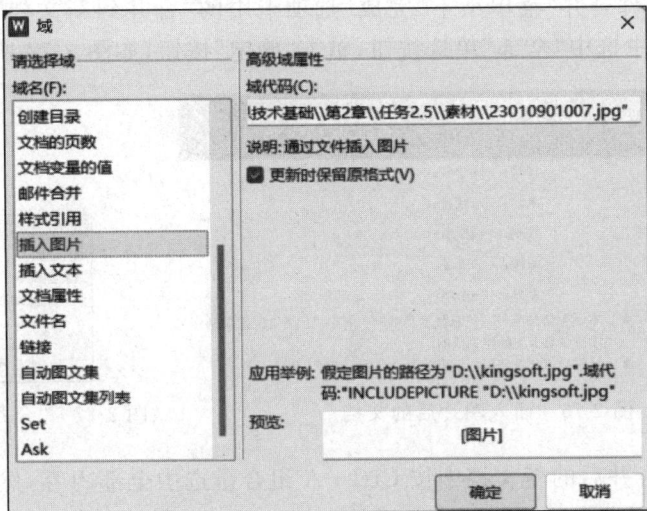

图 2-73 "域"对话框

插入图片域后的效果如图 2-74 所示,若图片无法正常显示,可按 Alt＋F9 组合键切换到域结果。

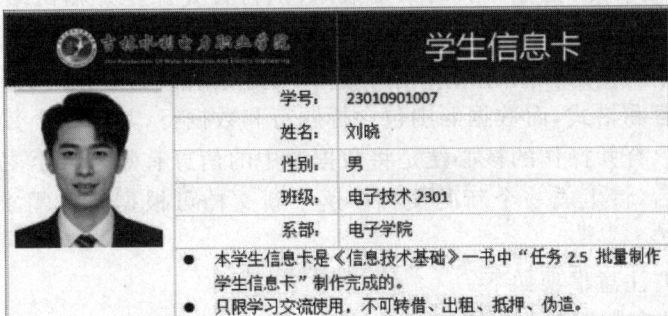

图 2-74 插入图片域后的效果

注:Alt＋F9 组合键的主要作用是"显示或隐藏文档中的所有域代码"。

步骤 6:删除"域"对话框中域代码内的具体文件名"23010901007.jpg",或选中该文件名后,在"邮件合并"菜单的"编写和插入域"选项卡中单击"插入合并域"按钮,在"插入域"对话框中双击"文件名"内容项,"域代码"文本框中的内容将修改为"{INCLUDE PICTURE "D:\\信息技术基础\\第 2 章\\任务 2.5\\素材\\{MERGEFIELD "文件名"}"\ * MERGEFORMAT}",单击"关闭"按钮,如图 2-75 所示。

步骤 7:再次使用 Alt＋F9 组合键隐藏域代码,切换至域结果状态,如图 2-76 所示。

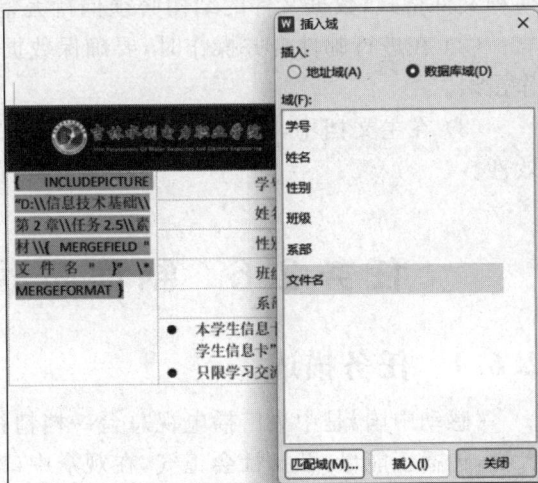

图 2-75 "插入域"→"文件名"

步骤 8：单击"邮件合并"菜单项下"完成"选项卡中的"合并到新文档"按钮，在弹出的"合并到新文档"对话框中选中"全部"单选按钮，单击"确定"按钮，如图 2-77 所示。

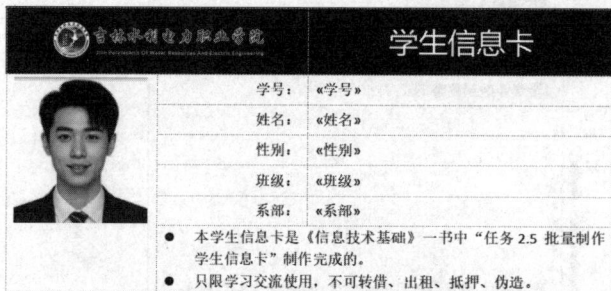

图 2-76　插入图片后的文档

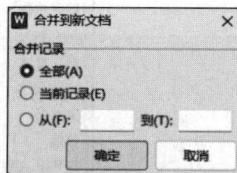

图 2-77　"合并到新文档"对话框

步骤 9：在邮件合并后的新文档中按 Ctrl＋A 组合键选中全部内容，然后按 F9 键刷新，调整图片大小，即可得到带图片的邮件合并后的文档。

2.5.3　知识链接

邮件合并的操作流程通常涵盖以下几个关键步骤：明确数据源；构建主文档；导入数据源；在主文档中插入合并域；预览合并后的数据效果；执行合并操作并输出结果。下面重点说明"邮件合并"中"合并"环节的相关知识。

合并的核心在于两个文档的协同工作。这两个文档分别被称为主文档和数据源。主文档负责承载固定的内容和格式，而数据源则包含标题行和数据行，其中每个数据行详细描述了一个对象的具体信息。合并操作的核心便是将数据源中的信息有效整合至主文档中。

合并操作完成后，将生成一个新的文档。这个新文档可根据具体需求进行定义，如邀请函、成绩单、准考证等。

邮件合并的主要注意事项如下。

（1）确保主文档和数据源均已准备妥当。这些文档可以临时创建，也可以利用现有资源（如本项目提供的素材）。数据源可以是以 Word、Excel 或 XML 格式存储的文件。无论采用何种文件格式，数据文件的结构必须保持完整，即不允许出现单元格的合并或拆分现象。

（2）在进行邮件合并操作时，要确保数据源文件处于关闭状态，避免可能的数据冲突或操作错误。

（3）在主文档中，利用"邮件合并"工具来执行相关操作，确保合并过程的准确性和高效性。

任务 2.6　制作感动中国人物事迹宣传册

2.6.1　任务描述

《感动中国》是中央广播电视总台一档精神品牌节目，每年评选出十位具有年度新闻性的人物，传播正能量，弘扬社会正气，在观众中口碑极佳，被媒体誉为"中国人的年度精神史诗"。茫茫人海，总有人会给世界带来长叹、带来愤慨，也总有人让世界温暖着、美好着。

制作感动中国人物事迹宣传册，效果如图 2-78 所示。希望学习者在学习 WPS Office 文字排版的同时,学习他们的感人事迹,留住感动,并将其传递下去。

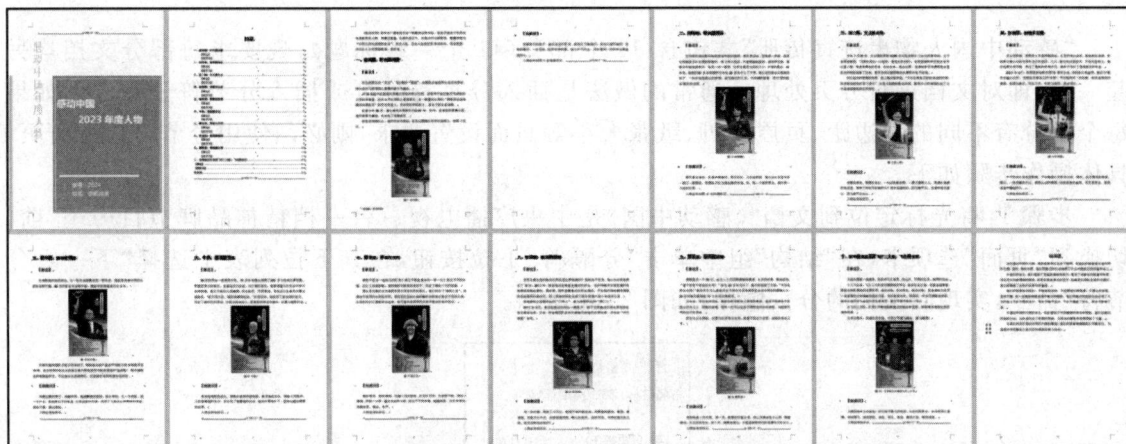

图 2-78 感动中国人物事迹宣传册

2.6.2 任务实施

2.6.2.1 页面设置

纸张大小为 A4,上、下页边距均为 2.3 厘米,左、右页边距均为 2.9 厘米,左侧装订线为 0.5 厘米,纸张方向为纵向,页眉距边界 2 厘米,页脚距边界 1.75 厘米。

步骤 1:打开本书配套素材"感动中国 2023 年度人物事迹宣传册(初稿).docx"文档。

步骤 2:单击"页面"选项卡中的"页边距"按钮,在展开的下拉列表中选择"自定义页边距"选项,打开"页面设置"对话框。在"页边距"选项卡中,设置上页边距为 2.3 厘米,下页边距为 2.3 厘米,左页边距为 2.9 厘米,右页边距为 2.9 厘米,装订线位置为左,装订线宽为 0.5 厘米。纸张方向选择"纵向(P)"。切换到"版式"选项卡,设置页眉距纸张上边 2 厘米,页脚距纸张下边 1.75 厘米,然后单击"确定"按钮,如图 2-79 所示。

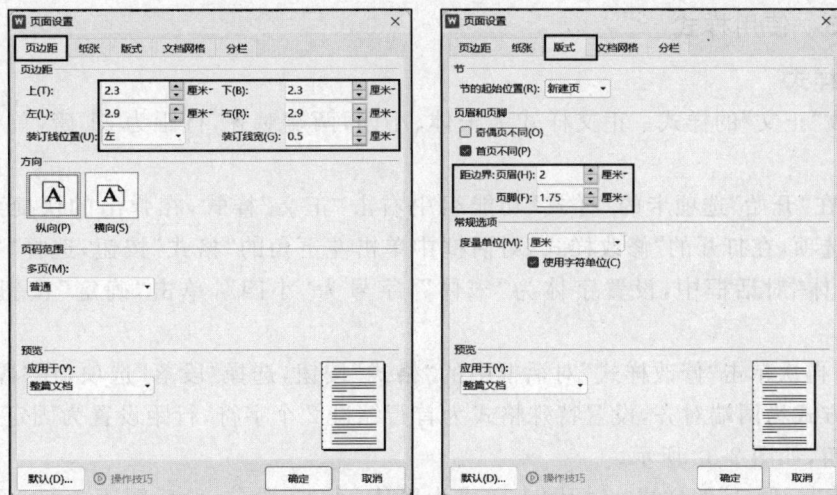

图 2-79 "页面设置"对话框

2.6.2.2　设置分节和分页

"感动中国人物事迹宣传册"共包含 11 个部分（11 个一级标题），现要求每部分文档均另起一页，即对文档进行分页处理。通常的做法是插入分页符分页或插入分节符分页。但如果每个部分有不同的页边距、页眉页脚、纸张大小等页面设置要求，则必须使用分节符进行分页，具体操作步骤如下。

步骤 1：将光标定位到文档"《感动中国》是中央广播电视总台一档精神品牌节目……"前，切换到"页面"选项卡，在"结构"组中单击"分隔符"下拉按钮，在其下拉列表中选择"下一页分节符"命令，实现对文档的分页操作，如图 2-80 所示。

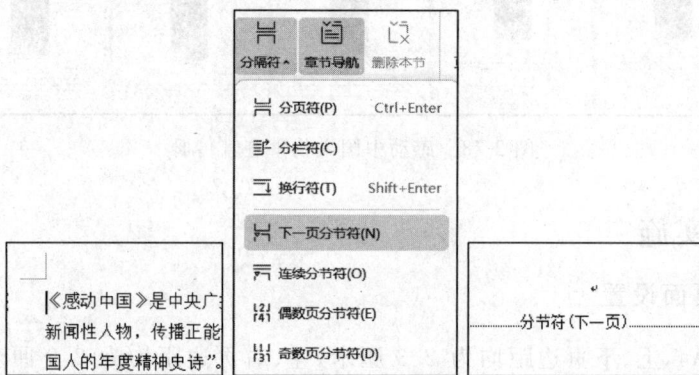

图 2-80　插入分节符

步骤 2：将光标分别定位到除"一、俞鸿儒：时代塑鸿儒"外的各一级标题"二、刘玲琍：春风拨清音""三、孟二梅：大义勇必为"……前，用相同的方法插入分节符，实现对文档的分页操作。

步骤 3：在"结束语"前插入一个"下一页分节符"，这样就将该文档分为 12 节：目录、十位感动中国人物及结束语。（在目录前插入封面后，将会自动生成一节，插入封面后文档共分为 13 节。插入封面的操作将在 2.6.2.5 中具体讲解。）

2.6.2.3　使用样式

1. 修改样式

（1）修改"正文"的样式。正文样式为宋体、小四，两端对齐，行距为 21 磅，首行缩进 2 个字符。

步骤 1：在"开始"选项卡的"样式"功能组中右击"正文"样式，在弹出的快捷菜单中选择"修改样式"选项，在打开的"修改样式"对话框中单击左下角的"格式"按钮，选择"字体"选项。在打开的"字体"对话框中，设置字体为"宋体"，字号为"小四"，单击"确定"按钮，如图 2-81 所示。

步骤 2：再次单击"修改样式"对话框中的"格式"按钮，选择"段落"选项，在"段落"对话框中设置对齐方式为两端对齐，设置特殊格式为首行缩进 2 个字符，行距设置为固定值 21 磅，单击"确定"按钮，如图 2-82 所示。

（2）修改"标题 1"的样式 。标题 1 样式为黑体、小三，段前、段后间距 1 行，无特殊格式，单倍行距。

步骤 1：在"开始"选项卡的"样式"功能组中右击"标题 1"样式，在弹出的快捷菜单中选择"修改

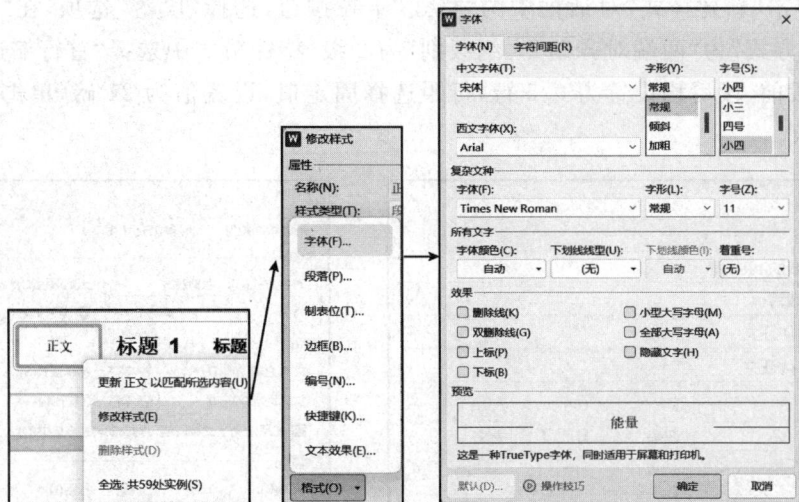

图 2-81　修改样式——字体

样式"选项,在打开的"修改样式"对话框中设置字体为"黑体"、字号为"小三",单击"确定"按钮。

步骤 2:单击"修改样式"对话框中的"格式"下拉按钮,选择"段落"选项,在"段落"对话框中设置段前、段后间距为 1 行,无特殊格式,行距设置为单倍行距,单击"确定"按钮,如图 2-83 所示。

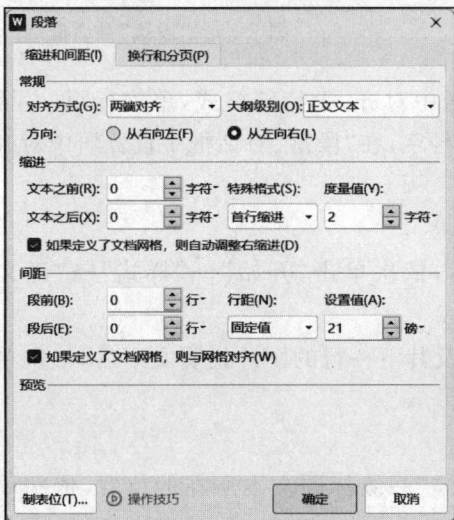

图 2-82　修改样式——段落

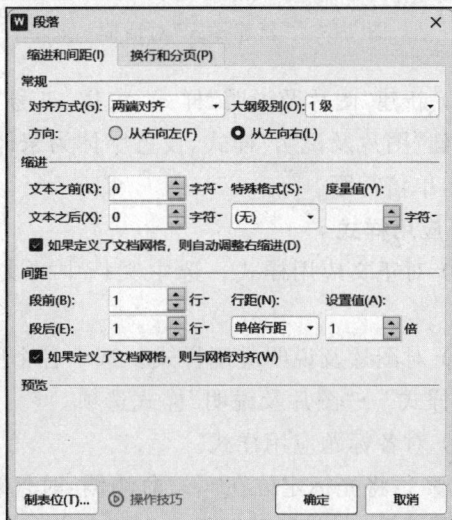

图 2-83　修改样式——段落间距

2. 新建样式

(1)新建二级标题样式,样式名为"我的 2 级标题",样式格式为黑体、四号、两端对齐,大纲级别为 2 级、首行缩进 2 字符、段前 0.5 行、段后 0.5 行,行距为固定值 21 磅,操作步骤如下。

步骤 1:在"开始"选项卡的"样式"功能组中单击"样式和格式"启动按钮↘,单击"新样式"按钮。

步骤 2:在"新建样式"对话框中,设置"名称"为"我的 2 级标题","样式类型"为"段落","样式基于"为"正文","后续段落样式"为"正文","格式"为黑体、四号,如图 2-84 所示。

61

步骤 3：单击"新建样式"对话框中的"格式"下拉按钮，选择"段落"选项，在"段落"对话框中，设置"对齐方式"为"两端对齐"，"大纲级别"为 2 级，特殊格式中选择"首行缩进"，度量值设置为 2 字符，段前、段后均设置为 0.5 行，行距选择固定值，设置值为 21 磅，单击"确定"按钮，如图 2-85 所示。

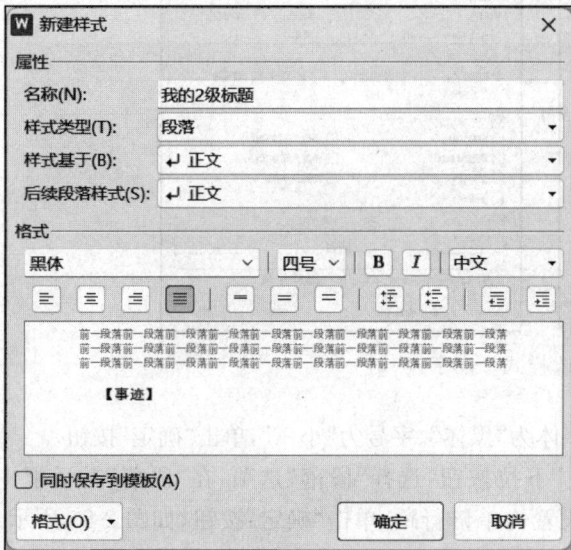

图 2-84　"新建样式"对话框　　　　　　图 2-85　"段落"对话框

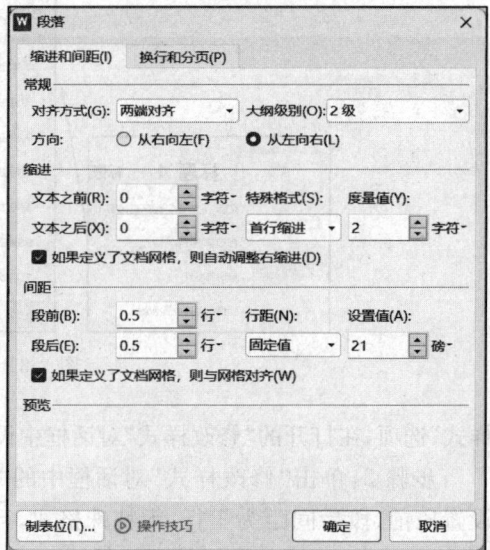

（2）新建"图片及说明"样式，宋体、五号字，居中对齐，无特殊格式，单倍行距。用同样的方法新建"图片及说明"样式，设置字体为宋体、五号字，在"段落"对话框中设置居中对齐，无特殊格式，单倍行距。

3. 应用样式

（1）对正文应用样式。选中文档中的文字后，依次单击"开始"→"样式"→"正文"样式选项。

（2）对图片及说明应用样式。选中各个图片及其下一行的图片说明文字后，依次单击"开始"→"样式"→"图片及说明"样式选项。

（3）对各标题应用样式。

步骤 1：将光标定位在"一、俞鸿儒：时代塑鸿儒"一级标题文本所在的位置，依次单击"开始"→"样式"→"标题 1"选项。

步骤 2：按同样的方法设置其他的一级标题文本所在位置。

步骤 3：按同样的方法使"事迹"和"颁奖辞"应用"我的 2 级标题"样式。

2.6.2.4　设置页眉和页脚

（1）从正文开始设置页眉和页脚，页眉是当前页正文所对应的一级标题的内容，右对齐，操作步骤如下。

步骤 1：将鼠标移到正文起始页面最上方，双击进入页眉和页脚编辑状态，在输入页眉和页脚前，取消"首页不同""奇偶页不同""页眉同前节""页脚同前节"选项。

步骤 2：单击"域"按钮，在弹出的"域"对话框的域名中选择"样式引用"，在"样式名"下拉列表中选择"标题 1",单击"确定"按钮,如图 2-86 所示。

步骤 3:选中页眉中的内容,在"开始"选项卡的"段落"中单击右对齐按钮。

步骤 4:将鼠标移到下节页眉位置,在"页眉页脚"选项卡中选中"页眉同前节""页脚同前节"选项,单击"关闭"按钮,如图 2-87 所示。

(2)页码置于页面底部、居中,封面、目录等前置部分无页码,操作步骤如下。

步骤 1:双击正文起始的页脚区,进入页脚编辑状态,单击"页码"下拉按钮,在列表中选择"页码",如图 2-88 所示。

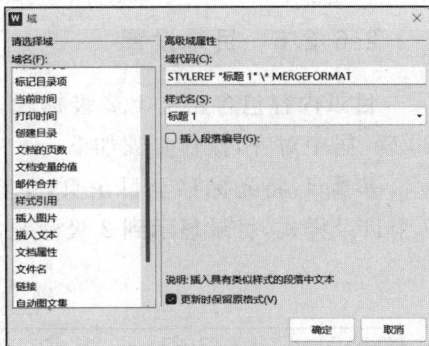

图 2-86 选择域

步骤 2:在弹出的"页码"对话框的"位置"下拉列表中选择"底端居中",页码编号选择"起始页码",值设置为"1",应用范围为"本页及之后",单击"确定"按钮,如图 2-89 所示。

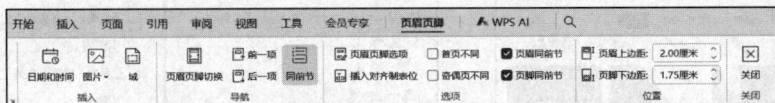

图 2-87 页眉页脚

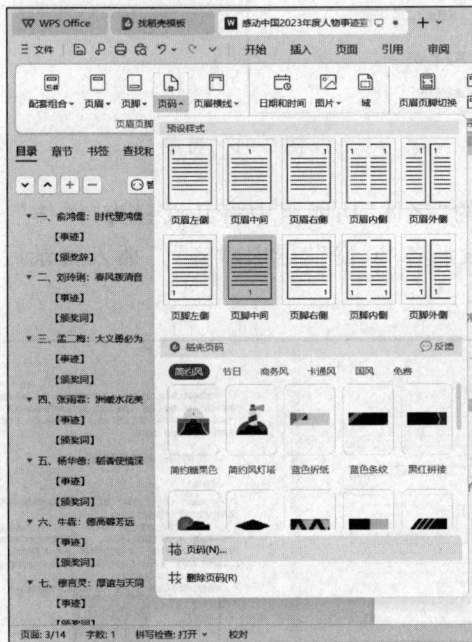

图 2-88 "页码"选项

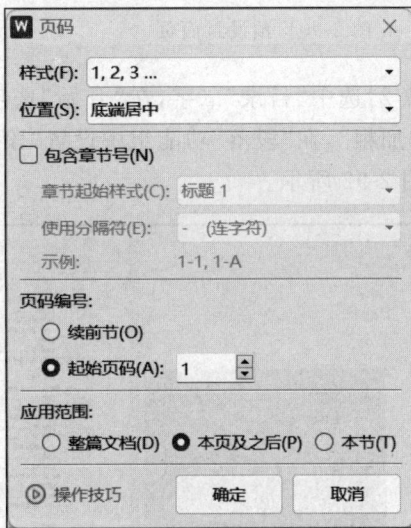

图 2-89 "页码"对话框

2.6.2.5 设置封面

将光标定位到文档第 1 页起始位置,单击"插入"选项卡中的"封面"下拉按钮,在展开的封面页中浏览封面模板,根据文档风格和需求选择最适合的模板,如图 2-90 所示。依据实际需求,对封面的位置、大小及布局进行适当调整。

2.6.2.6　目录设置

目录内容包含正文 1、2 级标题，"目录"二字设置为黑体、18 磅、加粗，设置段前、段后各 20 磅，居中对齐，操作步骤如下。

步骤 1：将光标移至目录页，单击"引用"选项卡中的"目录"按钮，在下拉列表中选择第 2 个目录样式，目录显示到 2 级标题，如图 2-91 所示。

图 2-90　预设封面页

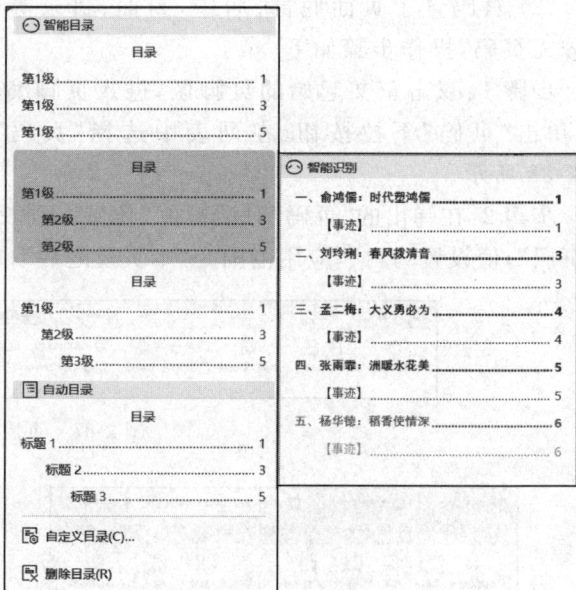

图 2-91　目录

步骤 2：选中"目录"二字，在"开始"选项卡的"字体"功能组中将其设置为"黑体"、字号为 "18 磅""加粗"，在"段落"功能组中设置"段前、段后各 20 磅""居中对齐"。插入目录后的页面 效果如图 2-92 所示。

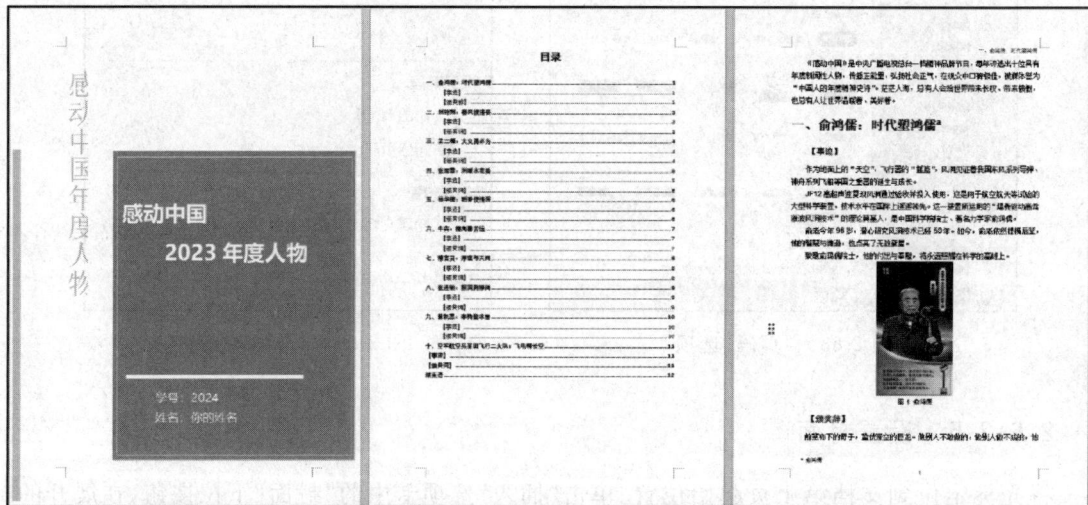

图 2-92　插入目录后的页面效果

2.6.2.7　注释和引用

1. 插入脚注

为所有感动中国人物标题插入脚注,如为"一、俞鸿儒:时代塑鸿儒"添加脚注"俞鸿儒",编号为小写字母,操作步骤如下。

步骤 1:将光标移至"俞鸿儒:时代塑鸿儒"右边,单击"引用"选项卡中的"插入脚注"按钮,光标自动移至脚注区,输入文字"俞鸿儒"。

步骤 2:右击脚注区,在弹出的快捷菜单中选择"脚注和尾注"选项,在打开的"脚注和尾注"对话框中选择"编号格式"为小写字母"a,b,c,…",单击"应用"按钮,如图 2-93 所示。

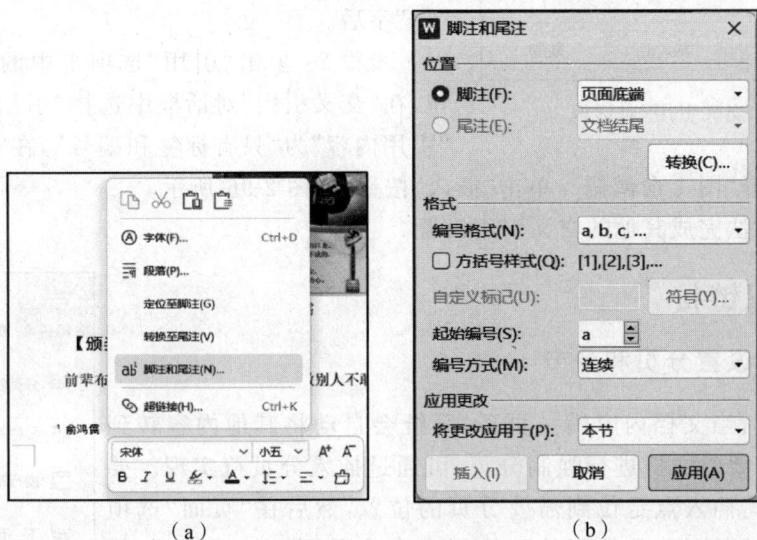

（a）　　　　　　　　　　（b）

图 2-93　插入脚注

2. 插入题注

为图片编号,格式为"图 1""图 2"……图序必须连续,不得重复或跳跃,操作步骤如下。

步骤 1:将光标移至第一张图片下方文字"俞鸿儒"前。

步骤 2:单击"引用"选项卡中的"题注"按钮,在打开的"题注"对话框的"标签"下拉列表中选择"图",在"题注"文本框中"图 1"文字后添加一个空格,单击"确定"按钮,如图 2-94 所示。

步骤 3:选中"图 1　俞鸿儒",段落设置为居中对齐,如图 2-95 所示。

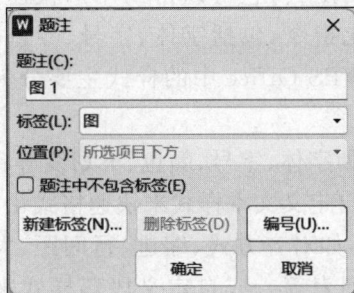

图 2-94　"题注"对话框

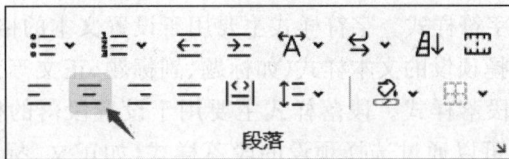

图 2-95　居中对齐

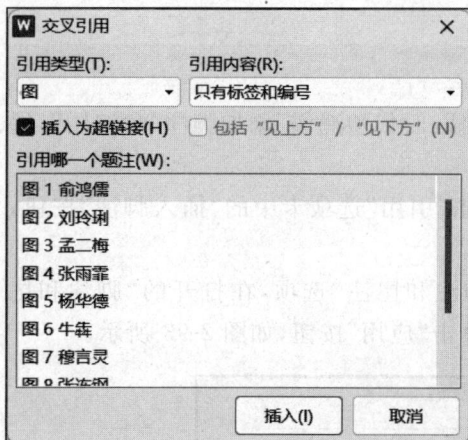

图 2-96 "交叉引用"对话框

按同样的方法在每个图片下方的文字前插入题注。

3. 交叉引用

创建完题注后，就可在文档中对题注进行交叉引用。当题注的编号发生变化时，选择文档中灰色的引用域，右击选择"更新域"或按 F9 键可更新域。

在文档中"如所示"的位置对图片题注进行引用，操作步骤如下：

步骤 1：将光标定位至"人物宣传如所示"中的"如"字后。

步骤 2：单击"引用"选项卡中的"交叉引用"按钮，在"交叉引用"对话框中选择"引用类型"为"图"，"引用内容"为"只有标签和编号"，在"引用哪一个题注"列表框中选择"图 1 俞鸿儒"，单击"插入"按钮，如图 2-96 所示。

按同样的方法完成其他的交叉引用设置。

2.6.3 知识链接

2.6.3.1 设置分页和分节

通常情况下，当文档内容满一页后，系统会自动将其他内容转到下一页中。如果要对文档进行强制分页，可通过插入分页符实现。要插入分页符，可将插入点定位到需要分页的位置，然后在"页面"选项卡中单击"分隔符"按钮，在展开的下拉列表中选择"分页符"选项，如图 2-97 所示。

通过为文档插入分节符，可将文档分为多节。节是文档格式化的最大单位，只有在不同的节中，才可以对同一文档中的不同部分进行不同的页面设置，如设置不同的页眉、页脚、页边距、文字方向等。

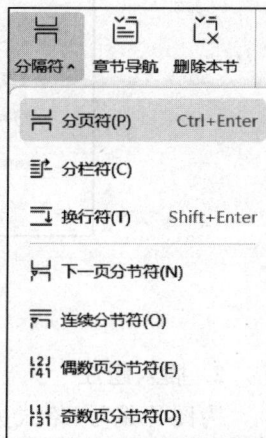

图 2-97 "分隔符"下拉列表

2.6.3.2 使用样式

1. 应用样式

WPS Office 文字中的"样式"功能是一种非常实用的工具，它可以帮助用户快速、一致地格式化文档中的文本和段落。样式是一组预设的格式化指令，包括字体、字号、颜色、对齐方式、缩进、行间距等多种属性，可以应用于文本或段落。WPS Office 中的样式主要分为字符样式和段落样式两大类。

（1）字符样式。字符样式主要用于设置文本的格式，如字体、字号、颜色、下划线等。用户可以通过选择预设的文本样式（如标题、副标题、正文等），或自定义文本样式来快速格式化文本。

（2）段落样式。段落样式主要用于设置段落的格式，如对齐方式、缩进、行间距、大纲级别等。用户可以通过选择预设的段落样式（如正文、标题、列表等），或自定义段落样式来快速格式化段落。

如果要应用系统提供的样式，可先选择要应用样式的文本或段落，然后在"开始"选项卡中选择要应用的样式即可。

2. 创建样式

将光标定位到要应用所创建样式的任意段落中,然后在"开始"选项卡的"样式"功能组中单击"样式和格式"按钮 ↘,会看到已经存在的样式列表,单击"新样式"按钮可创建新的样式,如图 2-98 所示。

在"新建样式"对话框中可以设置样式的属性,主要包括如下几项。

(1) 样式名称:在"名称"框中键入新样式的名称,如"标题 01""正文 01"等。

(2) 样式类型:选择样式应用的类型,如"字符"(仅影响文本格式)或"段落"(影响整个段落的格式)。

(3) 字体和字号:选择想要的字体和字号。

(4) 颜色:设置文本的颜色。

(5) 对齐方式:选择文本的对齐方式,如左对齐、居中等。

(6) 缩进和间距:设置段落的缩进和行间距。

(7) 其他格式:如加粗、倾斜、下划线等。

格式正确设置后,单击"确定"按钮,即可在"样式和格式"任务窗格和"开始"选项卡中看到新创建的样式。

图 2-98 样式和格式

3. 修改样式

右击"开始"选项卡中的样式名称,在弹出的快捷菜单中选择"修改样式"选项,或右击"样式和格式"任务窗格中要修改的样式名称,在弹出的快捷菜单中选择"修改"选项,打开"修改样式"对话框,对样式进行相应修改后,单击"确定"按钮。此时,应用该样式部分的格式均会自动更新。

2.6.3.3 设置页眉、页脚和页码

1. 设置页眉和页脚

页眉和页脚一般分别位于页面的顶部和底部,常用来插入文档名称、公司徽标、页码、作者姓名等内容,可以为文档设置相同的页眉和页脚,也可以为首页、偶数页、奇数页或不同的节设置不同的页眉和页脚。

如果要设置页眉或页脚,可单击"插入"选项卡中的"页眉页脚"按钮,进入页眉页脚编辑状态,然后单击"页眉页脚"选项卡中的"页眉"或"页脚"按钮,在展开的下拉列表中选择一种页眉或页脚样式,如图 2-99 所示。在页眉或页脚编辑区中直接输入或修改插入的页眉或页脚文本,设置完毕单击"页眉页脚"选项卡中的"关闭"按钮,退出页眉页脚编辑状态,返回正文编辑状态。

2. 设置页码

在页脚区域单击"插入"选项卡中的"页码"按钮。在弹出的"页码"对话框中选择页码的位置(如底端居中、顶端居中等)、样式(如阿拉伯数字、罗马数字等)、页码编号(续前节、起始页码)及页码的应用范围(如整篇文档、本页及之后、本节)。设置完成后,单击"确定"按钮即可将页码插入文档中,如图 2-100 所示。

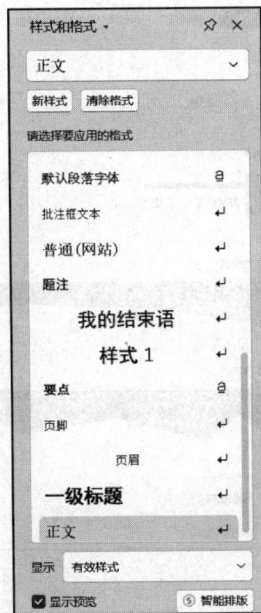

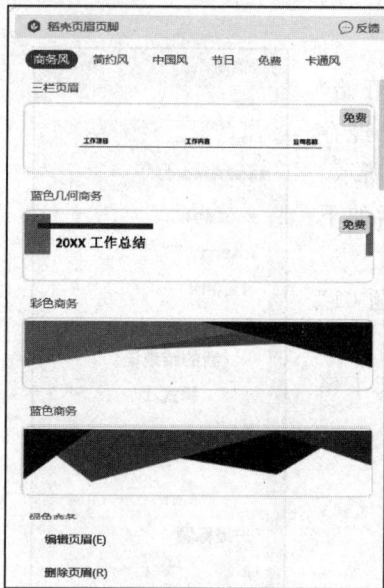

图 2-99　页眉和页脚

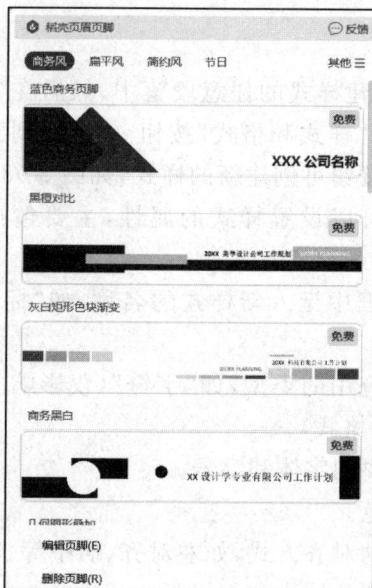

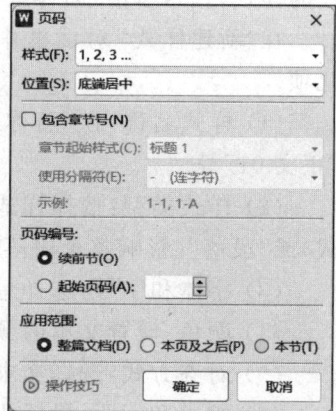

图 2-100　"页码"对话框

2.6.3.4　脚注、尾注和题注

1. 脚注与尾注

在编辑长文档或撰写论文时，通常会对文档中的某些词语进行解释，或是引用某参考文献，这时就可以插入脚注和尾注来注释文本。脚注和尾注都是由注释标记和对应的注释文本两个关联的部分组成的。二者的不同在于，脚注一般位于页面的底部，可以作为文档某处内容的注释，而尾注一般位于文档的末尾。

2. 题注

题注是对文档中的图片、表格、图表和公式等元素进行编号和简短描述的一种工具，可以根据章节进行编号，也可以在整个文档中统一编号。当文档中的相关对象被添加、移动或删除时，题注的编号会自动更新；若需手动更新，可右击题注并选择"更新域"或使用快捷键 F9。

3. 使用题注

（1）新建题注。选中需要插入题注的图片、表格或图表等元素。单击"引用"选项卡中的"题注"按钮。在弹出的"题注"对话框中，选择所需的标签类型（如"图""表"等）或选择"新建标签"并输入自定义的标签名称，选择题注的位置（如"所选项目下方"或"所选项目上方"），单击"编号"按钮，设置编号方式，最后单击"确定"按钮，即可在文档中插入题注。

编号方式有两种：①直接在格式中选择编号样式确定，一般适用于短文档；②勾选"包含章节编号"的复选框，此时可以根据不同章节选择题注编号起始样式，适用于多章节的长文档。但需注意，在使用该功能前需确保文档的标题已应用相应格式。

（2）引用题注。选中需要引用题注的位置或内容。单击"引用"选项卡中的"交叉引用"按钮，在"交叉引用"对话框中选择"引用类型"为"题注"，"引用内容"为"完整题注"。勾选"插入为超链接"复选框后，从"引用哪一个题注"框中选择相应的内容，单击"插入"按钮，文档中选中的内容将显示为相应的题注。按住 Ctrl 键并单击该题注，即可快速跳转至对应的图片、表格或图表位置。

2.6.3.5 使用目录

目录的作用是列出文档中的各级标题及其所在的页码,方便读者查阅文档内容。WPS Office 不仅可以根据标题样式创建目录,还可以根据文档中的编号等内容智能识别目录。一般来说,在创建目录前,用户需先为要提取目录的标题设置标题级别,并为文档添加页码。

创建目录时,可将光标定位到要插入目录的位置,然后单击"引用"选项卡中的"目录"按钮,在展开的下拉列表中选择一种目录样式,WPS Office 将搜索整个文档中符合目录样式要求的标题及其所在的页码,并把它们创建为目录。如果内置的目录样式不能满足需要,还可以在"目录"下拉列表中选择"自定义目录"选项,打开"目录"对话框。在其中可以对目录进行更多的格式设置,如设置标题与页码之间的制表符前导符、标题的显示级别、标题格式、页码右对齐及超链接等。创建目录后,如果文档的内容或标题发生了变化,此时需要及时更新目录,以保证目录与文档的内容一致。更新目录时,可单击目录的任意位置,然后单击"引用"选项卡中的"更新目录"按钮,或在目录的右键快捷菜单中选择"更新目录"选项,打开"更新目录"对话框,选择要执行的操作,然后单击"确定"按钮,如图 2-101 所示。

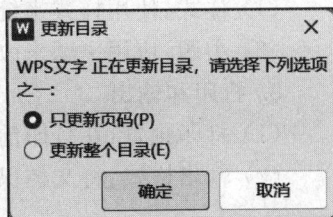

图 2-101 "更新目录"对话框

信 息 中 国

一、文档版式设计时的关键知识点和技巧

在使用 WPS Office 文字进行文档版式设计时,关键的知识点和技巧如下,掌握这些可以创建专业且美观的文档。

1. 页面设置

(1) 纸张大小:选择合适的纸张大小,如 A4、Letter 等。

(2) 页面方向:根据内容选择纵向或横向。

(3) 页边距:设置合适的页边距,确保内容不会过于拥挤或稀疏。

2. 字体和段落格式

(1) 字体选择:选择易读且专业的字体,如宋体、Times New Roman 等。

(2) 字号:根据文档类型选择合适的字号,正文通常使用 10～12 号字。

(3) 行距:设置适当的行距,如 1.5 倍或 2 倍行距,以提高可读性。

(4) 对齐方式:根据内容选择左对齐、右对齐、居中对齐或两端对齐。

(5) 缩进:设置首行缩进或悬挂缩进,以区分段落。

3. 标题和层次结构

(1) 标题样式:使用内置的标题样式(如标题 1、标题 2)来组织文档结构。

(2) 大纲视图:利用大纲视图来管理和调整文档的层次结构。

(3) 目录:自动生成目录,方便读者快速导航文档。

4. 列表和编号

（1）项目符号和编号：使用项目符号或编号来组织列表，使内容更加清晰。

（2）多级列表：创建多级列表，以展示复杂的层次关系。

5. 插入元素

（1）图片：插入图片并调整大小和对齐方式，以增强文档的可视效果。

（2）表格：使用表格来组织和展示数据，设置合适的边框和背景色。

（3）图表：插入图表以直观展示数据趋势和对比。

6. 页眉和页脚

（1）页眉页脚：添加页眉和页脚，包括文档标题、页码、日期等信息。

（2）奇偶页不同：设置奇偶页不同的页眉页脚，适用于双面打印。

7. 样式和主题

（1）样式：使用样式来统一文档的格式，便于修改和维护。

（2）主题：应用主题来改变文档的整体外观，包括颜色、字体和效果。

8. 打印和输出

（1）打印预览：在打印前使用打印预览检查文档的打印效果。

（2）输出格式：将文档保存为 PDF 或其他格式，以便分享和发布。

二、我国的印刷术

我国的印刷术是一项具有悠久历史和深远影响的发明，它经历了从雕版印刷到活字印刷的发展过程，为人类文明的传播和知识的普及作出了巨大贡献。

1. 雕版印刷术

雕版印刷术最早可以追溯到公元 7 世纪的唐朝。当时，人们将文字和图像反刻在木板上，然后在木板上涂上墨水，再将纸张覆盖在木板上，通过按压纸张使文字和图像转印到纸上。雕版印刷的优点是制作简单，适合大量印刷同一内容的书籍。但其缺点是每印刷一页就需要制作一块新的木板，成本较高，且不易修改。雕版印刷术的出现极大地促进了书籍的传播，使佛教经典、儒家著作等得以广泛流传，对文化的发展产生了深远影响。

2. 活字印刷术

活字印刷术由北宋时期的毕昇发明，他在 1041—1048 年间创造了泥活字印刷技术。活字印刷术的基本原理是将每个字符单独制作成可以移动的活字，然后根据需要排列组合成完整的页面进行印刷。随着技术的发展，活字材料从最初的泥活字发展到木活字、铜活字，乃至后来的铅活字。活字印刷术的优点是可以重复使用单个字符，大幅降低了印刷成本，提高了印刷效率。活字印刷术在元代传入欧洲，对欧洲的文艺复兴和宗教改革产生了重要影响。活字印刷术被认为是现代印刷术的前身，极大地推动了知识的普及和文化的传播。

3. 现代印刷技术

随着工业革命的兴起，印刷技术逐渐实现了机械化和自动化。19 世纪末，平版印刷术的发明使彩色印刷成为可能。20 世纪，随着电子技术和计算机技术的发展，数字印刷技术应运而生，进一步提高了印刷的效率和质量。进入 21 世纪，随着互联网的普及，电子书、网络出版等新型出版形式逐渐兴起，印刷术也面临着新的挑战和机遇。数字化和网络化为印刷术的发展提供了新的平台和可能性。

我国的印刷术不仅是中华民族的宝贵文化遗产,也是世界文明发展的重要推动力。从古老的雕版印刷到现代的数字印刷,印刷术的不断进步见证了人类科技的发展和文化的繁荣。

三、专业的国产排版系统

专业的国产排版系统是指由中国自主研发的高性能排版软件,这些软件在功能、性能和用户体验上都能满足专业出版和印刷行业的需求。下面是一些有代表性的国产排版系统。

1. 方正飞腾(Founder Fit)

方正飞腾是由北大方正集团开发的专业排版软件,广泛应用于报纸、杂志、图书等出版物的排版,其主要特点如下。

(1) 强大的文字处理能力:支持多种字体和复杂的文字排版效果。

(2) 丰富的图形处理功能:支持插入和编辑各种图形元素。

(3) 高效的自动化排版:提供自动化排版工具,提高工作效率。

(4) 兼容性强:支持多种文件格式,便于与其他软件协同工作。

2. 中印排版系统(Zhongyin Typesetting System)

中印排版系统是由中国印刷科学技术研究所开发的专业排版软件,主要面向印刷行业,其主要特点如下。

(1) 专业的印刷排版功能:提供精确的印刷排版控制,确保印刷质量。

(2) 灵活的模板设计:支持自定义模板,便于批量排版。

(3) 集成化管理:提供项目管理和版本控制功能,便于团队协作。

(4) 支持多种输出格式:支持 PDF、EPS 等专业印刷输出格式。

3. 华光排版系统(Huaguang Typesetting System)

华光排版系统是由华光科技公司开发的专业排版软件,主要应用于出版和印刷行业,其主要特点如下。

(1) 高效的图文混排:支持复杂的图文混排效果,满足高端出版需求。

(2) 智能化的排版工具:提供智能化的排版建议和自动调整功能。

(3) 强大的兼容性:支持多种文件格式和设备,便于集成和扩展。

(4) 用户友好的界面:提供直观易用的操作界面,降低学习成本。

4. 麒麟排版系统(Kylin Typesetting System)

麒麟排版系统是由麒麟软件公司开发的专业排版软件,主要面向政府和大型企业,其主要特点如下。

(1) 高安全性:提供多层次的安全保障,确保数据安全。

(2) 跨平台支持:支持 Windows、Linux 等多种操作系统。

(3) 定制化服务:提供定制化开发服务,满足特定行业需求。

(4) 良好的用户体验:注重用户体验设计,提供流畅的操作感受。

这些国产排版系统在技术上不断创新,在功能上日益完善,为中国乃至全球的出版和印刷行业提供了强大的技术支持。随着技术的不断进步和市场的不断拓展,这些系统有望在全球范围内获得更广泛的认可和应用。

实 训 任 务

1. 创建新文档并设置页面

打开 WPS Office 软件，新建一个空白文档。将页面大小设置为 A4，页面方向选择纵向。调整上、下、左、右页边距为 2.5 厘米。接着，打开"实训素材 2-6.docx"文件，将其中的所有文字内容复制并粘贴到新建的文档中。最后，将新文档保存为"页面设置练习.docx"。

操作提示：在 WPS Office 软件中，通过"页面"选项卡中的"页面设置"对话框进行页面设置。

2. 设置字体和段落格式

打开"页面设置练习.docx"文档，将第 1 自然段文字的字体设置为"黑体、26 磅、加粗、居中对齐"，将文档中其他文字字体设置为"宋体，12 磅，1.5 倍行距"，除第 1 段外的所有段落设置为首行缩进 2 字符。

操作提示：通过"开始"选项卡中的"字体"和"段落"功能组中的相应按钮进行字体和段落格式的设置。

3. 插入图片和表格

在文档的第 3 段后插入图片"长城.jpg"，调整图片大小为宽度 7.5 厘米、高度自动调整，居中对齐。在图片下方插入一个 3 行 4 列的表格，设置表格边框为"所有框线"。

操作提示：插入图片和表格可以通过"插入"选项卡中的相应按钮完成。

4. 分节

将文档中的标题分别设置为"标题 1""标题 2"和"标题 3"样式。在第 2 段"一、长城"前面插入两个分节符，清除第 2 节内容格式。

操作提示：设置标题样式可以通过"开始"选项卡中的"样式"功能组完成。

5. 应用样式和主题

为文档应用一个内置的主题，如"角度"。创建一个新的样式并将其命名为"自定义样式"，设置字体为"微软雅黑"，12 磅，加粗，颜色为深红色。将"自定义样式"应用到文档内"注意事项"后面的文字。

操作提示：应用主题可以通过"页面"选项卡中的"主题"按钮完成。创建和应用样式可以通过"开始"选项卡中的"样式"功能组完成。

6. 插入页眉和页脚

从第 3 节开始插入页眉，输入文档标题"页面设置练习"，并设置为居中对齐。插入页脚，添加页码，并设置为右对齐，样式为"1,2,3,…"。设置奇偶页不同的页眉页脚，奇数页显示文档标题，偶数页显示学号和姓名。

操作提示：插入页眉和页脚可以通过"插入"选项卡中的"页眉"和"页脚"按钮完成。

7. 创建目录

在第 2 节中插入目录，使用自动目录样式。

操作提示：插入目录可以通过"引用"选项卡中的"目录"按钮完成。

8. 使用表格工具进行数据处理

在表格中输入一些数据，至少包含 5 行 4 列。使用表格工具对数据进行排序，按第 1 列升序排列。在表格中插入一行,计算每列的平均值。

操作提示:表格工具可以通过"表格工具"选项卡中的相应按钮完成。

9. 插入文本框

在文档首页中插入一个文本框,将"中华瑰宝:长城、故宫与兵马俑"文字复制并粘贴到该文本框中,设置文本框形状轮廓为"无边框颜色",并将文本框移动至适当位置。将原位置"中华瑰宝:长城、故宫与兵马俑"文字删除,保存文档。

操作提示:插入文本框可以通过"插入"选项卡中的"文本框"下拉按钮完成。

10. 打印预览和输出文档

在"页面设置练习 . docx"文档中使用打印预览功能检查文档的最终打印效果。将文档输出为 PDF 格式,保存为"页面设置练习 . pdf"。关闭所有文档。

操作提示:打印预览可以通过"文件"菜单中的"打印"选项完成。输出为 PDF 格式可以通过"文件"菜单中的"输出为 PDF"选项完成。

单元 3　WPS Office 表格处理

知识目标

1. 熟悉 WPS 表格工作界面，理解 WPS 表格中工作簿、工作表、单元格等基本概念。
2. 掌握 WPS 表格数据输入与编辑。
3. 掌握 WPS 表格工作表格式设置。
4. 掌握单元格地址的相对引用、绝对引用及混合引用的概念及其使用方法。
5. 掌握 WPS 表格公式和常用函数的使用方法。
6. 掌握 WPS 表格图表的创建与编辑。
7. 掌握 WPS 表格中排序、筛选、分类汇总、数据透视表等统计分析工具的使用。

技能目标

1. 能熟练操作工作簿、工作表、单元格。
2. 会在 WPS 中输入各种类型的数据。
3. 会美化 WPS 表格工作表。
4. 会输入、修改、复制 WPS 表格公式，能灵活使用 WPS 表格函数。
5. 会插入、编辑、美化 WPS 表格图表。
6. 会使用 WPS 表格排序、筛选、分类汇总、数据透视表等进行数据统计分析。

素质目标

1. 培养学生利用多种数字化方式对信息进行展示，提高信息化办公能力。
2. 培养学生拥有信息数字化思维，培养信息数字化创新与发展的素养。

任务 3.1　制作学生基本信息表

3.1.1　任务描述

开学伊始，新生入学了，学校要收集新生的基本信息，包括学生的学号、姓名、性别、出生日期、籍贯、身份证号、家庭地址、联系电话。辅导员王老师使用 WPS 表格将学生信息进行了收集和录入，制作了"学生基本信息表"，效果如图 3-1 所示。

3.1.2　任务实施

1. 新建工作簿

在 WPS 表格中，用户可以新建一个空白工作簿，也可以在 WPS 提供的"稻壳"中寻找与

学生基本信息表							
学号	姓名	性别	出生年月	籍贯	身份证号码	家庭地址	联系电话
23001201	胡月	女	2004-12-10	吉林	220602200412100234	白山市浑江大街459号	13902340567
23001202	张林峰	男	2005-1-18	吉林	220104200501080305	长春市融创上城10栋	15856702450
23001203	郑双欣	女	2005-7-21	吉林	220381200507210629	公主岭市迎宾路1号楼	13609231148
23001204	李博一	男	2004-11-19	吉林	220104200411100679	长春市朝阳区南湖家园2号楼	13723405231
……	…	…	……	…	…	…	…
23001217	邱琪	女	2005-9-19	吉林	220502200509190936	通化市东昌区福民家园小区3号楼	17743790214
23001218	李瑾	女	2005-10-25	吉林	220401200501252108	辽源市惠达八一景苑	13590812123
23001219	顾砚波	男	2005-12-27	吉林	220302200512270467	四平市铁西区南苑绿洲小区10号楼	16654625790

图 3-1　学生基本信息表

要建立表格内容相关的模板来建立工作簿。

（1）双击桌面上的 WPS 快捷图标，启动 WPS Office，在 WPS Office 界面中单击"新建"按钮，在弹出的"新建"窗口中单击"表格"按钮，打开"新建表格"页，在该页中单击"空白表格"按钮即可。

（2）如果已进入 WPS 表格界面中，可以单击"文件"菜单，在弹出的列表中选择"新建"选项，在弹出的"新建表格"选项页中选择"空白表格"选项，创建一个空白工作簿。也可以按 Ctrl＋N 组合键直接创建一个空白工作簿。

2. 保存工作簿

创建了工作簿或对工作簿进行编辑修改后，要对工作簿进行保存。一定要养成良好的保存习惯，以免数据损失。将刚刚创建的空白工作簿保存到桌面上，并将其命名为"学生信息管理.xlsx"，操作步骤如下。

三 文件　□ ρ 吕 ⑤ ♡ ‹ ∨

步骤 1：单击快速访问工具栏中的"保存"按钮，如图 3-2　　图 3-2　快速访问工具栏
所示，打开"另存为"对话框，如图 3-3 所示。

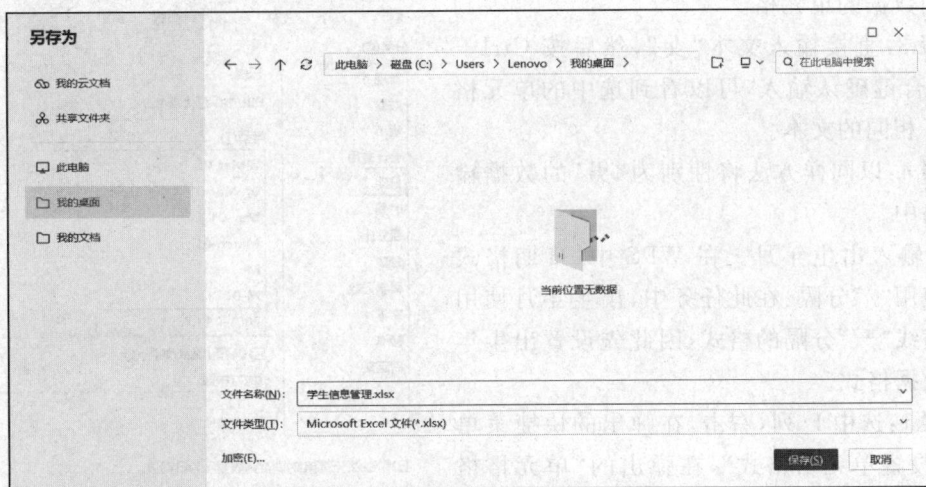

图 3-3　"另存为"对话框

步骤 2：在"另存为"对话框左侧选择"我的桌面"，在"文件名称"处输入文件名称"学生信息管理.xlsx"，单击"保存"按钮，保存文件。

3. 重命名工作表

方法1：右击默认的工作表名称"Sheet1"，在弹出的快捷菜单中选择"重命名"，工作表名称处进入编辑状态，将其修改为"学生基本信息表"。

方法2：直接双击默认工作表名称"Sheet1"，工作表名称处进入编辑状态，将其修改为"学生基本信息表"。

4. 输入数据

（1）输入标题。选中A1单元格，输入"学生基本信息表"，在A2:I2单元格区域中分别输入各列标题"学号""姓名""性别""出生年月""籍贯""身份证号码""家庭地址""联系电话"。

（2）输入学号。选中A3单元格，输入第一个学生的学号"23001201"，将鼠标移动至A3单元格右下角填充柄处，鼠标形状由空心十字变成黑色十字时，按住鼠标左键并拖动到A21单元格，A3:A21单元格区域将依次递增1自动填充为学生的学号。

（3）输入姓名。在B3:B21单元格区域中逐一输入学生姓名。

（4）输入性别。输入性别有两种方法。

方法1。由于性别列中只能输入"男"或"女"，因此在输入性别前，要先设置性别列的"数据有效性"。方法1的操作步骤如下。

步骤1：选中C3:C21单元格区域。

步骤2：单击"数据"中的"有效性"按钮，弹出"数据有效性"对话框，在"有效性条件"中的"允许"下拉列表中选择"序列"，在"来源"中输入"男，女"，单击"确定"按钮。注意：来源中序列数据用英文逗号隔开。

步骤3：返回到C3:C21单元格区域，逐一单击单元格右侧的下拉按钮，在弹出的列表项中选择对应的性别即可完成性别输入。

方法2。方法2的操作步骤如下。

步骤1：选中C3单元格。

步骤2：按住Ctrl键，同时选中其他要输入相同性别数据的单元格。

步骤3：直接输入文本"女"，然后按Ctrl＋Enter组合键确认输入，可以看到选中的单元格中输入了相同的文本。

步骤4：以同样方法将性别为"男"的数据输入单元格中。

（5）输入出生年月。在WPS中，日期格式默认是使用"/"分隔，在此任务中，出生年月使用的是短横线"一"分隔的格式，因此先设置出生年月列的数据格式。

步骤1：选中D列，右击，在弹出的快捷菜单中选择"设置单元格格式"，在弹出的"单元格格式"对话框左侧的"分类"下选择"日期"，在右侧的"类型"下选择"2001-03-07"，单击"确定"按钮，操作如图3-4所示。

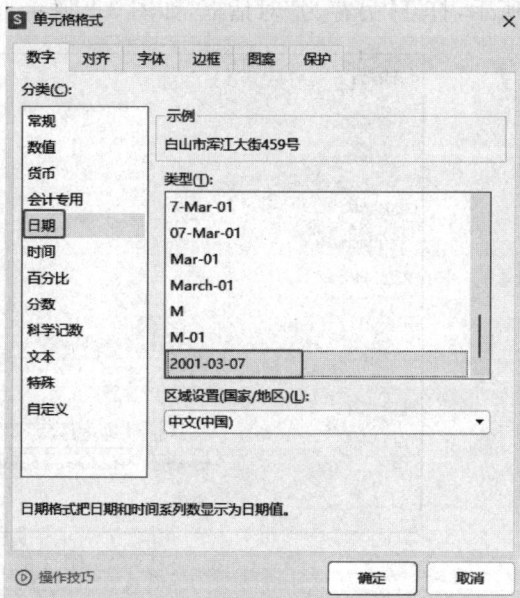

图3-4 日期格式设置

步骤 2：在 D3：D21 单元格区域中逐一输入出生年月即可。

（6）输入籍贯。如果籍贯不同，在 E3：E21 单元格区域，依次输入籍贯。在此任务中，籍贯相同，则选中 E3 单元格，输入"吉林"，然后如输入学号般采用填充柄复制，快速输入籍贯。

（7）输入身份证号码。在 F3：F21 单元格区域中逐一输入身份证号。

在 WPS 表格中，当输入的数据超过 12 位（包括 12 位）时，将默认为文本型数据，不超过 12 位的数据会默认为数值型数据。

（8）输入家庭地址。在 G3：G21 单元格区域中逐一输入家庭地址。

（9）输入联系电话。在 H3：H21 单元格区域中逐一输入联系电话。

5. 保存

单击快速访问工具栏中的"保存"按钮，保存输入的数据。

3.1.3 知识链接

3.1.3.1 WPS 表格简介

WPS 表格具有强大的计算和分析功能，是目前常用的办公数据处理软件之一，被广泛应用于财务、统计、管理、金融等领域。WPS 表格的工作界面如图 3-5 所示。

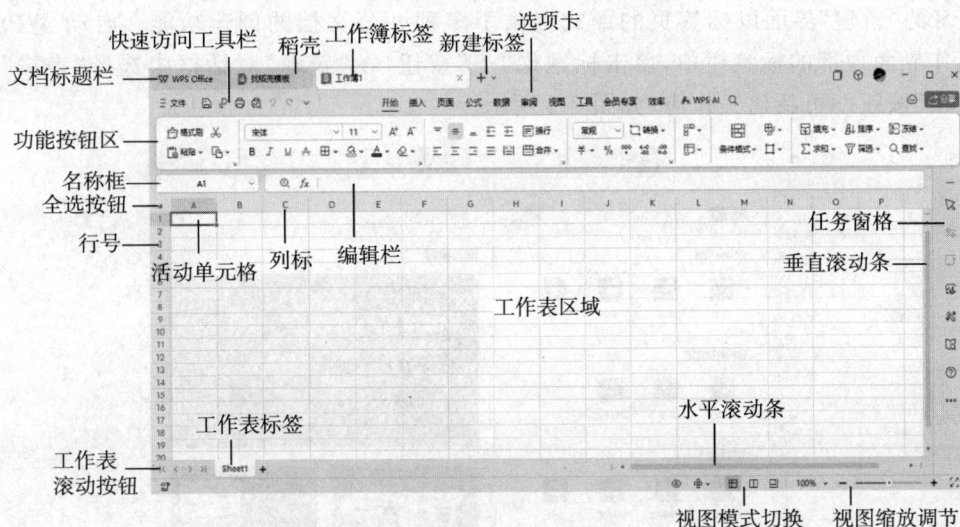

图 3-5 WPS 表格的工作界面

3.1.3.2 WPS 表格的基本概念

1. 工作簿

工作簿是用来处理和存储数据的文件。启动 WPS 表格后，系统默认创建名为"工作簿 1"的工作簿文件。每个工作簿可以包含多个工作表。

2. 工作表

工作表是显示在工作簿窗口中的表格，WPS 表格的工作表有 1048576 行、16384 列。新建的工作簿文件默认只有一个工作表，标签名为 Sheet1。用户可以插入多个工作表，每个工作表的内容相对独立，用户可以单击窗口下方工作表标签栏中的工作表标签切换工作表。

3. 单元格

单元格是工作表中最基本的单位。每个单元格都有一个地址，用来区分不同的单元格。单元格地址由一个标识列的字母和一个标识行的数字组成。例如，C5 代表处于第 3 列第 5 行交叉位置的单元格。WPS 表格中的数据操作都是针对单元格里面的数据的。当前选定的单元格被称为活动单元格。

4. 单元格区域

单元格区域由多个连续或不连续的单元格组成。用户可以对区域中的数据进行统一处理。例如，A2:D8 表示从左上角 A2 单元格到右下角 D8 单元格的连续单元格区域，共 7 行 4 列 28 个单元格。

5. 单元格地址

单元格是工作表的最小单位。单元格地址由"列标"＋"行号"组成。例如，A3 表示处于第 A 列第 3 行交叉位置的单元格。

3.1.3.3　新建工作簿的常用方法

新建工作簿的方法与新建文字文稿的方法类似，常用方法有以下几种。

1. 通过新建标签新建工作簿

WPS 的"新建"界面以标签页的形式提供了多种办公文档的创建功能。启动 WPS 表格后，在工作界面顶部的标签栏中，单击标题栏"＋"按钮，在"新建"对话框中选择"表格"，单击"空白表格"按钮即可新建工作簿，如图 3-6 所示。

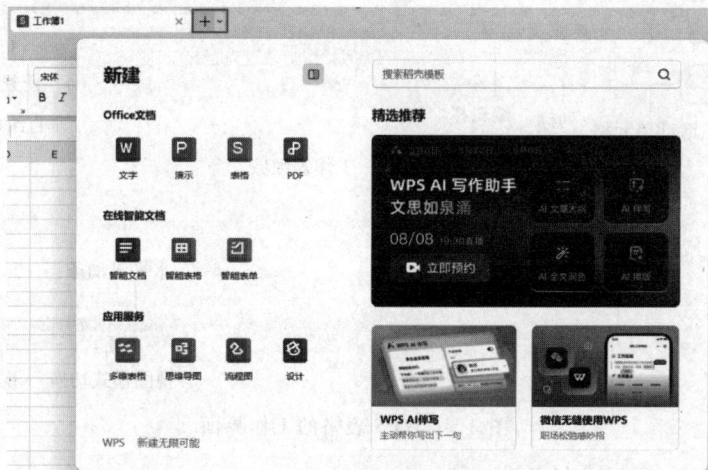

图 3-6　通过新建标签新建工作簿

2. 通过快捷菜单新建工作簿

在保存工作簿的磁盘或文件夹的空白处右击，在弹出的快捷菜单中依次选择"新建"→"XLSX 工作表"选项，即可在当前磁盘或文件夹中创建一个名为"新建 XLSX 工作表 .xlsx"的工作簿，其中".xlsx"为工作簿的扩展名，如图 3-7 所示。

3. 通过"文件"菜单新建工作簿

依次选择"文件"菜单中的"新建"→"新建"选项即可新建工作簿，如图 3-8 所示。

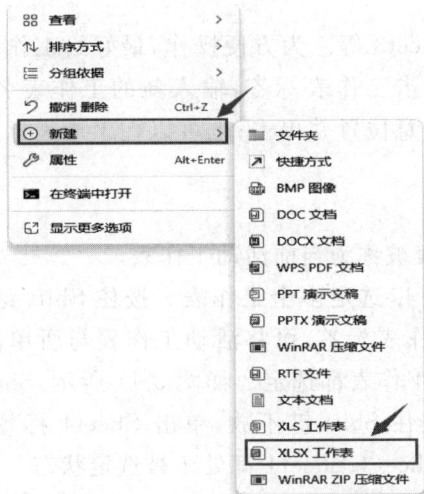

图 3-7　通过快捷菜单新建工作簿　　　　图 3-8　通过"文件"菜单新建工作簿

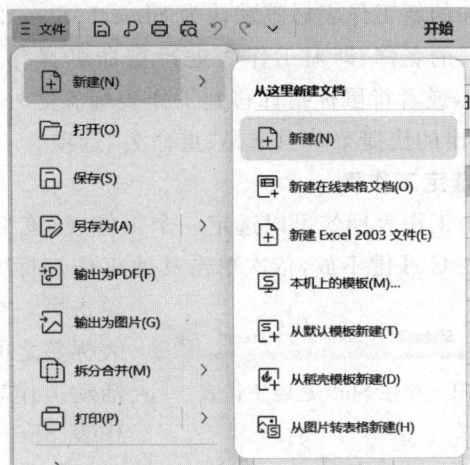

3.1.3.4　工作表的基本操作

要对工作表进行重命名、插入、复制、移动、隐藏、删除等操作,可通过右击工作表标签,在弹出的快捷菜单中选择对应的选项来完成,如图 3-9 所示。

1. 新增工作表

在工作表标签栏中单击＋按钮可新建一个工作表,新建的工作表标签位于已有工作表标签的右侧;或者在任意工作表标签上右击,在弹出的快捷菜单中选择"插入工作表"选项,打开"插入工作表"对话框,设置"插入数目"及新工作表的位置,可以一次插入多个工作表,如图 3-10 所示。

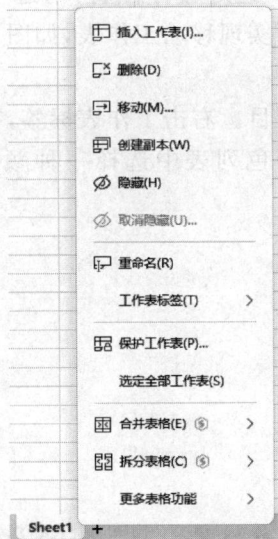

图 3-9　工作表右键快捷菜单　　　　图 3-10　"插入工作表"对话框

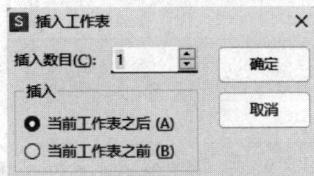

2. 重命名工作表

添加的新工作表标签默认为 Sheet1、Sheet2、Sheet3 等。为方便操作,最好给工作表起一个有意义的名称,即对工作表进行重命名操作。双击工作表标签,输入新的工作表名称,按 Enter 键,或者将鼠标指针移到工作表标签之外的任意位置并单击;也可以在工作表标签上右击,在弹出的快捷菜单中选择"重命名"选项。

3. 选定工作表

单击工作表标签可以选定一个工作表,该工作表被称为当前活动工作表。

按住 Ctrl 键不放,依次单击其他工作表标签,可以选定多个工作表。按住 Shift 键不放,单击另一个工作表标签,可将活动工作表与所单击工作表标签之间的工作表都选定。如图 3-11 所示,Sheet2 为活动工作表,按住 Shift 键不放,单击 Sheet4 标签,则工作表 Sheet2、Sheet3、Sheet4 都处于被选定状态。

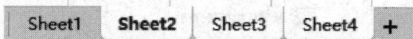

图 3-11　按住 Shift 选定工作表

在任意工作表标签上右击,在弹出的快捷菜单中选择"选定全部工作表"选项,可将所有工作表都选定。

4. 切换工作表

单击想访问的工作表的"工作表标签",可在各工作表之间进行切换。

5. 复制和移动工作表

选定要复制的工作表,按住 Ctrl 键不放,鼠标指针变成带加号的箭头形状,将标签拖动至新位置。如果不按 Ctrl 键,则操作可实现移动工作表。在工作表标签上右击,在弹出的快捷菜单中选择"复制工作表"选项,新工作表名称为被复制工作表名称后面加"(序号)"的形式,粘贴的工作表标签位于被复制工作表标签的右侧,如图 3-12 所示。

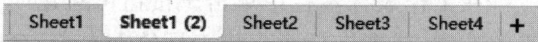

图 3-12　通过快捷菜单复制工作表

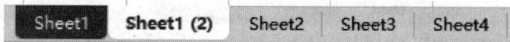

在快捷菜单中选择"移动工作表"选项,在对话框中选好目标位置,勾选"建立副本"复选框,则操作可实现复制工作表;不勾选复选框,则操作可实现移动工作表,如图 3-13 所示。

6. 设置工作表标签颜色

用户可以设置工作表标签颜色,使工作表标签更醒目。右击工作表标签,在弹出的快捷菜单中依次选择"工作表标签"→"标签颜色"选项,在颜色列表中选择一种颜色即可,效果如图 3-14 所示。

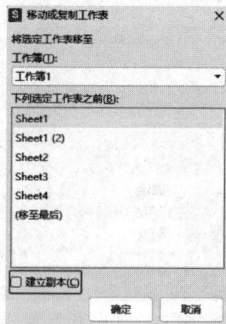

图 3-13　通过快捷菜单移动工作表　　　　图 3-14　设置了颜色的工作表标签

7. 删除工作表

选定要删除的工作表,在工作表标签上右击,在弹出的快捷菜单中选择"删除"选项。删除工作表后,无法使用 Ctrl+Z 组合键撤销。

8. 隐藏工作表

在要隐藏的工作表标签上右击,在弹出的快捷菜单中选择"隐藏"选项即可隐藏工作表。若要取消隐藏,则在任意工作表标签上右击,在弹出的快捷菜单中选择"取消隐藏"选项,打开"取消隐藏"对话框,在"取消隐藏工作表"选区中选中需要取消隐藏的工作表,单击"确定"按钮,如图 3-15 所示。

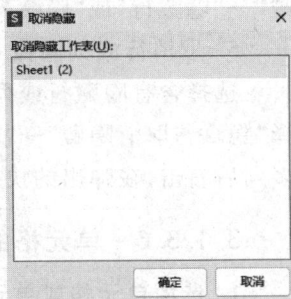

图 3-15　取消隐藏工作表

3.1.3.5　行与列的基本操作

1. 选中行或列

将鼠标指针移到行号或列标上,鼠标指针会变成向右(或向下)的黑色箭头形状,单击即可选中整行或整列。如果按住鼠标左键拖动鼠标,则能够选中连续的行或列。若想选中不连续的行或列,则可以先选中某行或列,按住 Ctrl 键不放,再选中其他或列。

2. 插入行或列

在行号或列标上右击,在弹出的快捷菜单中选择"在上方插入行""在下方插入行"或"在左侧插入列""在右侧插入列"选项,可完成插入行或插入列操作。在 4 个插入选项右侧的"行数"或"列数"文本框中输入数字,可一次插入多行或多列,如图 3-16 所示;或者选中某一个单元格,然后单击"开始"选项卡中的"行和列"按钮,在下拉列表中选择"插入单元格"选项下的插入选项,也可实现插入行或列的操作,如图 3-17 所示。

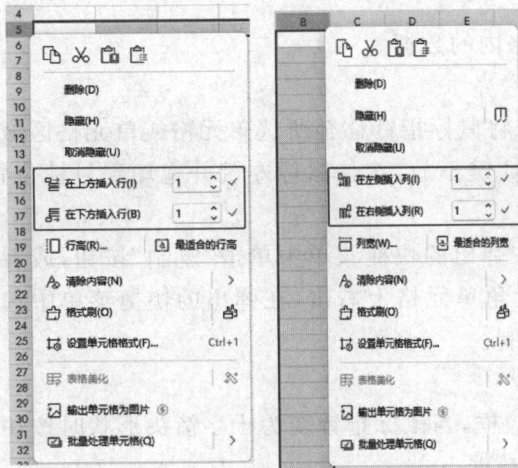

图 3-16　快捷菜单插入行或列　　　　　　图 3-17　"行和列"下拉列表中插入行或列

3. 删除行或列

在行号或列标上右击,在弹出的快捷菜单中选择"删除"选项可删除选中的行或列,如果想删除多行或多列,选择多行或多列后右击,在弹出的快捷菜单中选择"删除"选项即可。

4. 隐藏行或列

在行号或列标上右击，在弹出的快捷菜单中选择"隐藏"选项，可完成相关操作；或者选中单元格区域后，单击"开始"选项卡中的"行和列"按钮，在下拉列表中依次选择"隐藏与取消隐藏"→"隐藏行"或"隐藏列"选项，可将选中区域所在的行或列隐藏。

5. 取消行或列隐藏

选择含有隐藏行或列的区域，单击"开始"选项卡中的"行与列"按钮，在下拉列表中依次选择"隐藏与取消隐藏"→"取消隐藏行"或"取消隐藏列"选项；或者选中含有隐藏区域的多行或多列后右击，在弹出的快捷菜单中选择"取消隐藏"选项，可将隐藏的行或列显示出来。

3.1.3.6　单元格的基本操作

1. 选中单元格或单元格区域

单击某单元格，该单元格即变为活动单元格，可以在其中输入数字、字符、公式、函数等。

单元格区域指一个矩形区域内连续的多个单元格，用矩形区域左上角单元格的地址和矩形区域右下角单元格的地址且两个单元格地址之间用英文输入状态下的冒号（:）隔开的方式表示一个区域的地址。例如，A1:C3，表示以 A1 单元格为左上角、C3 单元格为右下角的矩形区域，共 3 行 3 列 9 个单元格。

（1）选择连续的单元格区域，直接在区域左上角的单元格处按住鼠标左键拖动到区域右下角的单元格，或者先单击区域左上角单元格，按住 Shift 键不放，单击区域右下角单元格。

（2）选择不连续的单元格区域，先选中第一个单元格或单元格区域，按住 Ctrl 键不放，依次选中其他单元格或单元格区域。

（3）选中整个工作表中的单元格，单击行号和列标交叉处的"全选"按钮◢，或者选中某个单元格后按 Ctrl＋A 组合键全选工作表中的单元格。

2. 复制与移动单元格

复制与移动单元格一般指复制与移动单元格内的数据。

（1）复制单元格有两种方法。

方法 1：选中要复制的单元格或单元格区域，将鼠标指针移至所选单元格或单元格区域的边框，当鼠标指针变为十字箭头形状时，按住 Ctrl 键不放，按住鼠标左键并拖动到目标位置，即可复制单元格中的数据。

方法 2：选中要复制的单元格区域后右击，在弹出的快捷菜单中单击"复制"按钮，或者按 Ctrl＋C 组合键即可复制数据在目标位置的左上角单元格上右击，在弹出的快捷菜单中选择"粘贴"按钮，或者按 Ctrl＋V 组合键完成数据复制。

（2）移动单元格也有两种方法。

方法 1：将鼠标指针移至所选单元格区域的边框，当鼠标指针变为十字箭头形状时按住鼠标左键并拖动到目标位置，即可移动单元格中的数据。

方法 2：选中要移动的单元格区域后右击，在弹出的快捷菜单中单击"剪切"按钮，或者按 Ctrl＋X 组合键，在目标位置的左上角单元格上右击，在弹出的快捷菜单中单击"粘贴"按钮，或者按 Ctrl＋V 组合键，即可移动数据。

3. 清除与删除单元格

在 WPS 表格中，"删除"和"清除"具有不同的功能。"删除"的功能是删除选中的单元格区域，包括单元格和单元格中的内容，因此删除操作会引起表格中其他单元格位置的变化（右侧单元格左移,或者下方单元格上移,或者删除整行,或者删除整列);清除的功能是只清除选中单元格区域中的内容,而保留单元格。

(1) 清除单元格:选中要清除数据的单元格区域,单击"开始"选项卡中的"清除"下拉按钮,如图 3-18 所示,在下拉列表中选择有关选项;或者选中要清除数据的单元格区域后右击,在弹出的快捷菜单中选择"内容"选项,可清除选项说明如下。

① 全部:将格式、内容、批注等全部清除。

② 格式:只清除单元格的格式设置,内容保留。

③ 内容:清除单元格的内容,保留对格式的设置。

④ 特殊字符:清除选中区域中的空格、换行符、单引号、不可见字符。

⑤ 部分文本:清除选中区域中的开头文本、中间文本、结尾文本。

⑥ 图片及文本框:清除选中区域中的图片及文本框。

清除部分文本和清除图片及文本框功能为 WPS 表格会员权益,需要成为会员后才能使用。

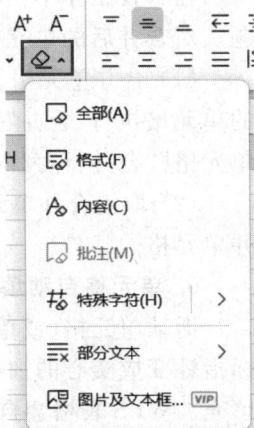

图 3-18　清除数据

(2) 删除单元格或区域:选中要删除的单元格或单元格区域后右击,在弹出的快捷菜单中选择"删除"选项,在右侧的下一级菜单中,根据要求选择相应的选项即可,如图 3-19 所示。

4. 插入单元格

如果想在工作表中插入新数据,可以通过插入单元格或单元格区域操作来处理。选中单元格或单元格区域,以确定插入位置,插入单元格的行列数与选中单元格区域的行列数一一对应。在选中的单元格或单元格区域上右击,在弹出的快捷菜单中选择"插入"选项,在右侧的下一级菜单中有 6 个选项供选择,如图 3-20 所示。

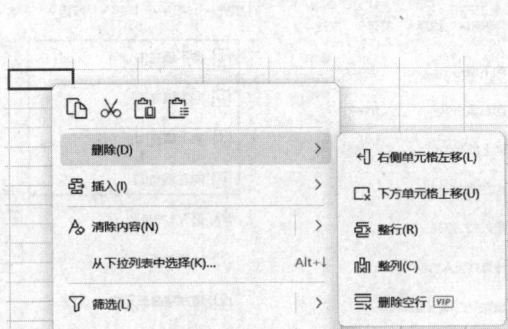

图 3-19　删除单元格

图 3-20　使用快捷菜单插入单元格

(1) 插入单元格,活动单元格右移。选中的单元格向右移动,新的单元格将插到选中区域的左侧。

(2) 插入单元格,活动单元格下移。选中的单元格向下移动,新的单元格将插到选中区域的上方。

(3) 在上方插入行、在下方插入行。默认的行数是选中区域的行数,可以直接输入数值或单击调节按钮进行修改,确认后单击右侧的 ✓ 按钮。

(4) 在左侧插入列、在右侧插入列。默认的列数是选中区域的列数,可以直接输入数值或单击调节按钮进行修改,确认后单击右侧的 ✓ 按钮。

也可以单击"开始"选项卡中的"行和列"按钮，在下拉列表中选择"插入单元格"选项。

5. 合并与拆分单元格

在日常工作中，我们通常将工作表首行的多个单元格合并并居中，以突出显示工作表的标题。对合并后的单元格也可以进行拆分操作。

（1）合并单元格。选中要合并的单元格区域，单击"开始"选项卡中的"合并"按钮，对选中的单元格执行"合并"操作；单击"合并"下拉按钮，在下拉列表中还可以选择"合并居中""合并单元格""合并行/列内容至"等选项，如图 3-21 所示。

（2）取消合并单元格。选中已合并的单元格，将合并单元格的操作再做一遍，即可取消合并单元格。

6. 单元格自动填充

活动单元格（或单元格区域）右下角的"小方块"是填充柄。将鼠标指针移到填充柄上，鼠标指针变成实心的加号形状，此时按住鼠标左键拖动鼠标，即可使用填充柄实现单元格的自动填充。WPS 表格会自动根据所选单元格区域中数据的规律完成填充，如图 3-22 所示。

填充柄填充分为序列式填充、复制式填充、规律填充、自定义填充，下面主要介绍前三种填充方式。

（1）序列式填充。可填充数字、日期、星期等。例如，在 A1 单元格中输入"1"，拖动填充柄自动按序列填充，或者选中要填充的单元格区域（包括 A1 单元格），单击"开始"选项卡中的"填充"按钮，在下拉列表中选择"序列"选项，会依次填充"2,3,4,…"，如图 3-23 所示。

（2）复制式填充。例如，在 A1 单元格中输入"1"，再选中要填充的单元格区域，然后单击"开始"选项卡中的"填充"按钮，在下拉列表中根据实际要求选择"向下填充""向右填充""向上填充""向左填充"选项，数据即可快速复制，如图 3-24 所示。

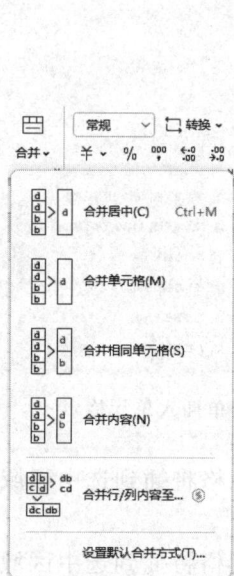

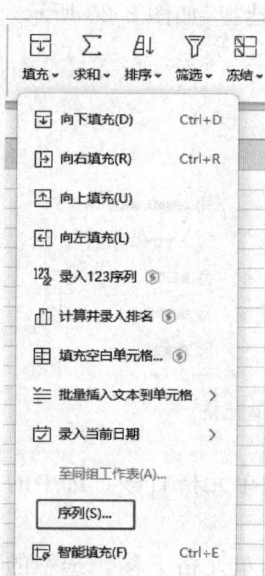

图 3-21 "合并"下拉按钮　　　图 3-22 填充　　　图 3-23 序列式填充　　　图 3-24 复制式填充

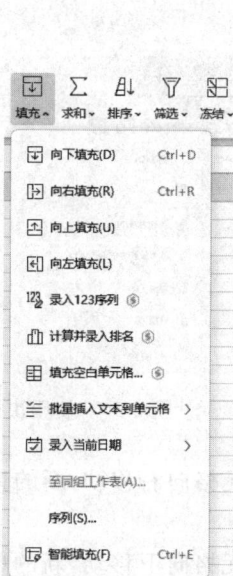

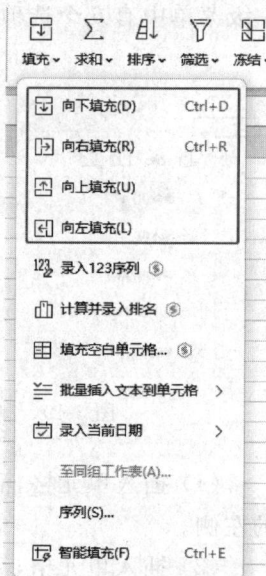

（3）规律填充。根据所选单元格区域中数据的规律进行填充。例如，在 A1 单元格中输入"1"，在 A2 单元格中输入"3"，选中 A1：A2 单元格区域，下拉填充柄，会依次填充"5,7,9,…"，如图 3-25 所示。

7. 定位单元格

可以根据设定的条件,在工作表中对单元格内容进行定位。按 Ctrl＋G 组合键,或者单击"开始"选项卡中的"查找"按钮,在下拉列表中选择"定位"选项,打开"定位"对话框,如图 3-26所示,选择"定位"选项卡,设置定位条件,如"批注""空值""可见单元格"等,最后单击"定位"按钮。

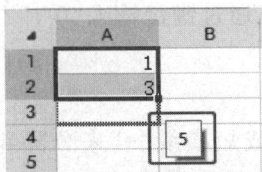

图 3-25 规律填充

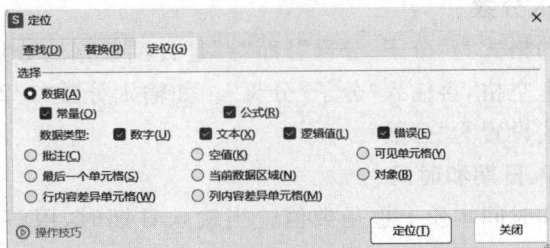

图 3-26 "定位"对话框

3.1.3.7 输入数据

选中单元格后,可直接输入数据。双击单元格,可对单元格中的数据进行编辑。或者选中单元格后,在编辑栏中输入并编辑数据。不同类型数据的输入方法有所不同,下面具体介绍文本、数值、分数等数据的输入方法。

在选中的单元格中输入数据后,按 Enter 键,或者按 Tab 键或方向键,或者单击编辑栏中的 ✓ 按钮,即可完成数据的输入,若选中由多个单元格组成的区域,输入数据后,按 Ctrl＋Enter 组合键,可将内容输入选中的所有单元格中。在输入数据的过程中按 Esc 键,或者单击编辑栏中的"取消"按钮 ✕,可取消本次输入。

1. 输入文本

文本型数据包括汉字、英文字母、特殊符号、空格及其他从键盘输入的符号。输入的文本型数据默认在单元格中靠左对齐。部分数值数据为文本型数据,也被称为非数值型数据,如电话号码、身份证号码等,身份证号码的位数大于 12 位,自动默认为文本型数据;电话号码和一些以"0"开头的数字文本串(如"007"),位数小于 12 位,为避免出现错误,在输入这些数字时,可以先输入一个英文半角单引号,再输入相应的数字串,或者选中单元格,将单元格格式设置为"文本",再输入相应的数字串。

2. 输入数值

在 WPS 表格中,输入数值的位数少于 12 位时,数值能正常显示,数值数据默认在单元格中靠右对齐。输入位数大于或等于 12 位的长数值时,自动默认为文本,单击单元格旁边的错误提示下拉按钮,在下拉菜单中选择"转换为数字"选项,可以将其转换为数值形式,并以科学记数法显示,如图 3-27 所示。

复制位数大于或等于 12 位的长数值,并将其粘贴到 WPS表格中时,会将其用科学记数法表示。若要让粘贴的长数值原样显示,而不用科学计数法表示,可以在数字前面加英文半角单引号,将数字格式转换成字符格式;也可以在粘贴长数字之前,选中要粘贴长数字的单元格,再按 Ctrl＋1 组合键;或者右

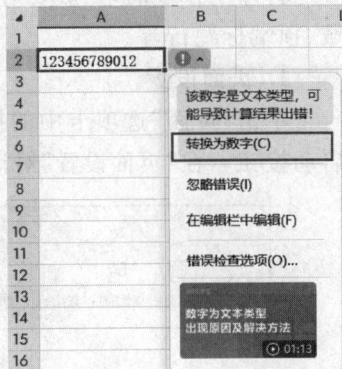

图 3-27 将文本转换为数字

85

击，在弹出的快捷菜单中选择"设置单元格格式"选项，在弹出的对话框中选择"数字"选项卡，在"分类"中选择"文本"选项。

当数值位数为 12～15 位时，文本转换为数字的结果是正确的；当数值位数大于或等于 16 位时，将文本转换为数字后，前 15 位数字正常，第 16 位开始变成数字 0，其原因是 WPS 表格中的数值精度为 15 位。

3. 输入分数

分数的格式为"分子/分母"，而"/"是日期数据的分隔符。因此当输入分数时，要先输入一个 0 和一个空格，再输入"分子/分母"。如输入分数"1/2"，可以通过键盘输入"0 1/2"，或者将单元格格式设置为"分数"。

4. 输入日期和时间

日期和时间本质上也是数值。当输入日期时，用斜杠"/"或短横线"-"来分隔年、月、日。当输入时间时，"时分秒"之间用"："间隔。如果同时输入日期和时间，则日期和时间之间用空格间隔。注意，"/""-"":"等标点符号均为英文半角状态。在单元格中，按 Ctrl+;（分号）组合键，可输入操作系统的当前日期；按 Ctrl+Shift+;（分号）组合键，可输入操作系统的当前时间。

5. 利用填充功能输入有规律的数据

使用 WPS 表格提供的自动填充数据功能，可以快速输入大量有规律的数据，如序号等差数列、系统预定义的数据填充序列、用户自定义序列等。自动填充会根据初始值填充后续值，操作方法可参考单元格自动填充。

3.1.3.8 设置数据有效性

对单元格中数据的类型和范围预先设置有效性，以确保输入的数据满足设置的条件，还可以设置对应的提示信息，从而及时提醒用户。选择表格中要设置数据有效性的区域，直接单击"数据"选项卡中的"有效性"图标按钮，或单击"有效性"下拉按钮，在下拉列表中选择"有效性"选项，打开"数据有效性"对话框，设置有效性条件、输入信息和出错警告等，如图 3-28 所示。

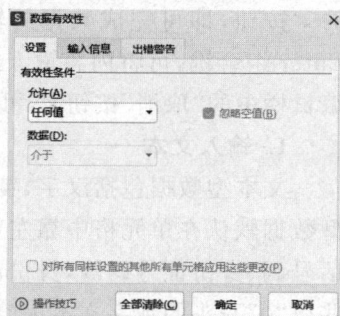

图 3-28 "数据有效性"对话框

3.1.3.9 页面设置与打印

打印工作表时，一般要对页面进行设置，如纸张大小和方向、页边距、页眉/页脚、打印区域、顶端标题行等。

1. 页面设置

单击"页面"选项卡中的按钮进行设置，如图 3-29 所示；或者单击"页面设置"对话框中的启动按钮↘，在"页面设置"对话框中进行设置。

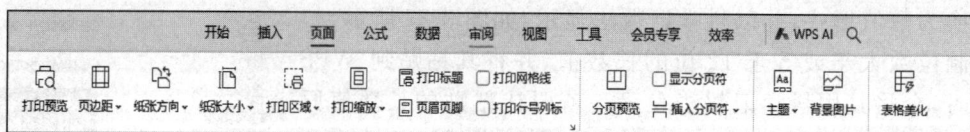

图 3-29 "页面"选项卡中的页面设置按钮

　　在"页面设置"对话框的"页面"选项卡的"缩放"选区中,选中"调整为"单选按钮,单击其右侧的下拉按钮,在下拉列表中选择"将整个工作表打印在一页"选项,如图 3-30 所示。当列数超过一页时,会自动按纸张宽度进行缩放,使打印的列宽与纸张列宽一致。

　　在"页面设置"对话框的"页边距"选项卡中,可设置页面的页边距,如图 3-31 所示。也可将设置好的页边距保存为"自定义设置",后续使用时可以在"页面"选项卡中的"页边距"下拉列表的"自定义设置"下直接选择。

图 3-30　打印页面设置——页面　　　　图 3-31　打印页面设置——页边距

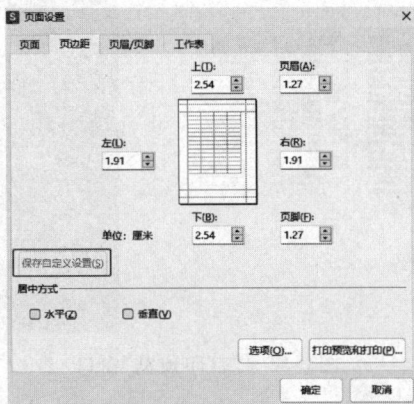

　　在"页面设置"对话框的"页面/页脚"选项卡中,可设置页眉和页脚,如图 3-32 所示,如页脚设为"第 1 页,共?页",打印时"?"会自动显示为总页数。

　　在"页面设置"对话框的"工作表"选项卡中,可设置打印区域、打印标题等,如图 3-33 所示。

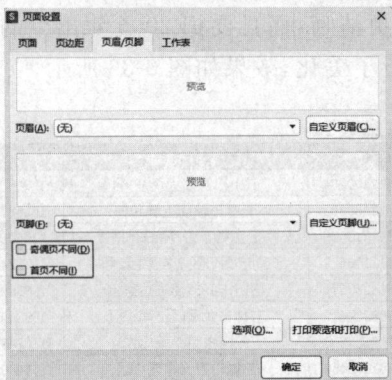

图 3-32　打印页面设置——页眉/页脚　　图 3-33　打印页面设置——工作表

2. 打印工作表

　　(1)打印预览。打印之前可以先查看工作表的打印效果。单击快速访问工具栏中的"打印预览"按钮,进入"打印预览"窗口,如图 3-34 所示。通过"打印预览"窗口,可以查看打印效果,包括页眉、页脚等。也可以单击"页面设置"等按钮再次进行设置,单击"退出预览"按钮,返回 WPS 表格的工作界面。

　　(2)打印工作表。单击快速访问工具栏中的"打印"按钮(或者按 Ctrl＋P 组合键),打开"打印"对话框,如图 3-35 所示;或者选择"文件"菜单中的"打印"选项,打开"打印"对话框。如果只想打印工作表中的部分内容，则在执行打印前，先选中需要打印的单元格区域，在"打印"对话框的"打印内容"选区中，再选中"选定区域"单选按钮。

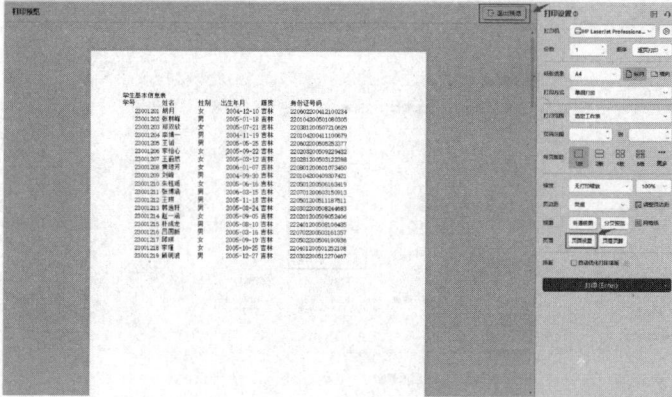

图 3-34　"打印预览"窗口

图 3-35　"打印"对话框

任务 3.2　美化学生基本信息表

3.2.1　任务描述

　　王老师将收集好的新生基本信息表上交给学校，学校反馈这么多信息堆积在一起，既不清晰也不美观，最好对表格美化一下，使数据看起来更清晰，而且要把 2005 年出生的学生信息突出显示。于是，王老师立即对学生基本信息表进行了美化，效果如图 3-36 所示。

学生基本信息表							
学号	姓名	性别	出生年月	籍贯	身份证号码	家庭地址	联系电话
23001201	胡月	女	2004-12-10	吉林	220602200412100234	白山市浑江大街459号	13902340567
23001202	张林峰	男	2005-01-18	吉林	220104200501080305	长春市融创上城10栋	15856702450
23001203	郑双欣	女	2005-07-21	吉林	220381200507210629	公主岭市迎宾路1号楼	13609231148
23001204	李博一	男	2004-11-19	吉林	220104200411100679	长春市朝阳区南湖家园2号楼	13723405231
23001205	王诚	男	2005-05-25	吉林	220602200505253377	白山市红旗街祥达家园	15938926742
23001206	李怡心	女	2005-09-22	吉林	220203200509229432	吉林市龙潭区土南小区	15830645566
23001207	王蔚然	女	2005-03-12	吉林	220281200503122398	蛟河市首钢美丽城	13678978253
23001208	黄琼芳	女	2006-01-07	吉林	220801200601073450	白城市万兴家园小区	15140028009
23001209	刘峰	男	2004-09-30	吉林	220104200409307421	长春市汽开区54街区	18634563481
23001210	朱钰瑶	女	2005-06-16	吉林	220501200506163419	通化市玉皇佳园	13747906722
23001211	张博涵	男	2005-03-15	吉林	220701200603150913	松原市锦东小区6号楼	16623604725
23001212	王琪	男	2005-11-18	吉林	220501200511187511	通化市弘康丽城小区	15904147893
23001213	韩逸轩	男	2005-08-24	吉林	220302200508244683	四平市铁西区师范大学家属区	13542311675
23001214	赵一涵	女	2005-09-05	吉林	220201200509052406	吉林市金城华府小区	18654325431
23001215	朴成龙	男	2005-08-10	吉林	222401200508106435	延吉市明大公寓12号楼	13944223678
23001216	吕国新	男	2005-03-16	吉林	220702200503161357	松原市宁江区富江苑小区	16734120982
23001217	邱琪	女	2005-09-19	吉林	220502200509190936	通化市东昌区福民家园小区3号楼	17743790214
23001218	李瑾	女	2005-10-25	吉林	220401200501252108	辽源市惠达八一景苑	13590812123
23001219	顾砚波	男	2005-12-27	吉林	220302200512270467	四平市铁西区南苑绿洲小区10号楼	16654625790

图 3-36　美化后的学生基本信息表效果

3.2.2　任务实施

1. 格式设置

（1）表格标题设置。将表格标题设置为"合并居中"，字号设置为 18 磅，字形设置为加粗。将表格内列标题字形设置加粗，操作步骤如下。

步骤 1：打开指定素材文件夹下的"3.2 素材 .xlsx"文件。

步骤 2：选中 A1:H1 单元格区域。

步骤 3：单击"开始"选项卡中的"合并"下拉按钮，在下拉菜列表中选择"合并居中"选项，字号选择"18 磅"，字形选择"加粗"。

步骤 4：选中 A2:H2 单元格区域，字形选择"加粗"。

（2）行高和列宽设置。将行号设置为 22.5 磅，列宽调整为合适宽度，操作步骤如下。

步骤 1：选中第 1~21 行。

步骤 2：在行号上右击，在弹出的快捷菜单中单击"行高"，在弹出的"行高"对话框中输入 22.5 磅，单击"确定"按钮，如图 3-37 所示。

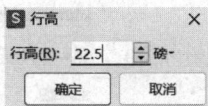

步骤 3：根据内容的宽度使用鼠标将列宽调整到合适的宽度。选中 A 列到 H 列，右击，在弹出的快捷菜单中选择"最合适的列宽"。

图 3-37　行高设置

（3）字号设置。将表格内文字字号设置为 14 磅，操作步骤如下。选中 A2:H21 单元格区域，字号选择"14 磅"。

（4）对齐方式设置。将表格内文字对齐方式设置为居中，操作步骤如下。

步骤 1：选中 A2:H21 单元格区域。

步骤 2：单击"开始"选项卡中的"水平居中"按钮，或者在选中区域上右击，在弹出的快捷菜单中选择"设置单元格格式"，在打开的"单元格格式"对话框中选择"对齐"选项卡，设置水平对齐为"居中"，最后单击"确定"按钮，如图 3-38 所示。

（5）边框设置。为表格设置边框，线型与颜色采用默认设置，操作步骤如下。

步骤 1：选中 A2:H21 单元格区域。

步骤 2：单击"开始"选项卡中的"边框"下拉按钮，在下拉列表中选择"所有框线"选项，或者在"单元格格式"对话框中选择"边框"选项卡，单击"外边框"按钮和"内部"按钮，最后单击"确定"按钮，如图 3-39 所示。

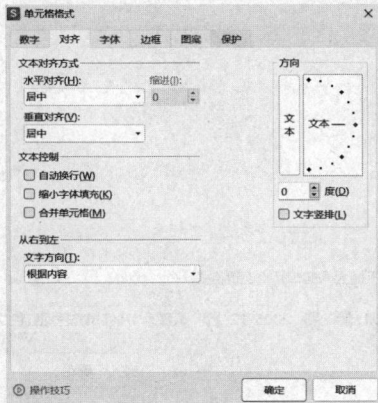

图 3-38　设置单元格对齐方式　　　　图 3-39　设置单元格边框

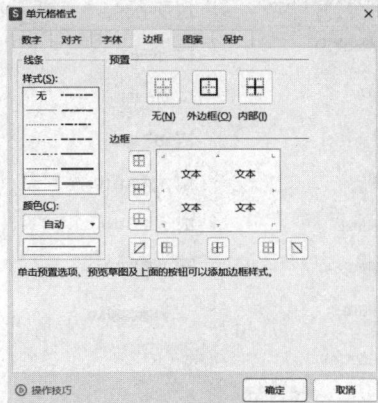

（6）表格套用样式设置。为表格设置样式，除了可以手动设置外，采用表格套用样式也可以快速地设置表格样式，操作步骤如下。

步骤 1：选中 A2:H21 单元格区域。

步骤 2：单击"开始"选项卡中的"表格样式"下拉按钮，在下拉菜单中选择"预设样式"中的"表样式 3"，如图 3-40 所示，在弹出的"套用表格样式"对话框中，单击"确定"按钮，如图 3-41所示。

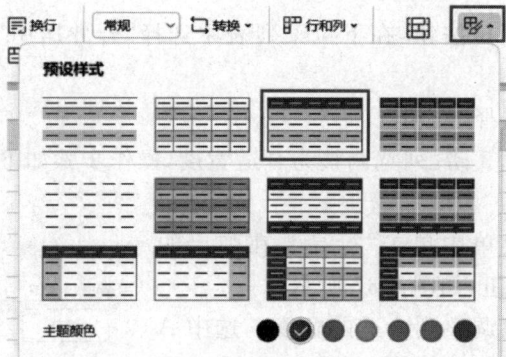

图 3-40　选择表格样式"表样式 3"　　　　图 3-41　"套用表格样式"对话框

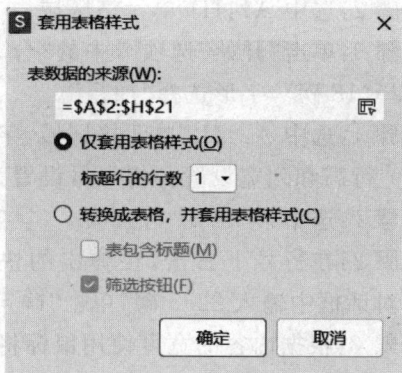

2. 条件格式设置

将出生年月在 2005 年的数据突出显示，以"浅红填充色深红色文本"格式显示，操作步骤如下。

步骤 1：选中 D3:D21 单元格区域。

步骤 2：单击"开始"选项卡中的"条件格式"下拉按钮，在下拉列表中选择"突出显示单元格规则"选项，在下一级菜单中选择"介于"，如图 3-42 所示。在"介于"对话框左侧文本框中输入"2005-01-01"，在中间文本框中输入"2005-12-31"，在最右侧下拉列表中选择"浅红填充色深红色文本"，单击"确定"按钮，如图 3-43 所示。

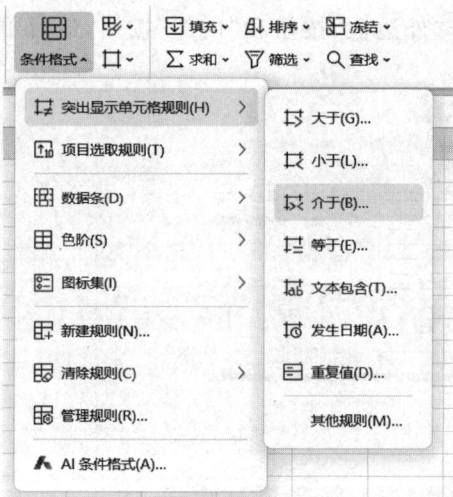

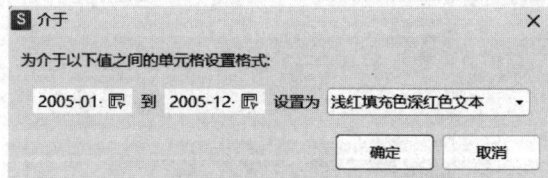

图 3-42　条件格式　　　　图 3-43　"介于"对话框

90

3. 保存

单击快速访问工具栏中的"保存"按钮,保存美化设置。

3.2.3　知识链接

对工作表中的单元格进行格式设置,可使工作表的外观更美观,排列更整齐,重点更突出、醒目。单元格的格式设置包括行高和列宽的调整、数字格式、数据的对齐方式、字体、边框、底纹等的设置。

3.2.3.1　调整行高和列宽

单元格位于工作表行和列的交叉点,对行高和列宽的调整其实就是对单元格的高度和宽度的调整。

(1)拖动边框调整行高或列宽。将鼠标指针移到行号之间的分隔线上,鼠标指针变成带上下箭头的十字形状,如图 3-44(a)所示,按住鼠标左键上下拖动即可随意调整行高。将鼠标指针移到列标之间的分隔线上,鼠标指针变成带左右箭头的十字形状,如图 3-44(b)所示,按住鼠标左键左右拖动即可随意调整列宽。

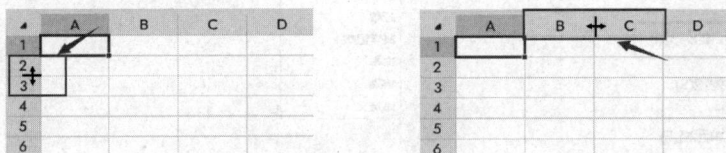

（a）调整行高　　　　　　　　　　（b）调整列宽

图 3-44　拖动边框调整行高或列宽

(2)精确改变行高或列宽的数值。选中需要调整的行或列,右击,在弹出的快捷菜单中选择"行高"或"列宽"选项,如图 3-45 所示,在打开的对话框的"行高"或"列宽"文本框中输入数值即可。

（a）设置行高　　　　　　　　　　（b）设置列宽

图 3-45　使用快捷菜单设置行高或列宽

（3）设置最适合的行高或列宽。选中需要调整的所有行或所有列,单击"开始"选项卡中的"行和列"下拉按钮,在下拉列表中选择"最适合的行高"选项或"最适合的列宽"选项,如图 3-46 所示。设置最适合的行高或列宽时,对选中区域内的空行或空列而言,其行高或列宽保持不变。把鼠标直接定位在需调整行高的某行号的下边界或调整列宽的某列标的右边界,然后双击,可以把本行或本列自动调整到最适合的行高或列宽。

要设置单元格或单元格区域的格式,可以单击"开始"选项卡中的"对齐方式"或者"数字格式"设置对话框的启动按钮↘;或者按 Ctrl+1 组合键;或者在选中的单元格上右击,在弹出的快捷菜单中选择"设置单元格格式"选项,都可以打开"单元格格式"对话框。在该对话框中,可以设置选中单元格的数字、对齐、字体、边框、图案、保护,如图 3-47 所示。

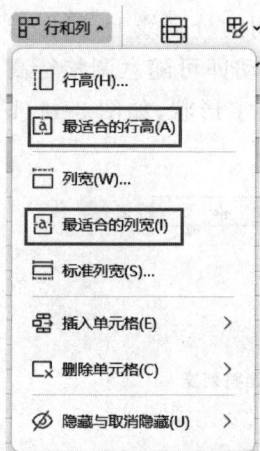

图 3-46　调整最适合的行高或列宽　　　　图 3-47　"单元格格式"对话框

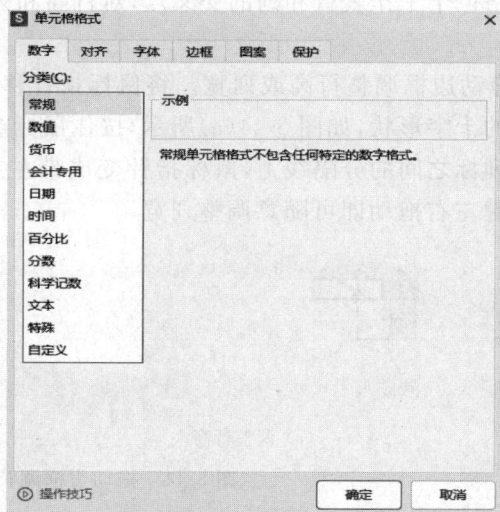

3.2.3.2　设置单元格数字格式

打开"单元格格式"对话框,选择"数字"选项卡,如图 3-47 所示,用户可以根据分类下各类型数据的特点进行相应的数字格式设置。各类型数据的含义如下。

（1）常规:不包含任何特殊格式的数字格式,仅是一个数字。

（2）数值:用于一般数字的表示,可以设置小数位数、千位分隔符、负数等不同格式,如 8,026、−8026.12 等。

（3）货币:表示一般货币数值,如 ￥118、$ 22,605。与货币格式有关的"会计专用"格式,在货币格式的基础上对一列数值设置以货币符号或以小数点对齐。

（4）日期、时间:可以参照日期和时间的不同显示样式进行选择。

（5）百分比:设置数字为百分比形式,比如把 0.78 设置成百分比形式为 78%。

（6）分数:设置数字为分数形式,如 3/4。

（7）科学记数:以科学记数法显示数字,如 5000 可以设置为 5.E+03。

（8）文本:设置数字为文本格式,文本格式不能参与计算。

（9）特殊:这种格式可以将数字转换为常用的中文大小写数字、邮政编码或人民币数值的大写形式。

（10）自定义：设置数字为预设的自定义格式，如￥＃，＃＃0；[红色]￥－＃，＃＃0。

3.2.3.3 设置单元格数据的对齐方式

打开"单元格格式"对话框，选择"对齐"选项卡，如图 3-48 所示，根据需要设置"文本对齐方式""文本控制""文字方向"和"方向"等选项，对所选定区域的对齐方式进行设置。

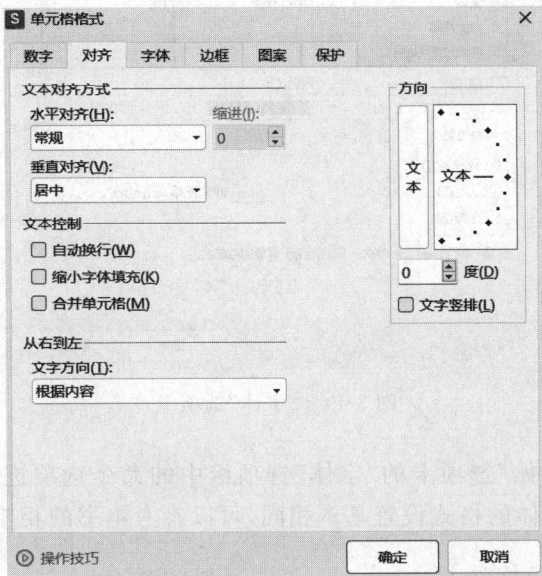

图 3-48 "对齐"选项卡

（1）水平对齐：用来设置单元格左右方向的对齐方式，包括"常规""靠左（缩进）""居中""靠右（缩进）""填充""两端对齐""跨列居中"和"分散对齐（缩进）"。其中"填充"是以当前单元格的内容填满整个单元格；"跨列居中"是将选定的同一行多个单元格的数据（只有一项数据）居中显示。其他方式与 WPS 文字类似。

（2）垂直对齐：用来设置单元格上下方向的对齐方式，包括"靠上""居中""靠下""两端对齐"和"分散对齐"，其用法与 WPS 文字类似。

（3）文本控制：用来设置文本的换行、缩小字体填充和合并。

① 自动换行：单元格中输入的文本达到列宽时自动换行。如果单元格中需要人工换行，按 Alt＋Enter 组合键即可。

② 缩小字体填充：在不改变列宽的情况下，通过缩小字符，在单元格内用一行显示所有的数据。

③ 合并单元格：将已选定的多个单元格合并为一个单元格，与"水平对齐"方式中的"居中"合用，相当于"开始"选项卡中的"合并居中"的功能。

（4）方向：改变单元格的文本旋转角度，范围是$-90°\sim90°$。

3.2.3.4 设置单元格或选定区域的字体

在表格中，通过对单元格或选定区域的字体、字形、字号、下划线、颜色和特殊效果的设置可以使表格更加美观、易于阅读。

方法 1：在"单元格格式"对话框中选择"字体"选项卡进行相应的设置，如图 3-49 所示。

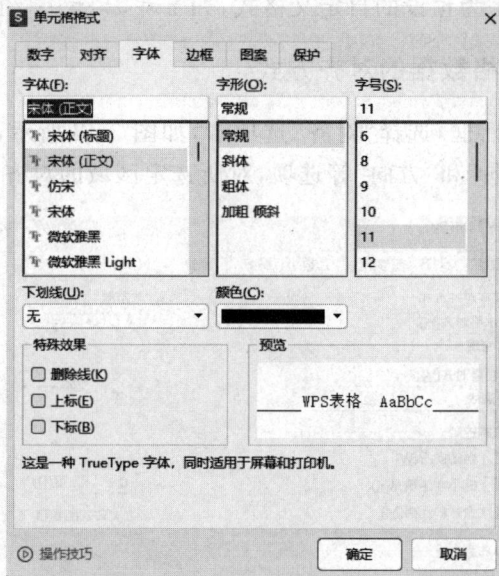

图 3-49 "字体"选项卡

方法 2：直接使用"开始"选项卡的"字体"选项组中的命令选项进行相应设置。以上设置方法均与 WPS 文字中字体的格式设置基本相同，可以参考本书的相应部分内容。

3.2.3.5 设置单元格边框

在默认情况下，用户看到的 WPS 表格的灰色边框线只是网格线，是供用户编辑使用的，可以通过选择"视图"选项卡中的"网格线"复选框进行打开或关闭。默认的网络线在打印时不会被打印出来。如果用户需要打印表格线和边框，必须进行相应的设置。以下是两种常用方法。

1. 使用功能区的命令按钮

步骤 1：选定需要设置边框的单元格或单元格区域。

步骤 2：单击"开始"选项卡中的"边框"下拉按钮，展开如图 3-50 所示的下拉列表，选择所需要的边框样式。如果要设置更加复杂的边框线，可以单击下拉列表中的"其他边框"选项，弹出如图 3-39 所示的"单元格格式"对话框中的"边框"选项卡后再具体操作。

2. 使用"边框"选项卡

步骤 1：选定需要设置边框的单元格或单元格区域。

步骤 2：在选区上右击，弹出快捷菜单，选择"设置单元格格式"命令，打开"单元格格式"对话框，选择"边框"选项卡，如图 3-39 所示。在"线条"区域中指定线型样式和线条的颜色；在"预置"区域中设定是"无框线""外边框""内部边框"；在"边框"区域中可以分别单击提示按钮以指定边框位置，最后单击"确定"按钮完成设置。

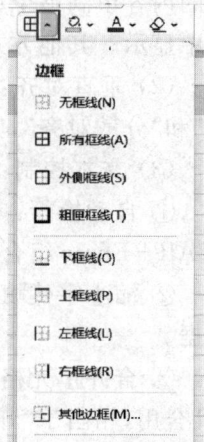

图 3-50 "边框"按钮下拉列表

3.2.3.6 设置底纹

为实现更好的视觉效果，可以给工作表的单元格添加颜色或者图案。

（1）给工作表的单元格添加颜色可使用"填充颜色"下拉按钮,操作步骤如下。

步骤 1:选定需要添加颜色的单元格或单元格区域。

步骤 2:单击"开始"选项卡中的"填充颜色"下拉按钮,展开如图 3-51 所示的颜色列表,选择所需要的填充颜色。

（2）如果工作表的单元格需要使用图案填充,可使用"单元格格式"对话框中的"图案"选项卡,操作步骤如下。

步骤 1:选定需要加底纹的单元格或单元格区域。

步骤 2:打开"单元格格式"对话框,单击"图案"选项卡,如图 3-52 所示。可以在"颜色"区域选择背景色,如果想进一步设置图案底纹,可以在"图案样式"和"图案颜色"中选择底纹的样式和颜色。

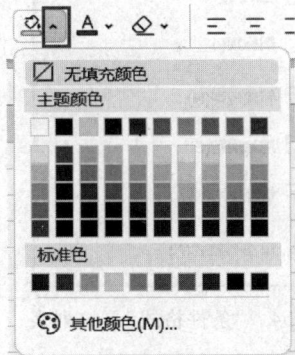

图 3-51　"填充颜色"下拉列表　　　　图 3-52　"图案"选项卡

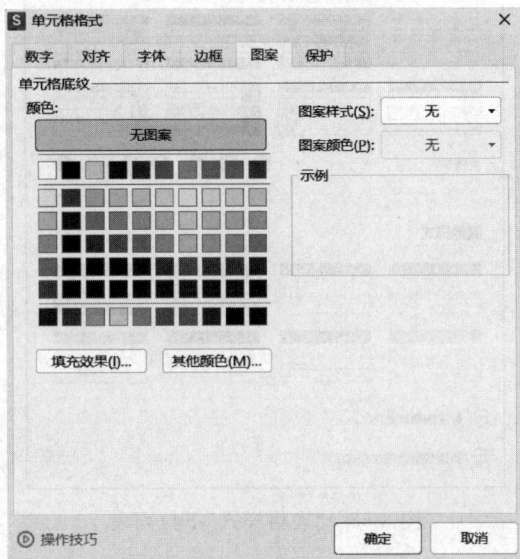

3.2.3.7　自动套用格式

WPS 表格内置了一些实用的表格格式,可以把它们套用到正在编辑的表格上,实现对表格的快速格式化,操作步骤如下。

步骤 1:选定要套用格式的单元格区域。

步骤 2:单击"开始"选项卡中的"表格样式"下拉按钮,展开如图 3-53 所示的列表,在"预设样式"中选择一项,在下面的"主题颜色"中可以选择不同的主题颜色。

在图 3-53 中,单击"新建表格样式"选项,可以自定义表格样式。要清除套用的表格格式,可以先选定单元格区域,右击弹出快捷菜单,依次选择"清除内容"→"格式"。

3.2.3.8　添加条件格式

条件格式是指规定单元格中的数据达到设定的条件时,按规定的格式显示。这样可使表格更加清晰、易读,有很强的实用性。比如在现金收支账中,当出现超支的情况时,希望用红色显示超支额;在成绩登记表中,不及格的成绩希望用红色标出等。

（1）添加条件格式的操作步骤如下。

步骤1：选定要设置条件格式的单元格或单元格区域。

步骤2：单击"开始"选项卡中的"条件格式"下拉按钮，展开如图3-54所示的下拉列表，根据需要选择一种选项，设置好相应数值，单击"确定"按钮。

步骤3：如果有多个条件，可以再次选择相应的选项，输入相关的数值，多个条件可以叠加生效。

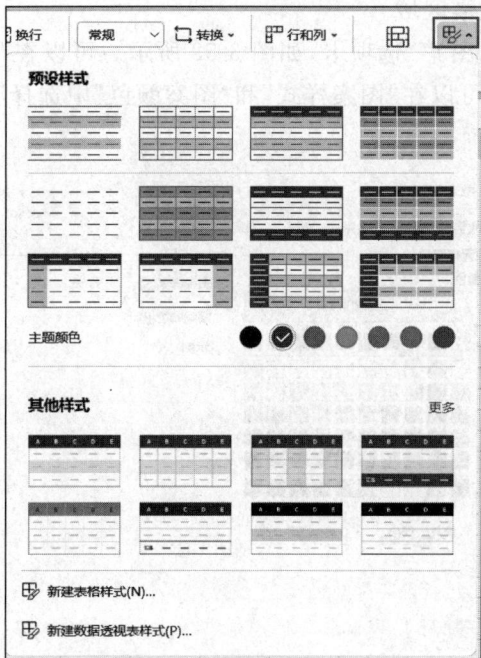

图 3-53　"表格样式"下拉列表

图 3-54　"条件格式"下拉列表

（2）将"信息技术基础<60"的单元格设置为"红色文本"，操作步骤如下。

步骤1：选定表格，单击"条件格式"下拉按钮，在下拉列表中依次选择"突出显示单元格规则"→"小于"选项，打开"小于"对话框，如图3-55所示。

步骤2：在"小于"对话框左侧文本框中输入数值"60"，在右侧下拉列表中选择"红色文本"，单击"确定"按钮。条件格式设置后的效果如图3-56所示。

图 3-55　"小于"对话框

⊿	A	B	C	D	E
1	学号	姓名	信息技术基础	语文	数学
2	2010001	王琳	60	87	81
3	2010002	张启龙	78	90	86
4	2010003	李俊波	34	73	72
5	2010004	朱芳玲	56	66	75
6	2010005	王继轩	89	91	60
7	2010006	韩琦	93	88	82

图 3-56　条件格式设置后的效果

（3）修改条件格式。首先要选定需要更改条件格式的单元格或单元格区域，打开"条件格式"下拉列表，选择对应的规则选项，然后输入条件，最后单击"确定"按钮。

（4）清除条件格式。首先要选定需要清除条件格式的单元格或单元格区域，打开"条件格式"下拉列表，依次选择"清除规则"→"清除所选单元格的规则"或"清除整个工作表的规则"。

3.2.3.9 添加批注

为便于人们理解单元格的含义,可以为单元格添加注释,这个注释被称为批注。一个单元格添加批注之后,该单元格的右上角会出现一个三角形标志,将鼠标指针移动到这个单元格上时会显示批注信息。

1. 添加批注

步骤1:选定要添加批注的单元格。

步骤2:单击"审阅"选项卡中的"新建批注"按钮,在弹出的"批注"文本框中输入批注内容,然后单击任意其他单元格。设置批注后的效果如图3-57所示。

图3-57 设置批注后的效果

2. 编辑或删除批注

步骤1:选定有批注的单元格。

步骤2:单击"审阅"选项卡中的"编辑批注"按钮或"删除批注"按钮,即可进行批注编辑或删除已有的批注,如图3-58所示。

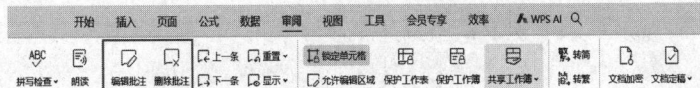

图3-58 编辑批注或删除批注

任务3.3 统计学生成绩

3.3.1 任务描述

期末考试成绩出来了,王老师需要对学生们的期末成绩进行统计,包括每个学生的总分、平均分、个人名次及每科的平均分,结果如图3-59所示。对大学英语的成绩进行分析,统计每个分数段的人数及占比,结果如图3-60所示。

期末考试成绩统计表

学号	姓名	大学英语	大学数学	C语言	统计学	体育	总分	平均分	名次
23001201	胡月	78	92	86	69	76	401	80.2	4
23001202	张林峰	89	73	91	83	82	418	83.6	1
23001203	郑双欣	51	80	67	72	77	347	69.4	15
23001204	李博一	90	83	87	80	72	412	82.4	2
23001205	王诚	62	81	70	78	89	380	76	12
23001206	李怡心	75	79	69	86	85	394	78.8	7
23001207	王蔚然	71	62	79	53	63	328	65.6	18
23001208	黄琼芳	84	91	58	83	66	382	76.4	11
23001209	刘峰	46	76	73	74	78	347	69.4	15
23001210	朱钰瑶	95	89	82	68	62	396	79.2	6
23001211	张博涵	86	75	71	90	87	409	81.8	3
23001212	王琪	79	71	60	89	84	383	76.6	10
23001213	韩逸轩	68	64	49	65	70	316	63.2	19
23001214	赵一涵	63	73	76	73	61	346	69.2	17
23001215	朴成龙	60	70	71	84	68	353	70.6	14
23001216	吕国新	82	88	75	61	79	385	77	8
23001217	邱琪	73	65	80	79	88	385	77	8
23001218	李瑾	77	71	74	64	75	361	72.2	13
23001219	顾砚波	74	81	79	85	80	399	79.8	5
	科目平均分	73.84	77.05	73.53	75.58	75.89			

图3-59 统计后的期末考试成绩表

大学英语					
考试人数	19				
分数段	[0-60)	[60-70)	[70-80)	[80-90)	[90-100]
人数	2	4	7	4	2
占比	10.53%	21.05%	36.84%	21.05%	10.53%

图 3-60　大学英语成绩分析

3.3.2　任务实施

1. 期末成绩统计

（1）计算总分。

① 使用公式。

步骤 1：打开指定素材文件夹下的"3.3 素材 . xlsx"文件。

步骤 2：选择工作表中的单元格 H3。

步骤 3：在单元格内输入"＝C3＋D3＋E3＋F3＋G3"，如图 3-61 所示。然后按 Enter 键，在单元格 H3 内显示第一个学生的总分，如图 3-62 所示。

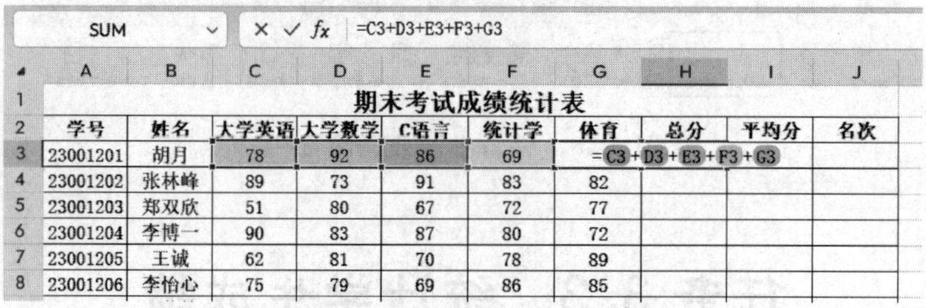

图 3-61　使用公式计算总分

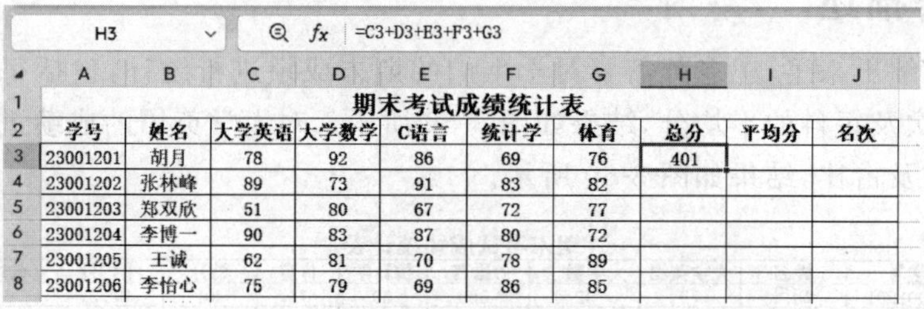

图 3-62　使用公式计算后的结果

步骤 4：按住单元格 H3 的填充柄，向下拖动到 H21，其他同学的总分将通过复制公式自动填充计算后的结果。

② 使用函数。

步骤 1：选择工作表中的单元格 H3。

步骤 2：单击"开始"选项卡中的"求和"下拉按钮，单击下拉列表中的"求和"选项，在单元格 H3 内自动输入"＝SUM(C3：G3)"，按住鼠标左键框选 C3：G3 单元格区域，如图 3-63 所示，然后按 Enter 键或者单击编辑栏中的✓按钮，结果如图 3-63 所示。

也可以单击编辑栏左侧的 fx 按钮，选择 SUM 函数，然后框选 C3：G3 单元格区域，最后按 Enter 键或者单击编辑栏中的✓按钮，得到同样的结果。

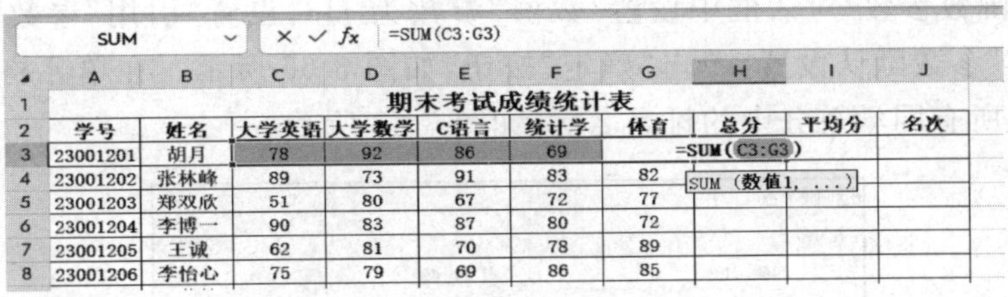

图 3-63　使用函数计算总分

步骤 3：采用拖动填充柄的方法自动填充其他同学的总分。

（2）计算平均分。平均分的计算和总分的计算一样，有使用公式和使用函数两种方法。公式使用"＝(C3＋D3＋E3＋F3＋G3)/5"，函数使用 AVERAGE()。使用函数计算平均分如图 3-64 所示。

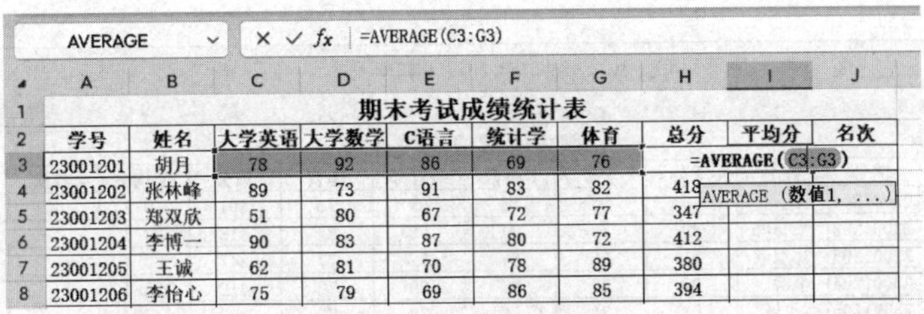

图 3-64　使用函数计算平均分

（3）计算名次。

步骤 1：选择工作表中的单元格 J3。

步骤 2：单击"开始"选项卡中的"求和"下拉按钮，单击下拉列表中的"其他函数"选项，或编辑栏中的 fx 图标，打开"插入函数"对话框。

步骤 3：在对话框的"或选择类别"下拉列表中选择"统计"，在"选择函数"列表框中找到 RANK，如图 3-65 所示，单击"确定"按钮，弹出"函数参数"对话框。

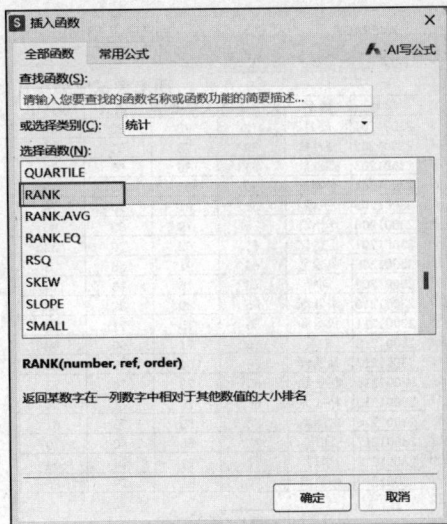

图 3-65　在"插入函数"对话框中选择 RANK 函数

步骤 4：在"函数参数"对话框中设置"数值"参数为 H3，设置"引用"参数为＄H＄3：＄H＄21，"排位方式"参数默认设置，单击"确定"按钮，如图 3-66 所示。在单元格 J3 中将显示第一个同学总分在所有同学总分中的排名名次，如图 3-67 所示。

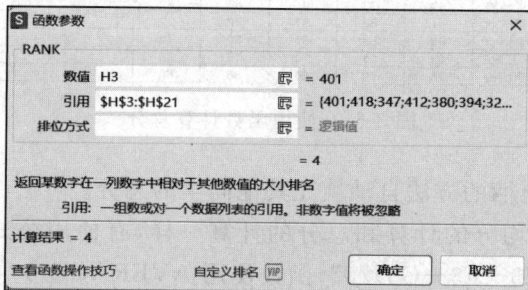

图 3-66　RANK 函数参数的设置

图 3-67　计算出第一个同学的排名名次

步骤 5：按住 J4 单元格填充柄，向下拖动到 J21，其他同学的排名名次将通过复制公式自动填充，最后的结果如图 3-59 所示。

（4）计算每科平均分。计算每科平均分与计算每个学生的平均分的操作方法类似，注意框选区域的选择，如图 3-68 所示。计算完的平均分小数点后有 8 位，通过设置单元格格式，可将平均分小数点后设置为 2 位。

图 3-68　计算每科平均分

2. 大学英语统计

（1）统计考试人数。

步骤 1：选中单元格 M5。

步骤 2：单击"开始"选项卡中的"求和"下拉按钮，单击下拉列表中的"其他函数"选项，或编辑栏中的 fx 图标，打开"插入函数"对话框。

步骤 3：在对话框的"或选择类别"下拉列表中选择"统计"，选择函数 COUNT，如图 3-69 所示，单击"确定"按钮，弹出"函数参数"对话框。

步骤 4：在"函数参数"对话框中设置值 1 参数为 C3：C21，单击"确定"按钮，如图 3-70 所示，在单元格 M5 中将显示大学英语的考试人数 19。

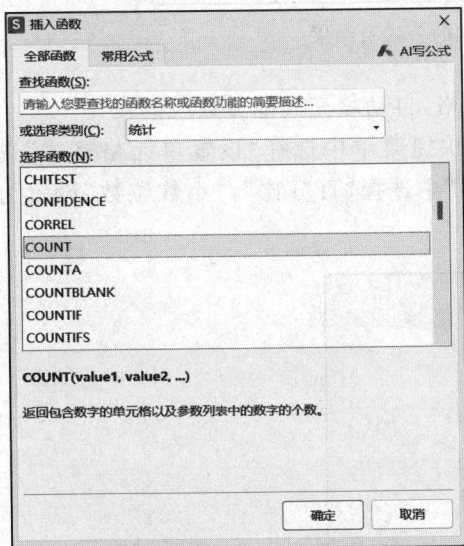

图 3-69　在"插入函数"对话框中
选择 COUNT 函数

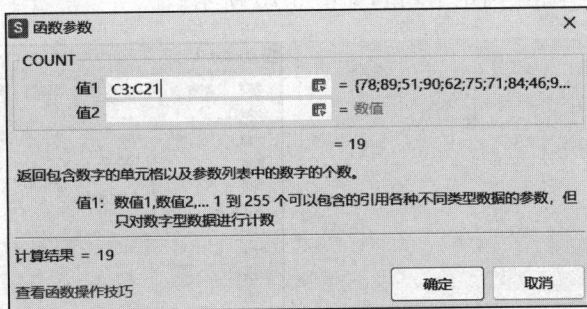

图 3-70　COUNT 函数参数设置及结果

（2）统计每个分数段人数。

步骤 1：选中单元格 M7。

步骤 2：在单元格或者编辑栏中输入公式"＝COUNTIFS（＄C＄3：＄C＄21,"＞＝0",＄C＄3：＄C＄21,"＜60"）"，输入完毕按 Enter 键或者单击编辑栏中的 ✔ 按钮，60 分以下的人数将显示在单元格 M7 中，如图 3-71 所示。

图 3-71　统计 60 分以下人数的公式及结果

步骤 3：按住单元格 M7 的填充柄，拖动到单元格 Q7，依次修改单元格 N7、O7、P7、Q7 中公式的条件，各分数段的人数将显示在单元格 N7、O7、P7、Q7 中。

（3）统计占比。

步骤 1：选中单元格 M8。

步骤 2：在单元格或编辑栏中输入公式"＝M7/＄M＄5"，输入完毕按 Enter 键或者单击编辑栏中的 ✓ 按钮，60 分以下的人数占比显示在单元格 M8 内，如图 3-72 所示。

图 3-72　统计 60 分以下人数占比的公式及结果

步骤 3：按住 M8 单元格的填充柄，拖动到 Q8 单元格，自动填充其他分数段的占比。

步骤 4：选中 M8:Q8 单元格区域，右击，在弹出的快捷菜单中选择"设置单元格格式"选项，打开"单元格格式"对话框，在"数字"选项卡的"分类"中选择"百分比"，"小数位数"设置为 2，单击"确定"按钮，如图 3-73 所示。

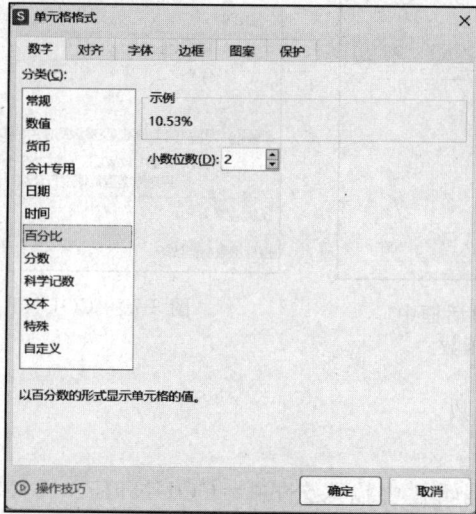

图 3-73　设置各分数段人数占比单元格格式

3. 保存

单击快速访问工具栏中的"保存"按钮，保存完成所有统计后的表格。

3.3.3　知识链接

3.3.3.1　使用公式

WPS 表格不仅能存储数据，还具有强大的计算和分析功能，这些功能是通过公式和函数实现的。用户除了可以用公式完成加、减、乘、除等简单的计算外，还可以结合系统所提供的多种类型的函数，在不需要编制复杂计算程序的情况下，完成财务报表、数理统计分析及科学计算等复杂的计算工作。

1. 公式的格式与录入

公式是 WPS 表格的计算式,是以等号"="开头,用一个或多个运算符将常量、单元格地址、函数等连接起来的有意义的表达式。如图 3-74 所示,各商品的"总价=单价 * 数量"(公式中的乘号用" * "表示),因此"E3=C3 * D3"。

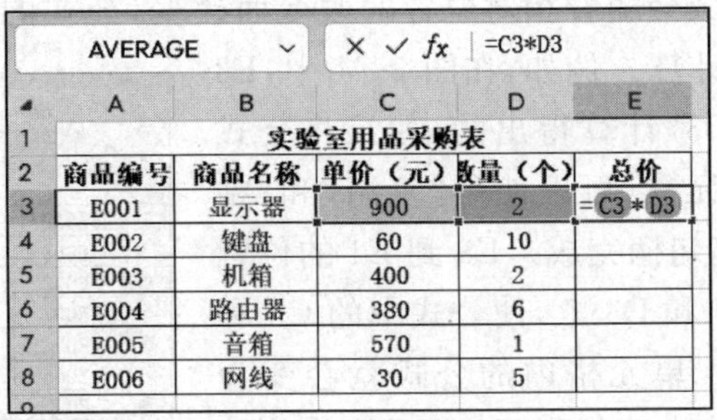

图 3-74 公式示例

录入公式时先选定要输入公式的单元格,在单元格或编辑栏中输入"="后依次输入公式中各个字符(涉及单元格引用的,可以直接单击相应的单元格,其地址会自动填入单元格或编辑栏的光标位置),输入完毕按 Enter 键或单击编辑栏中的✓按钮,公式计算结果会显示在单元格中。修改公式时,可以双击单元格或在编辑栏进行,修改完毕按 Enter 键或单击编辑栏中的✓按钮结束公式的输入。公式录入结束前,可以单击编辑栏中的✕按钮来取消公式的录入,或者公式录入结束后,在编辑栏中或者在单元格中使用 Backspace 键删除录入的公式。

2. 运算符

在 WPS 表格中,用运算符把常量、单元格地址、函数及括号等连接起来就构成了表达式。常用的运算符除了加、减、乘、除等算术运算符外,还有字符连接符、关系运算符和引用运算符等。运算符在计算时具有优先级,优先级高的先算,比如常说的先乘除后加减,有括号的先算括号内的算式。表 3-1 按运算符优先级从高到低列出了常用的运算符及其功能。

表 3-1 常用的运算符及其功能

运算符种类	运 算 符	功 能	举 例
引用运算符	:(冒号)	区域引用	=SUM(A1:A5)计算 A1:A5 区域的和
	(空格)	交叉运算	=SUM(A1:C5 B2:B4)计算交叉部分 B2:B4 区域的和
	,(逗号)	联合运算	=SUM(A1:A5,B1:B5)计算两个区域的和
算术运算符	+ − * / ∧	数据运算	=C1+C2
比较运算符	= <> > >= < <=	数据比较	=C1>C2
文本运算符	&	文本链接	=C1&C2

3. 公式的种类

(1)算术公式:其值为数值的公式。

例如,=5 * 4/2−2−A1,其中 A1 是单元格地址的相对引用,数值为 12,则公式的结果是−4。

(2)文本公式:其值为文本数据的公式。

例如,=E2&"2019",其中 E2 单元格的值是 WPS,则公式的结果是"WPS2019"。

103

(3) 比较公式(关系式):其值为逻辑值 TRUE(真)或 FALSE(假)的公式。

例如,=5>4,结果为 TRUE;=5<4,结果为 FALSE。

4. 相对引用

相对引用是指当把一个含有单元格或单元格区域地址的公式复制到新的位置时,公式中的单元格地址或单元格区域会随着相对位置的改变而改变,公式的值将会依据改变后的单元格或单元格区域的值重新计算。例如,在图 3-74 中,E3 的值是通过公式"=C3 * D3"计算得出的,如果将公式"=C3 * D3"复制到 E4 单元格(可以使用"复制"和"粘贴"命令或用鼠标拖动填充句柄完成),E3 到 E4 的位置变化规律会同样作用到 C3 和 D3 上,使公式中的 C3 和 D3 分别变为 C4 和 D4,E4 单元格内的公式就会变为"=C4 * D4",这种自动变化也正好和 E4 单元格值的计算公式相同,计算结果如图 3-75 所示。

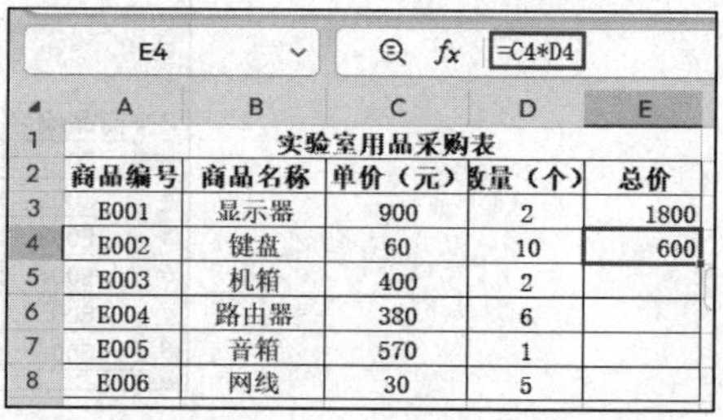

	A	B	C	D	E
1	实验室用品采购表				
2	商品编号	商品名称	单价(元)	数量(个)	总价
3	E001	显示器	900	2	1800
4	E002	键盘	60	10	600
5	E003	机箱	400	2	
6	E004	路由器	380	6	
7	E005	音箱	570	1	
8	E006	网线	30	5	

图 3-75　相对引用地址变化

5. 绝对引用

绝对引用是指在公式中的单元格地址或单元格区域的地址不会随着公式引用位置的改变而发生改变。在列标和行号的前面加上一个"$"符号就可以将它改为绝对引用的地址。

如图 3-76 所示,B5 的计算公式为"=B4/$F$2",即本分数段人数除以考试人数。将这个公式复制到 C5,C5 的计算公式为"=C4/$F$2",如图 3-77 所示。同样将 B5 的公式复制到 D5、E5、F5,作为分母的$F$2 都是不变的,也就是说,在复制公式时分母的值是对 F2 单元格的绝对引用。

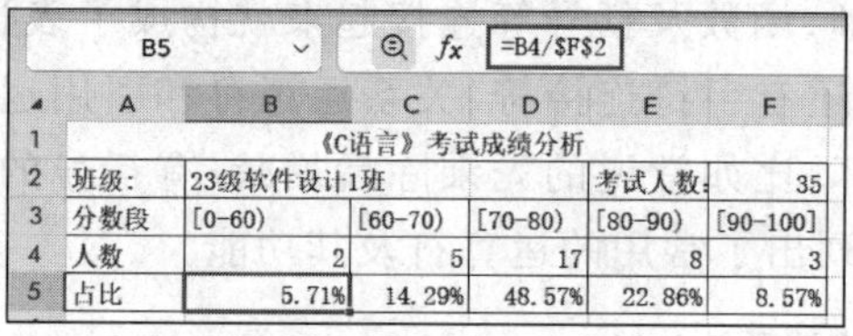

	A	B	C	D	E	F
1	《C语言》考试成绩分析					
2	班级:	23级软件设计1班			考试人数:	35
3	分数段	[0-60)	[60-70)	[70-80)	[80-90)	[90-100]
4	人数	2	5	17	8	3
5	占比	5.71%	14.29%	48.57%	22.86%	8.57%

图 3-76　绝对引用示例

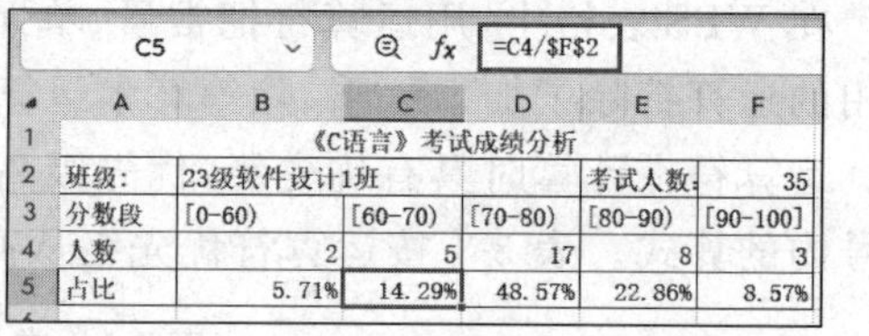

	A	B	C	D	E	F
1	《C语言》考试成绩分析					
2	班级:	23级软件设计1班			考试人数:	35
3	分数段	[0-60)	[60-70)	[70-80)	[80-90)	[90-100]
4	人数	2	5	17	8	3
5	占比	5.71%	14.29%	48.57%	22.86%	8.57%

图 3-77　绝对引用地址不变

6. 混合引用

如果把单元格或单元格区域的地址表示为部分是相对引用、部分是绝对引用,如行号为相对引用、列标为绝对引用,或者行号为绝对引用、列标为相对引用,则称这种引用为混合引用。例如,单元格地址"=$B3"和"=A$5",前者表示保持列不发生变化,而行会随着公式行位置的变化而变化;后者表示保持行不发生变化,而列标会随着公式列位置的变化而变化。

7. 跨工作表引用单元格或单元格区域

跨工作表引用是指在当前工作表中引用其他工作表内的单元格或单元格区域。引用格式:工作表名!单元格引用。

例如,在 Sheet2 表中引用 Sheet1 表中的单元格 B2,就可以在 Sheet2 表的公式中用"Sheet1!B2"表示。

如果引用的是单元格区域,比如在 Sheet2 表中引用 Sheet1 表中的 B2:E5 单元格区域,可以在 Sheet2 表的公式中用"Sheet1!B2:E5"表示。

3.3.3.2　使用函数

WPS 表格内置的函数是预先定义的执行计算、分析等处理数据任务的特殊公式。它包括财务、日期与时间、数学和三角函数、统计、查找与引用、数据库、文本、逻辑等多个方面。熟练地使用函数可以有效提高数据处理速度。

1. 函数结构

函数由函数名和相应的参数组成，其格式如下：

函数名(参数 1[,参数 2...])

例如 SUM(A1:A2)函数，SUM 为函数名，A1:A2 为参数，是一个单元格区域的引用。SUM()函数是一个求和函数，其功能是将各参数求和。

函数名及其功能由系统规定，用户不能改变，参数放在函数名后的圆括号内；参数可以是一个或多个，多个参数之间用逗号分隔。参数的类型可以是数值、名称、数组，或是包含数值的引用(单元格或单元格区域的地址表示)。

也有个别函数没有参数，称为无参函数。对于无参函数，函数名后面的圆括号不能省略。例如，NOW()函数就没有参数，它返回的是系统内部时钟的当前日期与时间。

2. 输入函数

当用户对某个函数名及使用很熟悉时，可以像输入公式那样直接输入函数。

一般情况下，可以使用函数向导来引导输入，其操作步骤如下。

步骤 1：选定需输入函数的单元格，如 D1。

步骤 2：在编辑栏中输入"="，随着函数名字母的逐个输入，系统会逐步给出更精确的提示，如图 3-78 所示，直到显示出要使用的函数后，直接从提示框中双击该函数，该函数会显示在编辑栏中，供编辑公式使用。在选择函数时还可以看到该函数的功能及使用技巧的视频介绍。

或者单击编辑栏左侧的 fx 图标，弹出"插入函数"对话框，如图 3-79 所示。通过查找或分类选择到要用的函数后，双击该函数，在弹出的"函数参数"对话框中进行参数设置，如图 3-80 所示。可以直接输入计算范围，也可以单击数值框右侧的"区域选择"按钮从工作表中选择计算范围，选择完成后按 Enter 键，最后单击"确定"按钮，计算结果如图 3-81 所示。

图 3-78　使用函数提示

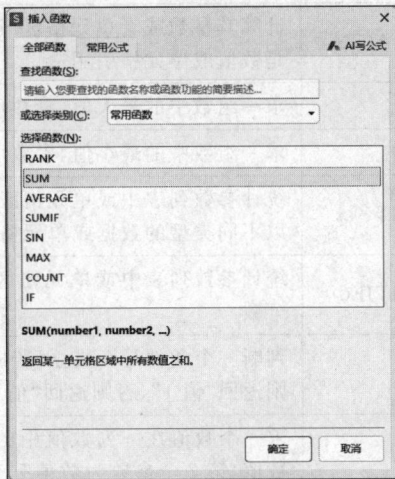

图 3-79　"插入函数"对话框

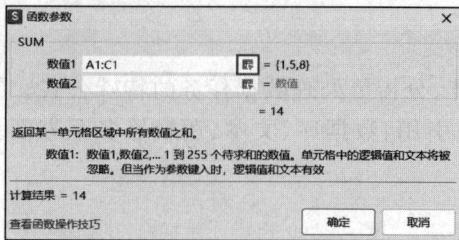

图 3-80 "函数参数"对话框

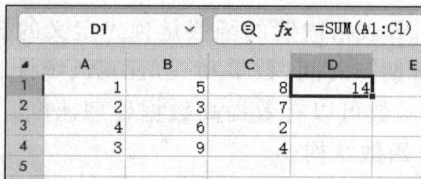

图 3-81 插入函数完成

3. 自动求和

系统提供了自动求和的功能,单击"开始"选项卡中的"求和"按钮即可实现。利用它可以对工作表中所选定的单元格进行自动求和,它实际上相当于 SUM()求和函数,但比插入函数更方便。如果单击下拉按钮,还可以求平均值、计数、最大值、最小值和插入其他函数。如图 3-82 所示。

自动求和有两种情况需要说明。

(1)单行或单列相邻单元格的求和。先选定要求和的单元格行或单元格列,然后单击"求和"按钮,求和结果将自动放在选定行的右方或选定列的下方单元格中。例如,对单元格区域 A1:A4 进行求和,首先选定单元格区域 A1:A4,单击"求和"按钮,求和结果会显示在单元格 A5 中。

(2)多行多列相邻单元格的求和。先选定需要求和的多行多列单元格区域,单击"求和"按钮,求和结果会显示在每列底部的对应单元格中。

图 3-82 "求和"
下拉列表

4. 常用函数

WPS 表格中内置的函数很多,表 3-2 中列出了常用函数及其功能。

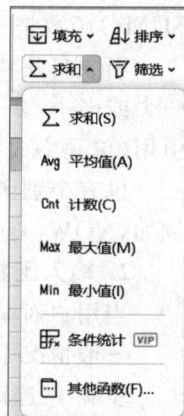

表 3-2 常用函数及其功能

函数名称	函数功能	举例
SUM()	计算其参数或者单元格区域中所有数值之和,参数可以是数值或单元格引用	SUM(C3:G7)
AVERAGE()	计算其参数或者单元格区域中所有数值的平均值,参数可以是数值或单元格引用	AVERAGE(C3:G7)
MAX()	求一组数中的最大值,参数可以是数值或单元格引用	MAX(A3:A10)
MIN()	求一组数中的最小值,参数可以是数值或单元格引用	MIN(A3:A10)
COUNT()	统计参数列表中或单元格区域中数值型数据的个数,参数可以不同类型的数据或单元格引用,但只对数值型数据计数	COUNT(C3:C10)
COUNTIF()	统计参数列表中或单元格区域中满足条件的数值型数据的个数	COUNTIF(C3:C10,">=60")
IF()	判断一个条件是否成立,若成立,即判断条件的值为 TRUE,则返回"值 1",否则返回"值 2"	IF(C3>=60,"及格","不及格")
RANK()	求一个数值在一列数值中的排名。第 1 个参数为要排名的数值,第 2 个参数为数值列表或数值列表引用,第 3 个参数为排名方式:0 降序,1 升序	RANK(C3,$C$3:$C$10,0)

函数名称	函 数 功 能	举　　例
VLOOKUP()	在表格或数值数组的首列查找指定的数值,并返回表格或数组当前行中指定列处的数值(默认情况下,表是升序的)	VLOOKUP(F1,A1:D7,3,0)

5. 函数嵌套

函数嵌套是指把一个函数作为另外一个函数的参数来使用,以满足更为复杂的计算需求。WPS 表格中函数最多可以有 65 级嵌套。

例如,ROUND(AVERAGE(MAX(A1:D5),MIN(A1:D5)),2),这是一个三重的函数嵌套,意思是将 A1:D5 单元格区域的最大值和最小值求平均值,对这个平均值四舍五入,保留两位小数。

任务 3.4　创建学生成绩图表

3.4.1　任务描述

王老师已经对同学们的成绩表进行了数据统计,但是这么多数字很难记忆,最好将其以图表的形式显示出来,以便更直观地查看这些数据。同学们的各科成绩使用柱形图显示,如图 3-83 所示;各科平均分使用折线图显示,如图 3-84 所示;大学英语各分数段人数占比使用饼图显示,如图 3-85 所示。

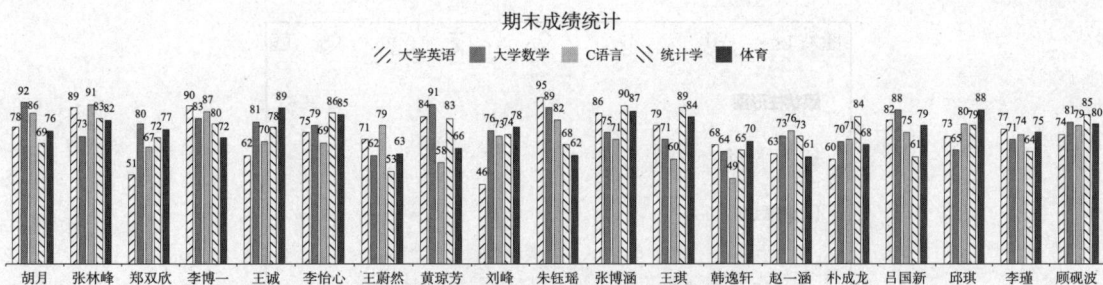

图 3-83　所有同学各科成绩柱形图

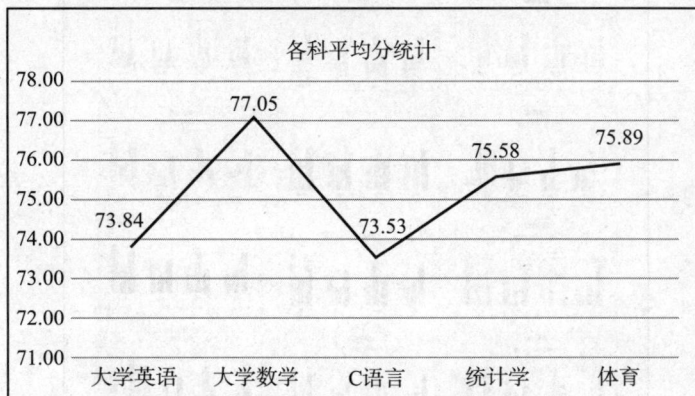

图 3-84　各科平均分折线图

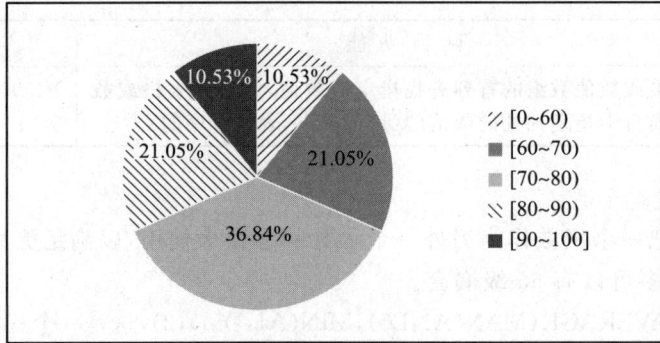

图 3-85　大学英语各分数段人数占比饼图

3.4.2　任务实施

1. 所有同学各科成绩柱形图

步骤 1：打开指定素材文件夹下的"3.4 素材.xlsx"文件。

步骤 2：选中 B2:G21 单元格区域。

步骤 3：插入柱形图。

方法 1：单击"插入"选项卡，在该选项卡中单击"插入柱形图"按钮，在弹出的下拉列表中选择簇状柱形图中第一个预设的簇状柱形图缩略图即可，如图 3-86 所示。

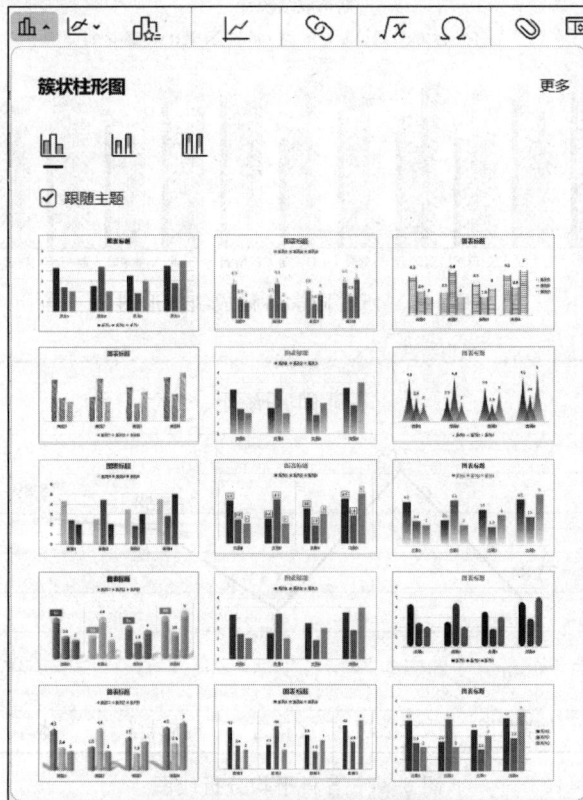

图 3-86　"插入柱形图"下拉列表中的簇状柱形图类型

方法 2：单击"插入"选项卡，在该选项卡中单击"图表"按钮，弹出"图表"对话框，在对话框左侧选择"柱形图"，在右上方选择"簇状"选项，在下面列示的簇状柱形图类型中选择第一个预设的簇状柱形图缩略图即可，如图 3-87 所示。

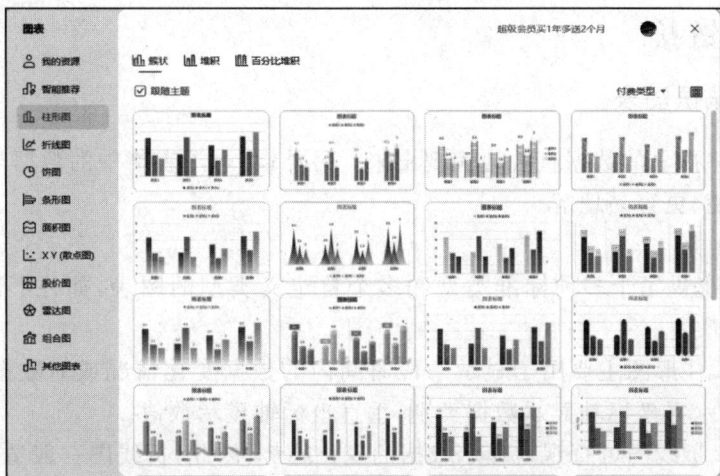

图 3-87 "图表"对话框中的簇状柱形图类型

步骤 4：设置图表样式。双击图表标题，修改为"期末成绩统计"；用鼠标左键按住图例，将图例拖动到图表标题下；调整整个图表到合适大小。

步骤 5：为图表系列添加数据标签。选中图表，单击"图表工具"选项卡中的"添加元素"按钮，在弹出的下拉列表中选择"数据标签"选项，在"数据标签"的下一级菜单中选择数据显示的位置，这里选择"数据标签外"。

步骤 6：在图表上按住鼠标左键拖动整个图表将其移动到数据下方，最后的效果如图 3-83 所示。

2. 各科平均分折线图

步骤 1：先选中 C2:G2 单元格区域，按住 Ctrl 键，框选 C23:G23 单元格区域。

步骤 2：插入折线图，参考插入柱形图的操作方法。

步骤 3：设置图表样式。双击图标标题，修改为"各科平均分统计"；调整图表到合适大小。

步骤 4：添加数据标签，参考柱形图插入数据标签的方法，最后的效果如图 3-84 所示。

3. 大学英语各分数段人数占比饼图

步骤 1：先选中 L6:Q6 单元格区域，按住 Ctrl 键，框选 L8:Q8 单元格区域。

步骤 2：插入饼图，参考插入柱形图的操作方法。

步骤 3：设置图表样式。双击图标标题，修改为"大学英语各分数段人数占比"；拖动图例到图表的右侧，右击图例，在弹出的快捷菜单中选择"字体"按钮，在弹出的"字体"对话框中设置字号为"12"，如图 3-88 所示，调整图表到合适大小。

步骤 4：添加数据标签，参考柱形图插入数据标签的方法。

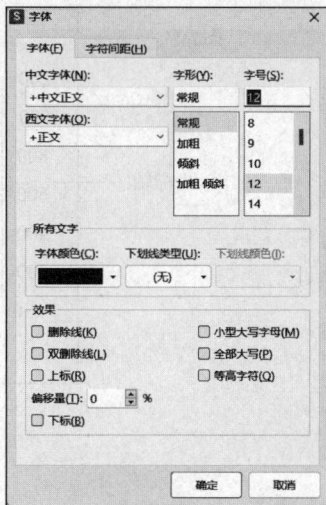

图 3-88 饼图图例字号设置

注意,数据标签位置选择"数据标签内",最后的效果如图 3-85 所示。

4. 保存

单击快速访问工具栏中的"保存"按钮,保存完成所有统计后的表格。

3.4.3 知识链接

3.4.3.1 认识图表

利用图表可将抽象的数据直观地表现出来。另外,将电子表格中的数据与图形联系起来,会让数据更加清楚、更容易理解。

1. 图表类型

WPS Office 提供了十多种标准类型和多个自定义类型的图表,如柱形图、折线图、条形图、饼图等。

（1）柱形图。柱形图主要用于显示一段时间内的数据变化情况或对数据进行对比分析。在柱形图中,通常水平坐标轴显示数据类别,垂直坐标轴显示数值。

（2）折线图。折线图可直观地显示数据的变化趋势,因此,折线图一般适用于显示在相等时间间隔下数据的变化趋势。在折线图中,沿水平坐标轴均匀分布的是类别数据,沿垂直坐标轴分布的是所有值。

（3）条形图。条形图主要用于显示各项目之间的比较情况,使项目之间的对比关系一目了然。如果表格中的数据是持续型的,那么选择条形图是非常适合的。

（4）饼图。饼图用于显示相应数据项占该数据系列总和的比例,饼图中的数据为数据项所占的比例。饼图通常应用于市场份额分析等,它能直观地表达出每一块区域所占的比例大小。

2. 图表元素

图表中包含许多元素,默认情况下只显示其中部分元素,其他元素则可根据需要添加。图表元素主要包括图表区、图表标题、坐标轴（水平坐标轴和垂直坐标轴）、图例、绘图区、数据系列等。图 3-89 所示为簇状柱形图。

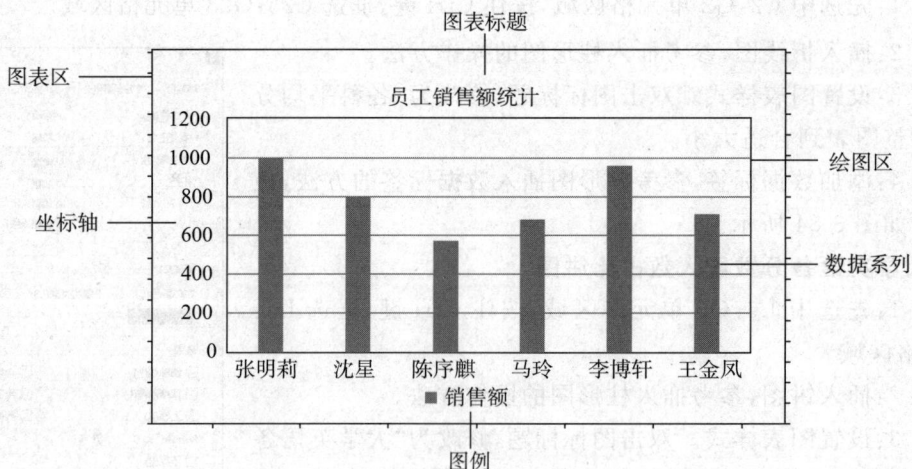

图 3-89　簇状柱形图

（1）图表区。图表区是指包含整个图表及全部图表元素的区域。图表区的设置包括对图表区的背景进行填充、对图表区的边框进行设置，以及对三维图表格式进行设置等。

（2）图表标题。图表标题一般是一段文本，对图表起补充说明作用。创建图表时，系统一般会自动添加图表标题。若图表中未显示标题，则可以手动添加，将其放在图表上方或下方。

（3）坐标轴。坐标轴用于对数据进行度量和分类，它包括水平坐标轴和垂直坐标轴，垂直坐标轴显示图表数据，水平坐标轴显示数据分类。

（4）图例。图例用于标识图表中的数据系列或分类指定的图案或颜色。图例一般显示在图表区的右侧，但图例的位置不是固定不变的，可以根据需要进行移动。

（5）绘图区。绘图区是由坐标轴界定的区域。在二维图表中，绘图区包括所有数据系列。而在三维表中，绘图区除了包括所有数据系列外，还包括分类名、刻度线标志和坐标轴标题。

（6）数据系列。数据系列即在图表中绘制的相关数据，这些数据来源于工作表的行或列。图表中的每个数据系列都具有唯一的颜色或图案，并且表示在图表的图例中。可以在图表中绘制一个或多个数据系列。

3.4.3.2　创建图表

方法 1：以创建簇状柱形图为例。选中用于创建图表的数据区域，单击"插入"选项卡中的"插入柱形图"下拉按钮，在下拉菜单中选择"簇状柱形图"选项，再单击某个柱形图的缩略图即可完成插入操作，如图 3-86 所示。

方法 2：单击"插入"选项卡中的"图表"按钮，在左侧选择对应的图表类型，如柱形图、折线图、饼图、条形图、面积图等，在右侧选择对应类别下的图表类型缩略图即可完成插入操作，如图 3-87 所示。

3.4.3.3　编辑图表

用户可以对创建的图表进行编辑，更改图表类型，修改图表标题、图表图例项，添加数据标识等。单击图表后，在"图表工具"选项卡中可以对图表的参数进行设置，如添加元素、快速布局、设置图表样式、更改图表类型、切换行列、选择数据、移动图表等，还可以选择具体的图表元素进行格式设置和重置样式。

（1）修改图表标题。在"图表标题"文字上双击，输入新的标题文字。

（2）更改图表类型。选中图表，单击"图表工具"选项卡中的"更改类型"按钮，打开"更改图表类型"对话框，如图 3-87 所示，WPS 表格提供了大量的在线图表样式供用户选择，选择需要的图表类型即可。

（3）修改图例位置。选中图表，单击"图表工具"选项卡中的"添加元素"下拉按钮，在下拉菜单中选择"图例"选项，在右侧的菜单中选择图例的位置，或者在图例上按住鼠标左键，将图例拖动到要修改的位置。

任务 3.5　管理学生成绩

3.5.1　任务描述

王老师对学生成绩表进行基本的统计后，觉得还需要对学生成绩表做进一步管理，以便对成绩进行统计和分析，这些管理包括排序、筛选、分类汇总等。对学生成绩表按名次进行升序排序，结果如图 3-90 所示；对学生成绩表进行筛选，显示"23 软件 2 班"的学生成绩数据，筛选后的结果如图 3-91 所示；对学生成绩表进行分类汇总，按照班级统计每个班级各科的平均分，结果如图 3-92 所示。

期末考试成绩统计表

学号	姓名	大学英语	大学数学	C语言	统计学	体育	总分	平均分	名次
23001202	张林峰	89	73	91	83	82	418	83.6	1
23001204	李博一	90	83	87	80	72	412	82.4	2
23001211	张博涵	86	75	71	90	87	409	81.8	3
23001201	胡月	78	92	86	69	76	401	80.2	4
23001219	顾砚波	74	81	79	85	80	399	79.8	5
23001210	朱钰瑶	95	89	82	68	62	396	79.2	6
23001206	李怡心	75	79	69	86	85	394	78.8	7
23001216	吕国新	82	88	75	61	79	385	77	8
23001217	邱琪	73	65	80	79	88	385	77	8
23001212	王琪	79	71	60	89	84	383	76.6	10
23001208	黄琼芳	84	91	58	83	66	382	76.4	11
23001205	王诚	62	81	70	78	89	380	76	12
23001218	李瑾	77	71	74	64	75	361	72.2	13
23001215	朴成龙	60	70	71	84	68	353	70.6	14
23001203	郑双欣	51	80	67	72	77	347	69.4	15
23001209	刘峰	46	76	73	74	78	347	69.4	15
23001214	赵一涵	63	73	76	73	61	346	69.2	17
23001207	王蔚然	71	62	79	53	63	328	65.6	18
23001213	韩逸轩	68	64	49	65	70	316	63.2	19

图 3-90　学生成绩表排序结果

期末考试成绩统计表

学号	姓名	班级	大学英语	大学数学	C语言	统计学	体育	总分	平均分	名次
23001207	王蔚然	23软件2班	71	62	79	53	63	328	65.6	18
23001208	黄琼芳	23软件2班	84	91	58	83	66	382	76.4	11
23001209	刘峰	23软件2班	46	76	73	74	78	347	69.4	15
23001210	朱钰瑶	23软件2班	95	89	82	68	62	396	79.2	6
23001211	张博涵	23软件2班	86	75	71	90	87	409	81.8	3
23001212	王琪	23软件2班	79	71	60	89	84	383	76.6	10
23001213	韩逸轩	23软件2班	68	64	49	65	70	316	63.2	19

图 3-91　学生成绩表筛选结果

期末考试成绩统计表

	学号	姓名	班级	大学英语	大学数学	C语言	统计学	体育	总分	平均分	名次
3	23001201	胡月	23软件1班	78	92	86	69	76	401	80.2	4
4	23001202	张林峰	23软件1班	89	73	91	83	82	418	83.6	1
5	23001203	郑双欣	23软件1班	51	80	67	72	77	347	69.4	15
6	23001204	李博一	23软件1班	90	83	87	80	72	412	82.4	2
7	23001205	王诚	23软件1班	62	81	70	78	89	380	76	12
8	23001206	李怡心	23软件1班	75	79	69	86	85	394	78.8	7
9			23软件1班 平	74.17	81.33	78.33	78.00	80.17			
10	23001207	王蔚然	23软件2班	71	62	79	53	63	328	65.6	18
11	23001208	黄琼芳	23软件2班	84	91	58	83	66	382	76.4	11
12	23001209	刘峰	23软件2班	46	76	73	74	78	347	69.4	15
13	23001210	朱钰瑶	23软件2班	95	89	82	68	62	396	79.2	6
14	23001211	张博涵	23软件2班	86	75	71	90	87	409	81.8	3
15	23001212	王琪	23软件2班	79	71	60	89	84	383	76.6	10
16	23001213	韩逸轩	23软件2班	68	64	49	65	70	316	63.2	19
17			23软件2班 平	75.57	75.43	67.43	74.57	72.86			
18	23001214	赵一涵	23软件3班	63	73	76	73	61	346	69.2	17
19	23001215	朴成龙	23软件3班	60	70	71	84	68	353	70.6	14
20	23001216	吕国新	23软件3班	82	88	75	61	79	385	77	8
21	23001217	邱琪	23软件3班	73	65	80	79	88	385	77	8
22	23001218	李瑾	23软件3班	77	71	74	64	75	361	72.2	13
23	23001219	顾砚波	23软件3班	74	81	79	85	80	399	79.8	5
24			23软件3班 平	71.50	74.67	75.83	74.33	75.17			
25			总平均值	73.84	77.05	73.53	75.58	75.89			

图 3-92　学生成绩表分类汇总结果

3.5.2　任务实施

1. 排序

（1）将所有学生成绩按名次升序排序，操作步骤如下。

步骤 1：打开指定素材文件夹中"3.5 素材.xlsx"文件，单击"排序"工作表。

步骤 2：选中"排序"工作表中"名次"列下的任意单元格。

步骤 3：单击"开始"或"数据"选项卡中的"排序"下拉按钮，在下拉列表中单击"升序"选项，所有学生的成绩记录将按照名次升序重新排列。排序结果如图 3-90 所示。

（2）如果名次相同，则按照 C 语言成绩高低进行排序，操作步骤如下。

步骤 1：打开指定素材文件夹中"3.5 素材 . xlsx"文件，单击"自定义排序"工作表。

步骤 2：选中 A2:J21 单元格区域，单击"数据"选项卡中的"排序"下拉按钮，在下拉列表中单击"自定义排序"选项，打开"排序"对话框，单击主要关键字文本框后面的下拉按钮，在下拉列表框中选择"名次"，单击"+添加条件"按钮即可添加"次要关键字"，单击次要关键字文本框后面的下拉按钮，在下拉列表框中选择"C 语言"，单击"次序"文本框后面的下拉按钮，在下拉列表框中选择"降序"，其他采用默认值。

2．筛选

（1）自动筛选。添加"班级"列，筛选条件为班级＝"23 软件 2 班"，操作步骤如下。

步骤 1：单击"筛选"工作表。

步骤 2：在"姓名"列后插入"班级"列，输入学生所在的班级名称，如图 3-93 所示。

	A	B	C	D
1				
2	学号	姓名	班级	大学英语
3	23001201	胡月	23软件1班	78
4	23001202	张林峰	23软件1班	89
5	23001203	郑双欣	23软件1班	51
6	23001204	李博一	23软件1班	90
7	23001205	王诚	23软件1班	62
8	23001206	李怡心	23软件1班	75
9	23001207	王蕭然	23软件2班	71
10	23001208	黄琼芳	23软件2班	84
11	23001209	刘峰	23软件2班	46
12	23001210	朱钰瑶	23软件2班	95
13	23001211	张博涵	23软件2班	86
14	23001212	王琪	23软件2班	79
15	23001213	韩逸轩	23软件2班	68
16	23001214	赵一涵	23软件3班	63
17	23001215	朴成龙	23软件3班	60
18	23001216	吕国新	23软件3班	82
19	23001217	邱琪	23软件3班	73
20	23001218	李瑾	23软件3班	77
21	23001219	顾砚波	23软件3班	74

图 3-93　插入"班级"列及输入数据

步骤 3：选中 A2:K21 数据区域，单击"开始"选项卡中的"筛选"按钮，数据区域中每个列标题旁边都出现一个下拉按钮，如图 3-94 所示。

步骤 4：单击"班级"列旁边的下拉按钮，在弹出的"筛选"对话框中，只勾选"23 软件 2 班"复选框，如图 3-95 所示，单击"确定"按钮即完成对数据的筛选，结果如图 3-91 所示。

（2）自定义筛选。筛选条件为"70＜＝大学英语＜＝80"。

打开指定素材文件夹中"3.5 素材 . xlsx"文件，单击"自定义筛选"工作表，具体操作步骤请参考"知识链接"中的关于"自定义筛选"部分的内容。

（3）高级筛选。筛选条件为"大学英语＞＝80 并且总分＞＝380"。

打开指定素材文件夹中"3.5 素材 . xlsx"文件，单击"高级筛选"工作表，具体操作步骤请参考"知识链接"中的关于"高级筛选"部分的内容。

	A	B	C	D	E	F	G	H	I	J	K
1					期末考试成绩统计表						
2	学号	姓名	班级	大学英语	大学数学	C语言	统计学	体育	总分	平均分	名次
3	23001201	胡月	23软件1班	78	92	86	69	76	401	80.2	4
4	23001202	张林峰	23软件1班	89	73	91	83	82	418	83.6	1
5	23001203	郑双欣	23软件1班	51	80	67	72	77	347	69.4	15
6	23001204	李博一	23软件1班	90	83	87	80	72	412	82.4	2
7	23001205	王诚	23软件1班	62	81	70	78	89	380	76	12
8	23001206	李怡心	23软件1班	75	79	69	86	85	394	78.8	7
9	23001207	王蔼然	23软件2班	71	62	79	53	63	328	65.6	18
10	23001208	黄琼芳	23软件2班	84	91	58	83	66	382	76.4	11
11	23001209	刘峰	23软件2班	46	76	73	74	78	347	69.4	15
12	23001210	朱钰瑶	23软件2班	95	89	82	68	62	396	79.2	6
13	23001211	张博涵	23软件2班	86	75	71	90	87	409	81.8	3
14	23001212	王琪	23软件2班	79	71	60	89	84	383	76.6	10
15	23001213	韩逸轩	23软件2班	68	64	49	65	70	316	63.2	19
16	23001214	赵一涵	23软件3班	63	73	76	73	61	346	69.2	17
17	23001215	朴成龙	23软件3班	60	70	71	84	68	353	70.6	14
18	23001216	吕国新	23软件3班	82	88	75	61	79	385	77	8
19	23001217	邱琪	23软件3班	73	65	80	79	88	385	77	8
20	23001218	李瑾	23软件3班	77	71	74	64	75	361	72.2	13
21	23001219	顾砚波	23软件3班	74	81	79	85	80	399	79.8	5

图 3-94 单击"筛选"按钮后的效果

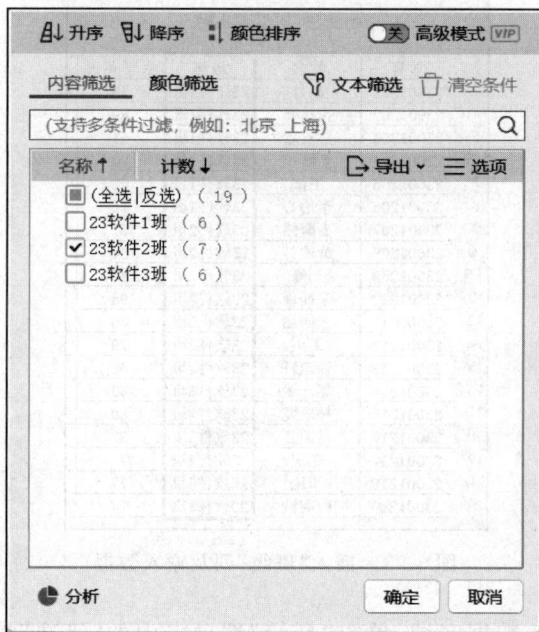

图 3-95 "筛选"对话框

3. 分类汇总

按照"班级"分类,对各科成绩字段的"平均值"进行汇总,操作步骤如下。

步骤 1:单击选择"分类汇总"工作表。

步骤 2:选中"班级"列下任意单元格,单击"开始"选项卡中的"排序"按钮,将所有数据按照"班级"排序。

步骤 3:选中 A2:K21 单元格区域。

步骤 4:单击"数据"选项卡中的"分类汇总"按钮,弹出"分类汇总"对话框,如图 3-96 所示。在"分类字段"下选择"班级","汇总方式"选择"平均值","选定汇总项"中勾选"大学英语""大

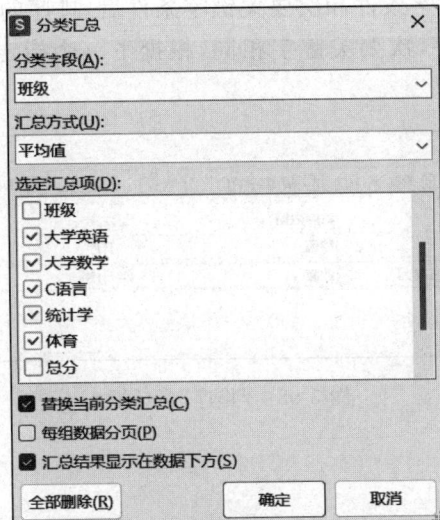

图 3-96　"分类汇总"对话框

学数学""C 语言""统计学""体育"5 个复选框,单击"确定"按钮。

步骤 5:不连续选择 D9:H9、D17:H17、D24:H24.D25:H25 单元格区域,右击,在弹出的快捷菜单中选择"设置单元格格式"选项,在"数字"选项卡的"分类"下选择"数值",设置小数点位数为 2,单击"确定"按钮。

步骤 6:选中 D9:H9 单元格区域,单击"开始"选项卡中的"填充颜色"下拉按钮,在弹出的调色板中选择"猩红,着色 6,浅色 60%"。依次将 D17:H17、D24:H24、D25:H25 单元格区域填充上同样颜色。最后的结果如图 3-92 所示。

4. 保存

单击快速访问工具栏中的"保存"按钮,保存完成所有统计后的表格。

3.5.3　知识链接

3.5.3.1　排序

排序是对工作表中的数据根据一列或多列数据的大小进行重新组织排列的一种方式。这里的一列或多列称为排序的关键字段。排序依据常见的是数值,还可以是单元格颜色、字体颜色、条件格式图标。汉字排序时可以指定是按照拼音排序还是按照笔画排序。

1. 简单排序

简单排序是指只将表中的一列作为排序关键字段进行排序。在"开始"或"数据"选项卡中,单击如图 3-97 所示的"排序"下拉按钮,单击下拉列表中的"升序"或"降序"选项,实现按活动单元格所在列的升序或降序重新排列数据。

2. 自定义排序

自定义排序是指将表中的多列作为排序关键字段进行排序。依次单击"排序"→"自定义排序"选项,打开"排序"对话框,默认含有"主要关键字"项,单击"+添加条件"按钮即可添加"次要关键字"

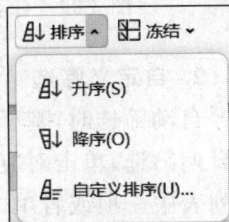

图 3-97　"开始"选项卡中的
"排序"下拉列表

项，在对话框中设置主要关键字条件和次要关键字条件后，排序的数据将在主要关键字相同的情况下，根据次要关键字排序，次要关键字相同，根据下一个指定的次要关键字排序，以此类推，如图 3-98 所示。

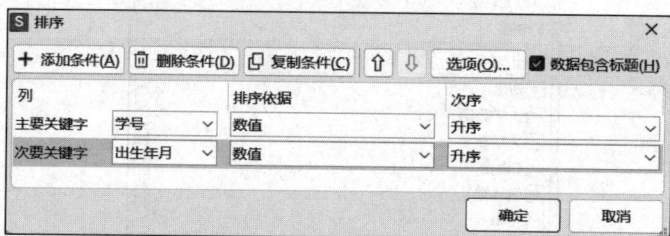

图 3-98 "排序"对话框

3.5.3.2 筛选

筛选是按照用户的查看要求，只显示工作表中满足条件的行，暂时将不满足条件的行隐藏起来。与排序不同的是，筛选不重新排列数据。

1. 自动筛选

首先选中要筛选的数据区域，然后在"开始"或"数据"选项卡中单击"筛选"按钮，"筛选"按钮呈选中状态，数据区域中每个列标题右侧出现下拉箭头，如图 3-99 所示。单击筛选条件对应列的下拉箭头，这里选择"姓名"列的下拉箭头，弹出下拉列表，如图 3-100 所示。勾选筛选条件对应的筛选值，被勾选筛选值的对应数据行将会显示，未被勾选筛选值的对应数据行将被隐藏。再次单击"筛选"按钮，按钮呈非选中状态，列标题右侧下拉箭头消失，退出筛选。

图 3-99 自动筛选列标题旁出现下拉箭头

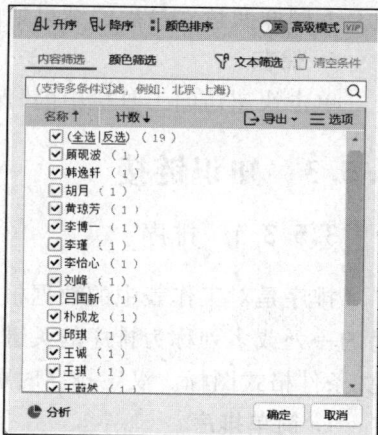

图 3-100 单击下拉箭头选择筛选项

2. 自定义筛选

自动筛选时，基于数据列的数据类型，在"筛选"对话框中会对应出现文本筛选、数字筛选和日期筛选，单击对应的筛选按钮，会弹出一个下拉列表，如图 3-101 所示。根据要求单击下拉列表中一项或者单击最后一项"自定义筛选"，都会弹出"自定义自动筛选方式"对话框，在对话框中进行自定义筛选条件的设置即可，如图 3-102 所示。

116

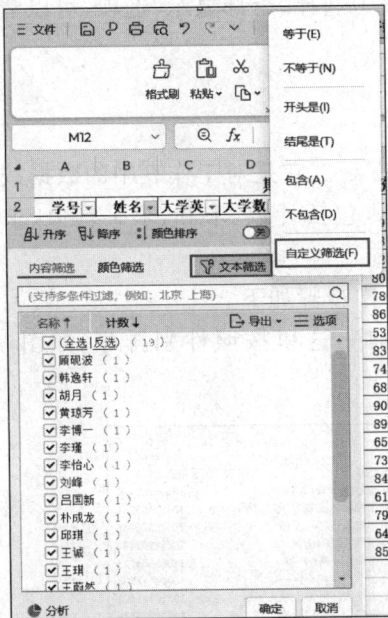

图 3-101　自定义筛选

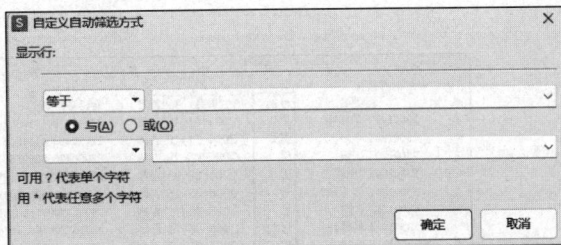

图 3-102　"自定义自动筛选方式"对话框

3. 高级筛选

高级筛选是读取在某个区域中事先录入的筛选条件,依据筛选条件对指定工作表进行筛选,筛选的结果可以输出在原表上,也可以输出到其他指定位置。

在未做高级筛选的"3.5 素材.xlsx"文件上进行高级筛选,操作步骤如下。

步骤 1:打开"3.5 素材.xlsx"文件,单击"高级筛选"工作表。

步骤 2:建立一个筛选条件区域,用来指定筛选条件。条件区域的第

大学英语	总分
>=80	>=380

图 3-103　"高级筛选"
条件区域

1 行为筛选条件的字段名,这些字段名与原始表中字段名必须完全一致;
条件区域的第 2 行为指定条件。如图 3-103 所示,制定筛选条件为"大学
英语>=80 并且总分>=380"。

步骤 3:依次单击"开始"或"数据"选项卡中的"筛选"→"高级筛选"按钮,弹出"高级筛选"对话框,"方式"默认为"在原有区域显示筛选结果","列表区域"框选工作表中要筛选的数据单元格区域 A2:J21,"条件区域"框选条件单元格区域,单击"确定"按钮,如图 3-104 所示。高级筛选的结果如图 3-105 所示。

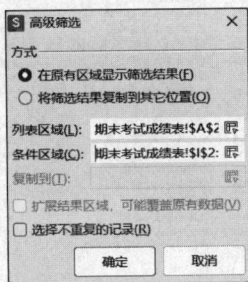

图 3-104　"高级筛选"对话框

图 3-105　高级筛选的结果

117

单击“开始”选项卡中的“筛选”下拉按钮，在下拉列表中选择“全部显示”选项，可以清除筛选结果，显示工作表中的原数据区域。

3.5.3.3　分类汇总

分类汇总是对工作表中的数据进行统计分析的一种方法。它是对工作表中的数据按指定列的列值先进行排序，然后对同一类的记录进行分类汇总，包括计数、求和、求平均值、求最大值、求最小值等。

以任务 3.1 中的学生基本信息表为例，分类汇总的操作步骤如下。

步骤 1：选中数据区域，按照分类的列(字段)进行排序，这里按照性别排序，如图 3-106 所示。

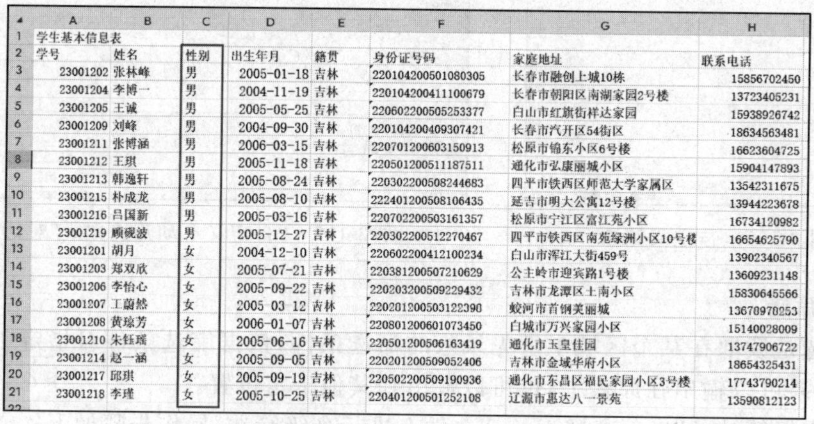

学生基本信息表							
学号	姓名	性别	出生年月	籍贯	身份证号码	家庭地址	联系电话
23001202	张林峰	男	2005-01-18	吉林	220104200501080305	长春市融创上城10栋	15856702450
23001204	李博一	男	2004-11-19	吉林	220104200411100679	长春市朝阳区南湖家园2号楼	13723405231
23001205	王诚	男	2005-05-25	吉林	220602200505253377	白山市红旗街祥达家园	15938926742
23001209	刘峰	男	2004-09-30	吉林	220104200409307421	长春市汽开区54街区	18634563481
23001211	张博涵	男	2006-03-15	吉林	220701200603150913	松原市锦东小区6号楼	16623604725
23001212	王琪	男	2005-11-18	吉林	220501200511187511	通化市弘康丽城小区	15904147893
23001213	韩逸轩	男	2005-08-24	吉林	220302200508244683	四平市铁西区师范大学家属区	13542311675
23001215	朴成龙	男	2005-08-10	吉林	222401200508106435	延吉市明大公寓12号楼	13944223678
23001216	吕国新	男	2005-03-16	吉林	220702200503161357	松原市宁江区富江苑小区	16734120982
23001219	顾砚波	男	2005-12-27	吉林	220302200512270467	四平市铁西区南苑绿洲小区10号楼	16654625790
23001201	胡月	女	2004-12-10	吉林	220602200412100234	白山市浑江大街459号	13902340567
23001203	郑双欣	女	2005-07-21	吉林	220381200507210629	公主岭市迎宾路1号楼	13609231148
23001206	李怡心	女	2005-09-22	吉林	220203200509229432	吉林市龙潭区土南小区	15830645566
23001207	王蔚然	女	2005-03-12	吉林	220201200503122390	蛟河市首钢美丽城	13678978253
23001208	黄琼芳	女	2006-01-07	吉林	220801200601073450	白城市万兴家园小区	15140028009
23001210	朱钰瑶	女	2005-06-16	吉林	220501200506163419	通化市玉皇佳园	13747906722
23001214	赵一涵	女	2005-09-05	吉林	220201200509052406	吉林市金域华府小区	18654325431
23001217	邱琪	女	2005-09-19	吉林	220502200509190936	通化市东昌区福民家园小区3号楼	17743790214
23001218	李瑾	女	2005-10-25	吉林	220401200501252108	辽源市惠达八一景苑	13590812123

图 3-106　按照性别排序后的数据

步骤 2：单击“数据”选项卡中的“分类汇总”按钮，弹出“分类汇总”对话框，如图 3-107 所示。“分类字段”是选择分类的条件依据，这里选择“性别”；“汇总方式”是对汇总项进行统计的方式，这里选择“计数”；“选定汇总项”是选择需要进行汇总统计的数据项，勾选“性别”复选框，对不同性别的人数进行计数统计，单击“确定”按钮，分类汇总后的结果如图 3-108 所示。

图 3-107　“分类汇总”对话框

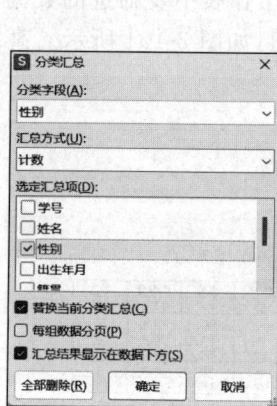

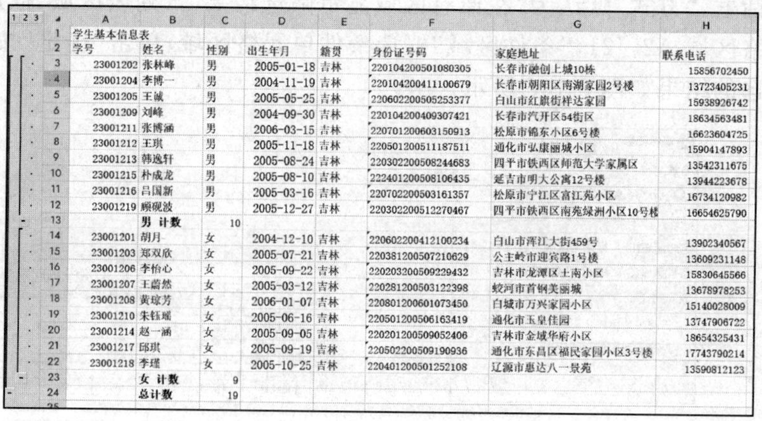

学生基本信息表							
学号	姓名	性别	出生年月	籍贯	身份证号码	家庭地址	联系电话
23001202	张林峰	男	2005-01-18	吉林	220104200501080305	长春市融创上城10栋	15856702450
23001204	李博一	男	2004-11-19	吉林	220104200411100679	长春市朝阳区南湖家园2号楼	13723405231
23001205	王诚	男	2005-05-25	吉林	220602200505253377	白山市红旗街祥达家园	15938926742
23001209	刘峰	男	2004-09-30	吉林	220104200409307421	长春市汽开区54街区	18634563481
23001211	张博涵	男	2006-03-15	吉林	220701200603150913	松原市锦东小区6号楼	16623604725
23001212	王琪	男	2005-11-18	吉林	220501200511187511	通化市弘康丽城小区	15904147893
23001213	韩逸轩	男	2005-08-24	吉林	220302200508244683	四平市铁西区师范大学家属区	13542311675
23001215	朴成龙	男	2005-08-10	吉林	222401200508106435	延吉市明大公寓12号楼	13944223678
23001216	吕国新	男	2005-03-16	吉林	220702200503161357	松原市宁江区富江苑小区	16734120982
23001219	顾砚波	男	2005-12-27	吉林	220302200512270467	四平市铁西区南苑绿洲小区10号楼	16654625790
	男 计数	10					
23001201	胡月	女	2004-12-10	吉林	220602200412100234	白山市浑江大街459号	13902340567
23001203	郑双欣	女	2005-07-21	吉林	220381200507210629	公主岭市迎宾路1号楼	13609231148
23001206	李怡心	女	2005-09-22	吉林	220203200509229432	吉林市龙潭区土南小区	15830645566
23001207	王蔚然	女	2005-03-12	吉林	220281200503122398	蛟河市首钢美丽城	13678978253
23001208	黄琼芳	女	2006-01-07	吉林	220801200601073450	白城市万兴家园小区	15140028009
23001210	朱钰瑶	女	2005-06-16	吉林	220501200506163419	通化市玉皇佳园	13747906722
23001214	赵一涵	女	2005-09-05	吉林	220201200509052406	吉林市金域华府小区	18654325431
23001217	邱琪	女	2005-09-19	吉林	220502200509190936	通化市东昌区福民家园小区3号楼	17743790214
23001218	李瑾	女	2005-10-25	吉林	220401200501252108	辽源市惠达八一景苑	13590812123
	女 计数	9					
	总计数	19					

图 3-108　分类汇总后的结果

如图 3-108 所示，在表格的左上角有三个数字按钮，称为"分级显示级别按钮"，单击这些按钮可以分级显示汇总结果；表格左侧的"－"按钮是隐藏明细数据按钮，单击该按钮可隐藏该按钮所包含的明细数据，并切换到"＋"按钮，"＋"按钮是显示明细数据按钮，单击该按钮可显示该按钮上部中括号所包含的明细数据，并切换到"－"按钮。

在含有分类汇总的数据表区域中，单击任意一个单元格，在"数据"选项卡单击"分类汇总"按钮，在弹出的"分类汇总"对话框中单击"全部删除"按钮即可消除分类汇总的结果。

3.5.3.4　合并计算

合并计算能够帮助用户将模板统一的多个单元格区域中的数据，按照项目的匹配，对同类数据进行汇总。数据汇总的方式包括求和、计数、平均值、最大值、最小值等。这里的单元格区域可以来源于同一个工作表，也可以来源于不同的工作表甚至不同的工作簿。

如图 3-109 所示，是在一张工作表上的两个地区 4 种商品 1 月和 2 月的销售量，现在对两个地区的商品销售量进行汇总，操作步骤如下。

步骤 1：选中工作表中任一空白单元格，比如选择单元格 A10。

步骤 2：单击"数据"选项卡中的"合并计算"按钮，弹出"合并计算"对话框，如图 3-110 所示。

图 3-109　不同地区商品销售量

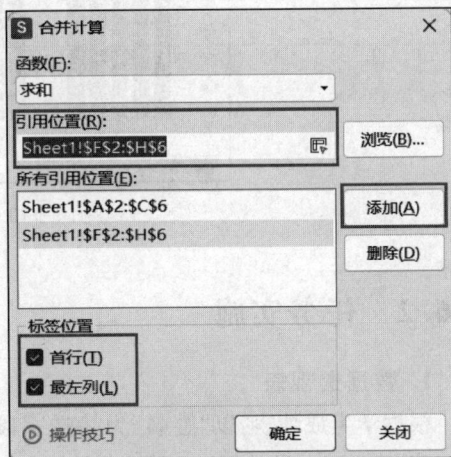

图 3-110　"合并计算"对话框

步骤 3：在"函数"下选择"求和"。

步骤 4：在"引用位置"处单击右侧 按钮，框选数据单元格区域 A2：C6，单击"添加"按钮，将框选的引用位置添加到"所有引用位置"列表框中。

步骤 5：再次单击"引用位置"处的 按钮，框选数据单元格区域 F2：H6，单击"添加"按钮，将第 2 个框选的引用位置添加到"所有引用位置"列表框中，如果还有要合并计算的区域，继续添加，直到所有合并计算的数据区域全部添加到列表框中。

步骤 6：在"标签位置"处勾选"首行"和"最左列"复选框。

步骤 7：单击"确定"按钮，合并计算的结果如图 3-111 所示。

10		1月	2月
11	显示器	400	800
12	机箱	520	400
13	路由器	600	620
14	音箱	200	560

图 3-111　合并计算的结果

任务 3.6 创建学生成绩透视表和透视图

3.6.1 任务描述

为了对学生成绩做多层次、多角度的分析，王老师针对学生成绩表创建了数据透视表和数据透视图，如图 3-112 和图 3-113 所示。

姓名	(全部)				
班级	求和项:大学英语	求和项:大学数学	求和项:C语言	求和项:统计学	求和项:体育
23软件1班	445	488	470	468	481
23软件2班	529	528	472	522	510
23软件3班	429	448	455	446	451
总计	1403	1464	1397	1436	1442

图 3-112 学生成绩数据透视表

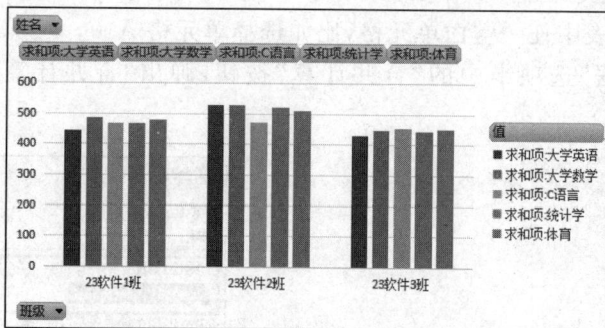

图 3-113 学生成绩数据透视图

3.6.2 任务实施

1. 数据透视表

根据学生成绩表，以"姓名"为筛选字段，以"班级"为行字段，以"大学英语""大学数据""C 语言"为求和项，创建数据透视图。

步骤 1：打开指定素材文件夹下的"3.6 素材.xlsx"文件。

步骤 2：选中数据源中任一单元格。

步骤 3：单击"数据"选项卡中的"数据透视表"按钮，弹出"创建数据透视表"对话框，如图 3-114 所示。在"请选择单元格区域"下选择源数据区域，在"请选择放置数据透视表的位置"下默认选择"新工作表"单选按钮，单击"确定"按钮。

步骤 4：在弹出的"数据透视表"任务窗格中，将"字段列表"下的"姓名"字段拖至"筛选器"区域中，"班级"字段拖至"行"区域中，"大学英语""大学数学""C 语言""统计学""体育"字段拖至"值"区域中，如图 3-115 所示，字段拖动完即在新工作表 Sheet2 中创建了数据透视表。

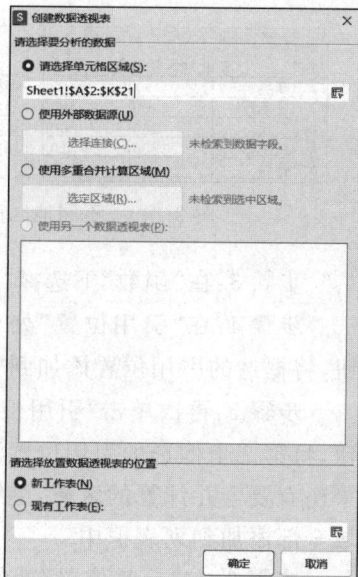

图 3-114 "创建数据透视表"对话框

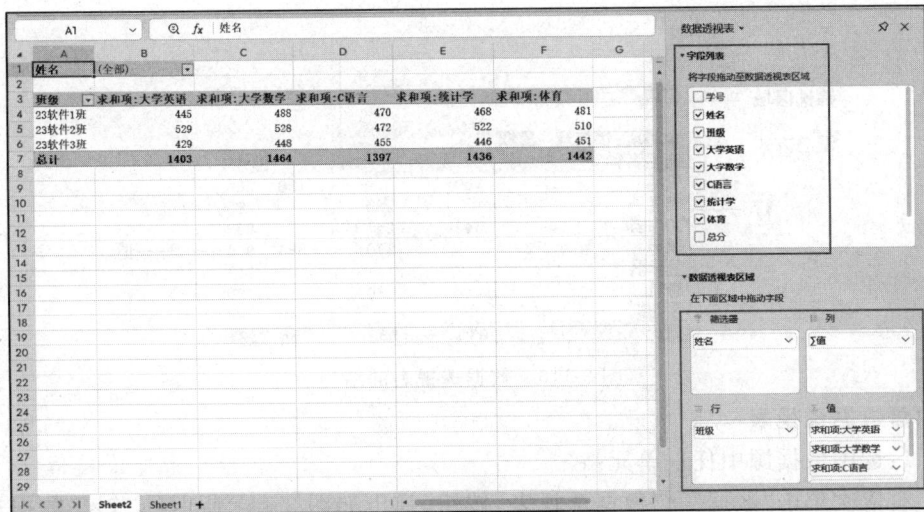

图 3-115　设置数据透视表

2. 数据透视图

依据创建的学生成绩数据透视表,创建数据透视图。

步骤 1:选中数据透视表中任一单元格。

步骤 2:单击"插入"选项卡中的"数据透视图"按钮。

步骤 3:在弹出的"图表"对话框中选择"柱形图"分类下的"簇状"子分类下的第一个柱形图缩略图,即完成数据透视图的创建,结果如图 3-113 所示。

3.6.3　知识链接

3.6.3.1　数据透视表

数据透视表是一种可以从源数据中快速分类汇总大量数据并提取有效信息的交互式报表,帮助用户多层次、多角度、更深入地分析和组织数据。数据透视表集筛选、排序、分类汇总于一身。

为确保数据可用于数据透视表,数据源中的数据要求满足以下几点规则:①数据源中没有空行和空列;②数据源中没有自动小计;③数据源中第一行包含列标题;④数据源中每列是同一类型数据,不是文本与数字混合。

1. 数据透视表的结构

数据透视表由筛选器、行、列和值四个区域中的一个或多个组成,如图 3-116 所示。

(1)筛选器即筛选区域,用来筛选整个透视表,显示筛选器中选定字段的数据。

(2)行用于存放行区域中字段的数据,行字段中的每个取值在透视表中显示一行。

(3)列用于存放列区域中字段的数据。列字段的不同取值在透视表中显示为一列(如果把取值过多的字段放入列区域中,会导致透视表变宽,不便于浏览)。

(4)值用于存放值区域中字段的值,其值是数据透视表经过汇总后的值。可以将同一个数值字段多次拖至值区域中,以显示同一字段的不同汇总方式;也可将不同的字段置于值区域中,达到同时分析多个值的效果,一般不建议这样设置,这样会使数据显得十分拥挤。

图 3-116　数据透视表的结构

2. 创建数据透视表

步骤 1：选中数据源中任一单元格。

步骤 2：依次单击"数据"→"数据透视表"按钮，弹出如图 3-117 所示的"创建数据透视表"对话框。在"请选择单元格区域"处选择源数据区域，在"请选择放置数据透视表的位置"处选择"新工作表"或"现有工作表"单选按钮，如放置位置选"现有工作表"，则需要指定位置区域左上角单元格地址，单击"确定"按钮，出现"数据透视表"任务窗格，如图 3-118 所示。

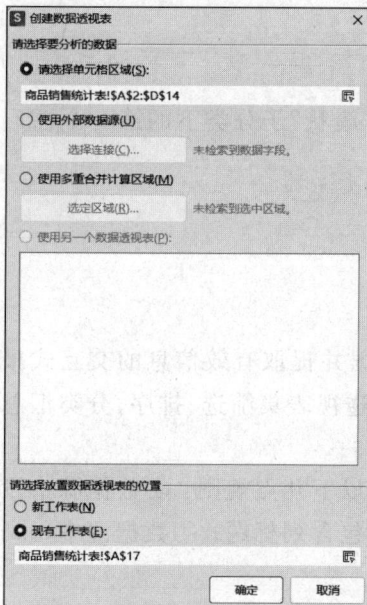

图 3-117　"创建数据透视表"对话框

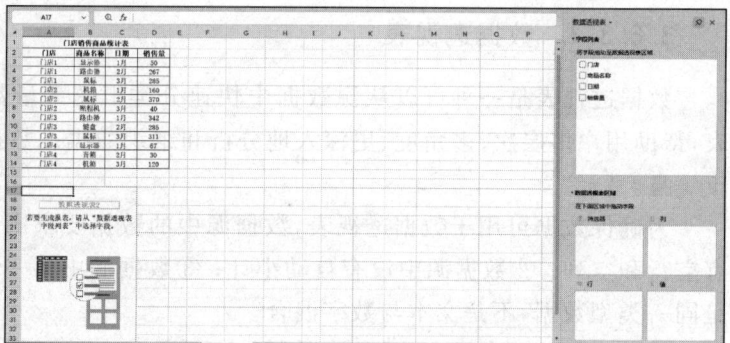

图 3-118　"数据透视表"任务窗格

步骤 3：在"数据透视表"任务窗格中，将"字段列表"中的字段拖至相应区域，能够得到不同的数据透视表。这里将"字段列表"中的"门店"字段拖至"筛选器"区域中，将"日期"字段拖至"列"区域中，将"商品名称"字段拖至"行"区域中，将"销售量"字段拖至"值"区域中，即可生成数据透视表，如图 3-119 所示。

在上面这个例子中，如果将"商品名称"字段拖至"列"区域中，将"日期"字段拖至"行"区域中，将产生如图 3-120 所示的数据透视表。

图 3-119　数据透视表的最后结果

图 3-120　行字段与列字段交换后的数据透视表

数据透视表的汇总方式包括求和、平均值、最大值、最小值和计数等。如想调整汇总方式，在"数据透视表"任务窗格中单击"值"区域中的字段，在弹出的菜单中选择"值字段设置"选项，弹出"值字段设置"对话框，选择需要的汇总方式后单击"确定"按钮，如图 3-121 所示。

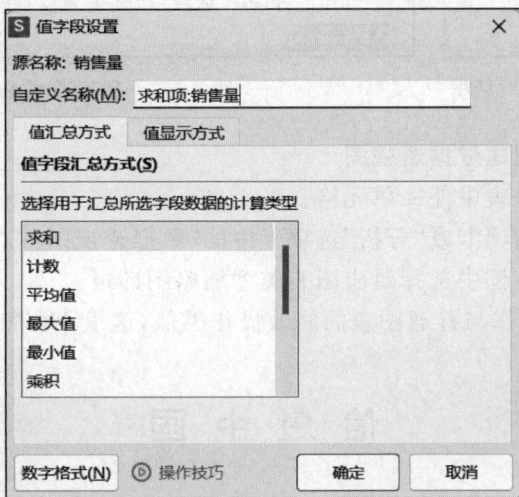

图 3-121　"值字段设置"对话框

3.6.3.2　数据透视图

数据透视图为关联数据透视表中的数据提供图形表示形式。数据透视图与数据透视表是互相影响的，调整数据透视表中的字段和数据，数据透视图也将随着改变。创建数据透视图有以下两种方法。

1. 通过源数据创建数据透视图

步骤 1：选中源数据中的任一单元格，依次单击"插入"→"数据透视图"按钮，弹出"创建数据透视图"对话框，如图 3-122 所示。设置好源数据区域和放置位置，单击"确定"按钮，弹出"数据透视图"任务窗格。

123

步骤2："数据透视图"任务窗格与"数据透视表"任务窗格相似,拖动字段到相应区域中即可。将"门店"字段拖到"筛选器"区域中,"日期"字段拖到"行"区域中,"商品名称"字段拖到"列"区域中,"销售量"拖到"值"区域中,最后的效果如图3-123所示。

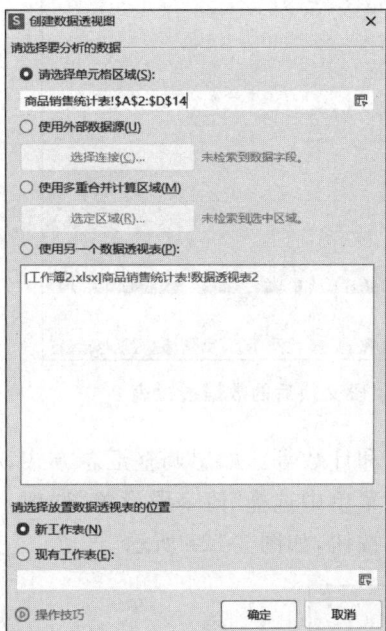

图 3-122 "创建数据透视图"对话框

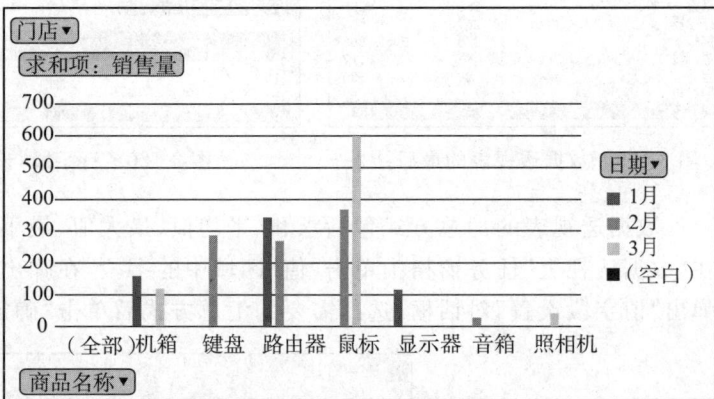

图 3-123 数据透视图最后的效果

2. 通过数据透视表创建数据透视图

步骤1：选中数据透视表中任一单元格。

步骤2：单击"插入"选项卡或"分析"选项卡中的"数据透视图"按钮,弹出"图表"对话框。

步骤3：在"图表"对话框中选择对应图表类型缩略图即可。

数据透视图的修改操作与普通图表的修改操作类似,这里不再赘述。

信 息 中 国

为科学防汛装上"最强大脑"

近日,我国南方多地持续出现强降雨,多地发生洪涝和地质灾害。面对持续险情,智慧水利北江流域防洪联合调度系统及时、精准地提升了防汛"四预"（即预测、预警、预演、预案）的能力,成为防汛抗洪科学决策的"耳目尖兵"。该调度系统基于长江设计集团WPD水利业务应用敏捷支撑平台（以下简称"WPD平台"）搭建,改变了以往"听汇报、拍脑袋"的会商方式,做到全过程"用感知数据说话、靠智能预演决策"。

在传统基层防汛工作中,气象、水文、水利、应急各部门都需将数据进行人工传递,会商时再逐个汇报数据情况,效率较低。WPD平台则利用多种数据源,通过数据融合技术将不同业务类型数据进行集成和综合分析,实时汇聚到防汛指挥中心,提供全要素信息支撑。

WPD平台通过组件化、组态化、流程化技术与防汛业务深度融合,能快速响应各种工程对象变化、业务功能变化和模型知识变化,实现"气象降雨—洪水预报预警—水工程调度预演一应急响应预案”全过程敏捷响应，为防汛提供分钟级高效决策支撑，提升基层防汛预警能力。

WPD 平台在北江、长江、汉江、淮河、海河、松花江等流域成功应用，助力三峡水利枢纽、丹江口水库、岳城水库等水利工程的防汛调度系统建设，让防汛工作变得更加精准、高效和智能，为人民群众的生命财产安全提供了坚实保障。

实 训 任 务

1. 创建一个新的工作簿，将其保存到桌面上并命名为“公司职工工资管理”。

2. 将工作表 1 重新命名为“1 月”。

3. 在 1 月工资表中输入数据，如图 3-124 所示。

	A	B	C	D	E	F	G	H	I	J	K	L	M	N
1	职工工资表													
2	编号	姓名	性别	部门	职称	基本工资	全勤奖	职称工资	应发工资	个人社保	专项附加扣除	应缴税所得额	个人所得税	实发工资
3	E0001	张琪	男	人事处	初级	5000	200							
4	E0002	王佳宁	女	财务科	初级	5340	200							
5	E0003	李振峰	男	财务科	初级	5340	0							
6	E0004	刘瑾	女	车间	初级	5870	200							
7	E0005	尹旭	女	车间	初级	5870	0							
8	E0006	黄一轩	男	车间	中级	6350	200							
9	E0007	叶恭默	男	办公室	中级	6170	200							
10	E0008	刘思瑶	女	办公室	中级	6170	200							
11	E0009	邓城	男	车间	中级	6350	200							
12	E0010	王琳	女	财务科	中级	6580	0							
13	E0011	牟雪媛	女	人事处	中级	6210	200							
14	E0012	韩斌	男	车间	中级	6350	200							
15	E0013	汪旭阳	男	车间	中级	6350	0							
16	E0014	纪博涵	女	人事处	中级	6510	200							
17	E0015	赵志林	男	保卫科	中级	6180	0							
18	E0016	孙悦	女	办公室	中级	6170	200							
19	E0017	王皓麒	男	保卫科	副高	6750	200							
20	E0018	吕闲	男	财务科	高级	6880	200							
21	E0019	龚菲菲	女	办公室	高级	6600	200							

图 3-124　1 月工资表数据输入

4. 将 1 月工资表按要求进行美化，效果如图 3-125 所示。

职工工资表													
编号	姓名	性别	部门	职称	基本工资	全勤奖	职称工资	应发工资	个人社保	专项附加扣除	应缴税所得额	个人所得税	实发工资
E0001	张琪	男	人事处	初级	5000	200				1100			
E0002	王佳宁	女	财务科	初级	5340	200				1000			
E0003	李振峰	男	财务科	初级	5340	0				1100			
E0004	刘瑾	女	车间	初级	5870	200				0			
E0005	尹旭	女	车间	初级	5870	0				1100			
E0006	黄一轩	男	车间	中级	6350	200				0			
E0007	叶恭默	男	办公室	中级	6170	200				1000			
E0008	刘思瑶	女	办公室	中级	6170	200				2000			
E0009	邓城	男	车间	中级	6350	200				1000			
E0010	王琳	女	财务科	中级	6580	0				0			
E0011	牟雪媛	女	人事处	中级	6210	200				1100			
E0012	韩斌	男	车间	中级	6350	200				1100			
E0013	汪旭阳	男	车间	中级	6350	0				2000			
E0014	纪博涵	女	人事处	中级	6510	200				1000			
E0015	赵志林	男	保卫科	中级	6180	0				1000			
E0016	孙悦	女	办公室	中级	6170	200				1000			
E0017	王皓麒	男	保卫科	副高	6750	200				2000			
E0018	吕闲	男	财务科	高级	6880	200				2000			
E0019	龚菲菲	女	办公室	高级	6600	200				1000			

图 3-125　1 月工资表美化效果

(1) 标题单元格 A1:N1 单元格区域设置合并居中，字体为“微软雅黑”，18 磅，蓝色，加粗，底端对齐。

（2）所有列标题 A2：N2 单元格区域设置字体颜色为蓝色，字形加粗。

（3）A2：N21 单元格区域设置所有边框线。

（4）将表格第 1 行行高调整为 30 磅，第 2 行行高调整为 25 磅，剩下所有行行高调整为 18 磅。将列宽调整到合适列宽。

（5）将 I3：J21 单元格区域和 L3：N21 单元格区域的底纹设置为"白色，背景 1，深色 15％"。

（6）将"个人社保""应缴税所得额""个人所得税""实发工资"列下单元格格式设置为数值，保留 2 位小数，负数格式为"－1234.10"。

（7）为 K3：K21 单元格区域设置条件格式，条件为"大于 1500"，格式为"浅红色填充深红色文本"。

5. 将 1 月工资表中"职称工资""应发工资""个人社保""应缴税所得额""个人所得税""实发工资"使用公式和函数进行计算，效果如图 3-126 所示。

职工工资表

编号	姓名	性别	部门	职称	基本工资	全勤奖	职称工资	应发工资	个人社保	专项附加扣除	应缴税所得额	个人所得税	实发工资
E0001	张琪	男	人事处	初级	5000	200	500	5700	550.00	1100	-950.00	0.00	5150.00
E0002	王佳宁	女	财务科	初级	5340	200	500	6040	587.40	1000	-547.40	0.00	5452.60
E0003	李振峰	男	财务科	初级	5340	0	500	5840	587.40	1100	-847.40	0.00	5252.60
E0004	刘瑾	女	车间	初级	5870	200	500	6570	645.70	0	924.30	27.73	5896.57
E0005	尹旭	女	车间	初级	5870	0	500	6370	645.70	1100	-375.70	0.00	5724.30
E0006	黄一轩	男	车间	中级	6350	200	800	7350	698.50	0	1651.50	49.55	6601.96
E0007	叶恭默	男	办公室	中级	6170	200	800	7170	678.70	1000	491.30	14.74	6476.56
E0008	刘思瑶	女	办公室	中级	6170	200	800	7170	678.70	2000	-508.70	0.00	6491.30
E0009	邓城	男	车间	中级	6350	200	800	7350	698.50	1000	651.50	19.55	6631.96
E0010	王琳	女	财务科	中级	6580	0	800	7380	723.80	0	1656.20	49.69	6606.51
E0011	牟雪媛	女	人事处	中级	6210	200	800	7210	683.10	1100	426.90	12.81	6514.09
E0012	韩斌	男	车间	中级	6350	200	800	7350	698.50	1100	551.50	16.55	6634.96
E0013	汪旭阳	男	车间	中级	6350	0	800	7150	698.50	2000	-548.50	0.00	6451.50
E0014	纪博涵	女	人事处	中级	6510	200	800	7510	716.10	1000	793.90	23.82	6770.08
E0015	赵志林	男	保卫科	中级	6180	0	800	6980	679.80	1000	300.20	9.01	6291.19
E0016	孙悦	女	办公室	中级	6170	200	800	7170	678.70	1000	491.30	14.74	6476.56
E0017	王皓麒	男	保卫科	副高	6750	200	1000	7950	742.50	2000	207.50	6.23	7201.28
E0018	吕闲	男	财务科	高级	6880	200	2000	9080	756.80	2000	1323.20	39.70	8283.50
E0019	龚菲菲	女	办公室	高级	6600	200	2000	8800	726.00	1000	2074.00	62.22	8011.78

图 3-126　1 月工资表计算效果

（1）职称工资按照"高级每人 2000 元/月，副高每人 1000/月，中级每人 800/月，初级每人 500/月"的标准发放。

（2）应发工资按照"应发工资＝基本工资＋全勤奖＋职称工资"计算。

（3）个人社保按照"个人社保＝基本工资 * 个人社保缴纳比例"计算，个人社保缴纳比例为 11％（包括养老保险 8％、医疗保险 2％、失业保险 1％）。

（4）应缴税所得额按照"应缴税所得额＝应发工资－个人社保－专项附加扣除－5000"计算，其中 5000 为纳税起征点。

（5）个人所得税按照"个人所得税＝应缴税所得额 * 税率"计算，税率因应缴税所得额不同而不同，如表 3-3 所示。

（6）实发工资按照"实发工资＝应发工资－个人社保－个人所得税"计算。

6. 统计分析。

（1）将工资表中数据按照"实发工资"从高到低排序，如图 3-127 所示。

表 3-3　个人所得税税率表

级数	应缴税所得额	税率
1	不超过 3000 元	3%
2	超过 3000 元至 12000 元	10%
3	超过 12000 元至 25000 元	20%
4	超过 25000 元至 35000 元	25%
5	超过 35000 元至 55000 元	30%
6	超过 55000 元至 80000 元	45%
7	超过 80000 元	45%

职工工资表

编号	姓名	性别	部门	职称	基本工资	全勤奖	职称工资	应发工资	个人社保	专项附加扣除	应缴税所得额	个人所得税	实发工资
E0018	吕闲	男	财务科	高级	6880	200	2000	9080	756.80	2000	1323.20	39.70	8283.50
E0019	龚菲菲	女	办公室	高级	6600	200	2000	8800	726.00	1000	2074.00	62.22	8011.78
E0017	王皓麒	男	保卫科	副高	6750	200	1000	7950	742.50	2000	207.50	6.23	7201.28
E0014	纪博涵	女	人事处	中级	6510	200	800	7510	716.10	1000	793.90	23.82	6770.08
E0012	韩斌	男	车间	中级	6350	200	800	7350	698.50	1100	551.50	16.55	6634.96
E0009	邓城	男	车间	中级	6350	200	800	7350	698.50	1000	651.50	19.55	6631.96
E0010	王琳	女	财务科	中级	6580	0	800	7380	723.80	0	1656.20	49.69	6606.51
E0006	黄一轩	男	车间	中级	6350	200	800	7350	698.50	0	1651.50	49.55	6601.96
E0011	牟雪媛	女	人事处	中级	6210	200	800	7210	683.10	1100	426.90	12.81	6514.09
E0008	刘思瑶	女	办公室	中级	6170	200	800	7170	678.70	2000	-508.70	0.00	6491.30
E0007	叶恭默	男	办公室	中级	6170	200	800	7170	678.70	1000	491.30	14.74	6476.56
E0016	孙悦	女	办公室	中级	6170	200	800	7170	678.70	1000	491.30	14.74	6476.56
E0013	汪旭阳	男	车间	中级	6350	0	800	7150	698.50	2000	-548.50	0.00	6451.50
E0015	赵志林	男	保卫科	初级	6180	0	500	6980	679.80	1000	300.20	9.01	6291.19
E0004	刘瑾	女	车间	初级	5870	200	500	6570	645.70	0	924.30	27.73	5896.57
E0005	尹旭	女	车间	初级	5870	0	500	6370	645.70	1100	-375.70	0.00	5724.30
E0002	王佳宁	女	财务科	初级	5340	200	500	6040	587.40	1000	-547.40	0.00	5452.60
E0003	李振峰	男	财务科	初级	5340	0	500	5840	587.40	1100	-847.40	0.00	5252.60
E0001	张琪	男	人事处	初级	5000	200	500	5700	550.00	1100	-950.00	0.00	5150.00

图 3-127　职工工资表排序

（2）将工资表中实发工资大于 6500 元的工资记录筛选出来，如图 3-128 所示。

职工工资表

编号	姓名	性别	部门	职称	基本工资	全勤奖	职称工资	应发工资	个人社保	专项附加扣除	应缴税所得额	个人所得税	实发工资
E0006	黄一轩	男	车间	中级	6350	200	800	7350	698.50	0	1651.50	49.55	6601.96
E0009	邓城	男	车间	中级	6350	200	800	7350	698.50	1000	651.50	19.55	6631.96
E0010	王琳	女	财务科	中级	6580	0	800	7380	723.80	0	1656.20	49.69	6606.51
E0011	牟雪媛	女	人事处	中级	6210	200	800	7210	683.10	1100	426.90	12.81	6514.09
E0012	韩斌	男	车间	中级	6350	200	800	7350	698.50	1100	551.50	16.55	6634.96
E0014	纪博涵	女	人事处	中级	6510	200	800	7510	716.10	1000	793.90	23.82	6770.08
E0017	王皓麒	男	保卫科	副高	6750	200	1000	7950	742.50	2000	207.50	6.23	7201.28
E0018	吕闲	男	财务科	高级	6880	200	2000	9080	756.80	2000	1323.20	39.70	8283.50
E0019	龚菲菲	女	办公室	高级	6600	200	2000	8800	726.00	1000	2074.00	62.22	8011.78

图 3-128　职工工资表筛选

（3）按"部门"分类汇总"实发工资"的总和，如图 3-129 所示。

图 3-129　职工工资表分类汇总

7. 将实发工资按照 5000～6000 元、6000～7000 元、7000～8000 元、8000 元以上 4 个分段统计人数，将统计后的数据制作成饼图，并在饼图中添加数据标签显示分段人数值，标签位置为"数据标签内"，图表标题修改为"实发工资分段人数统计"，效果如图 3-130 所示。

在新工作表中制作数据透视表，以"部门"为筛选器，以"职称""姓名"为行字段，以"基本工资""实发工资"为求和统计项，效果如图 3-131 所示。

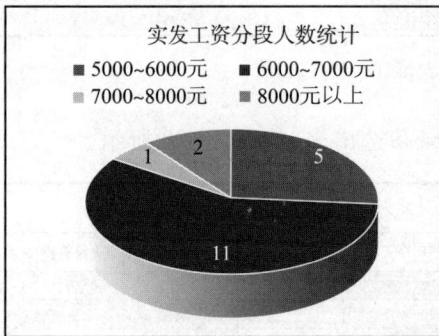

图 3-130　实发工资分段人数统计饼图效果

图 3-131　职工工资表数据透视表效果

单元 4 WPS Office 演示文稿制作

知识目标

1. 熟悉 WPS 演示工作界面,理解 WPS 演示视图方式。
2. 掌握 WPS 演示中幻灯片的常用操作。
3. 掌握 WPS 演示幻灯片中插入对象的方法。
4. 掌握 WPS 演示幻灯片智能美化的方法。
5. 理解 WPS 演示母版的作用,掌握 WPS 演示母版的操作。
6. 掌握 WPS 演示幻灯片的切换。
7. 掌握 WPS 演示幻灯片动画的操作。
8. 掌握 WPS 演示文稿的放映设置。

技能目标

1. 能熟练操作演示文稿、幻灯片。
2. 会在 WPS 演示文稿、幻灯片中插入各种对象。
3. 会美化 WPS 演示文稿。
4. 会给 WPS 演示文稿设置动画。

素质目标

1. 培养学生的逻辑能力,能够有条理地组织信息,有效地传达信息。
2. 培养学生利用对信息进行可视化呈现的能力,提高信息化办公能力。
3. 培养学生的审美能力,通过布局、颜色、排版提高设计水平。

任务 4.1 制作《感动中国》演示文稿

4.1.1 任务描述

《感动中国》是中央电视台打造的一个精神品牌栏目,由中央电视台新闻中心社会专题部活动直播组承办,每年 2 月前后推出,已经连续举办多年,通过多种投票方式评选年度震撼人心的人物和团队。下面利用 WPS 演示文稿展示中国人的年度精神史诗,效果如图 4-1所示。

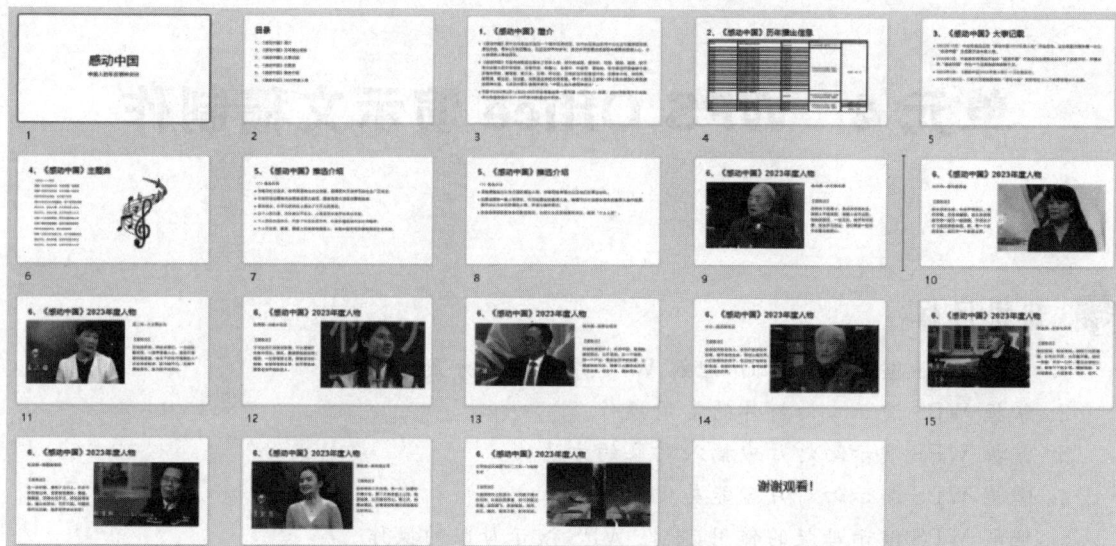

图 4-1 《感动中国》演示文稿效果

4.1.2 任务实施

1. 新建并保存演示文稿

步骤 1：双击桌面上的 WPS 快捷图标，启动 WPS Office，在 WPS Office 中单击"新建"按钮，在弹出的"新建"窗口中单击"演示"按钮，如图 4-2 所示。打开"新建演示文稿"页，如图 4-3 所示，在该页中单击"空白演示文稿"按钮即可。

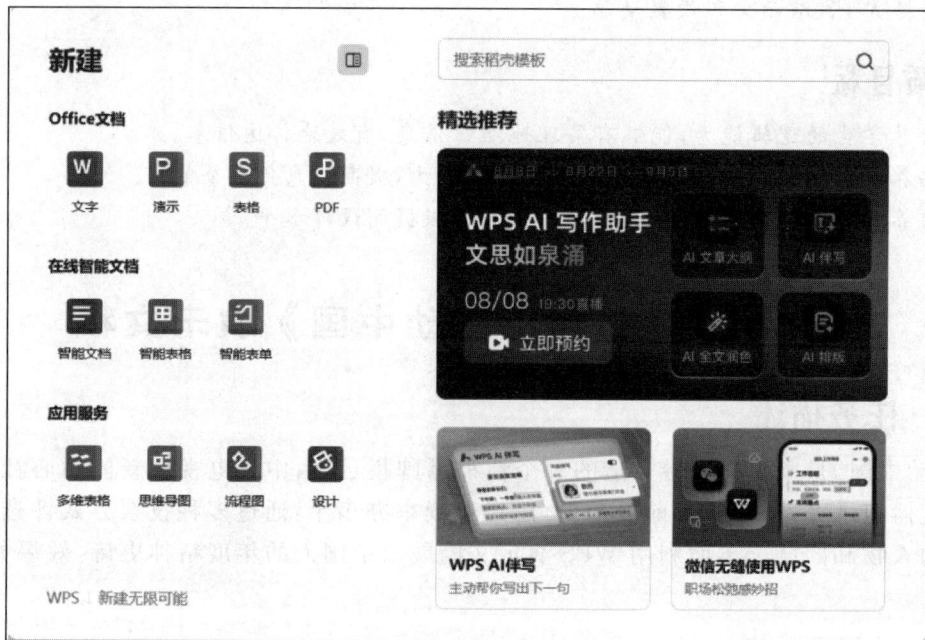

图 4-2 WPS 新建窗口

图 4-3 "新建演示文稿"页

或者在 WPS 演示文稿界面中单击"文件"菜单,在弹出的菜单中选择"新建"命令,在打开的"新建演示文稿"页中选择"空白演示文稿",即可创建一个空白演示文稿。

步骤 2:单击快速访问工具栏中的"保存"按钮,或者单击"文件"菜单下的"保存"按钮,或者单击"文件"菜单下的"另存为"按钮,弹出"另存为"对话框,将演示文稿保存到桌面上,命名为"感动中国",如图 4-4 所示。

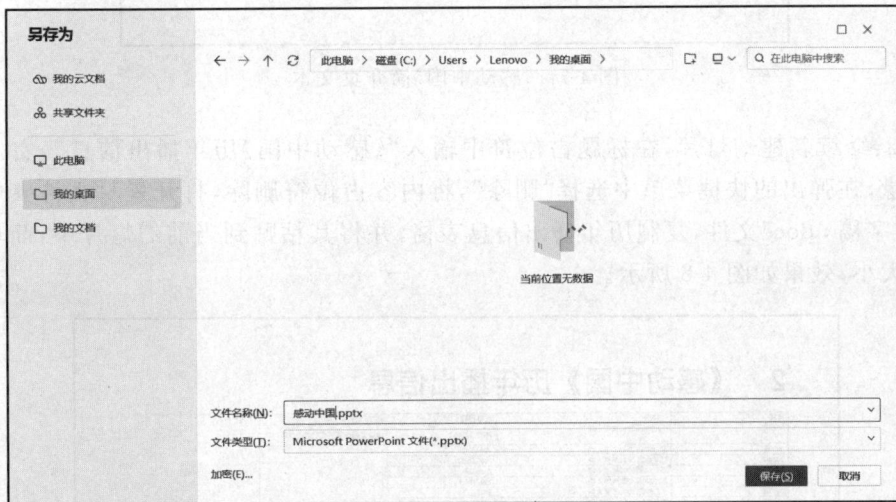

图 4-4 保存演示文稿

2. 制作封面和目录页

步骤 1:单击默认幻灯片的标题占位符(即显示"空白演示"字样的占位符),输入"感动中国"文本,在副标题占位符中输入"中国人的年度精神史诗",如图 4-5 所示。

步骤 2:在"大纲/幻灯片"窗格中单击第 1 张幻灯片缩略图,按 Enter 键新建幻灯片,或者单击"开始"选项卡中的"新建幻灯片"按钮,新建幻灯片的版式默认为"标题和内容"。在标题和内容占位符内输入"目录"及对应内容,如图 4-6 所示。

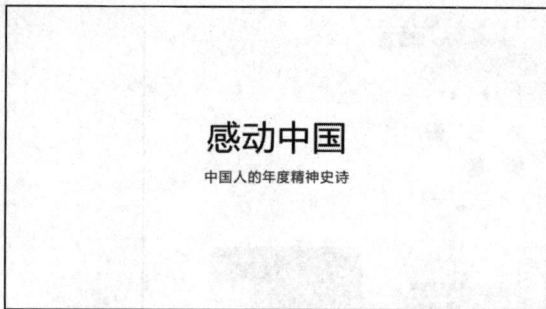

感动中国

中国人的年度精神史诗

图 4-5　输入封面标题和副标题文本

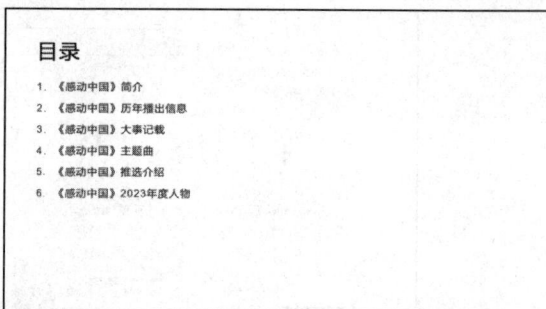

目录

1. 《感动中国》简介
2. 《感动中国》历年播出信息
3. 《感动中国》大事记载
4. 《感动中国》主题曲
5. 《感动中国》推选介绍
6. 《感动中国》2023年度人物

图 4-6　输入目录页文本

3. 制作内容页

步骤 1：按相同的方法继续新建幻灯片，输入如图 4-7 所示的简介页文本。

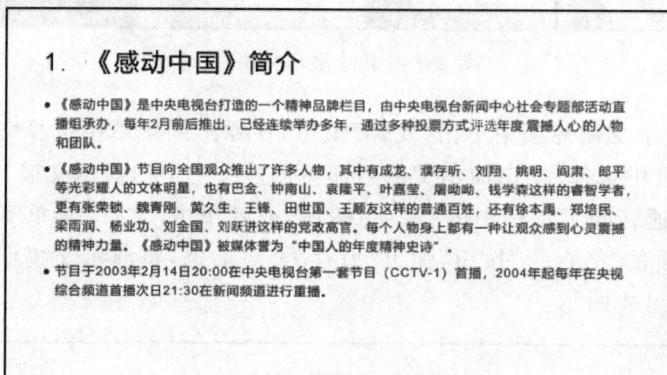

1.　《感动中国》简介

- 《感动中国》是中央电视台打造的一个精神品牌栏目，由中央电视台新闻中心社会专题部活动直播组承办，每年2月前后推出，已经连续举办多年，通过多种投票方式评选年度震撼人心的人物和团队。
- 《感动中国》节目向全国观众推出了许多人物，其中有成龙、濮存昕、刘翔、姚明、阎肃、郎平等光彩耀人的文体明星，也有巴金、钟南山、袁隆平、叶嘉莹、屠呦呦、钱学森这样的睿智学者，更有张荣锁、魏青刚、黄久生、王锋、田世国、王顺友这样的普通百姓，还有徐本禹、郑培民、梁雨润、杨业功、刘金国、刘跃进这样的党政高官。每个人物身上都有一种让观众感到心灵震撼的精神力量，《感动中国》被媒体誉为"中国人的年度精神史诗"。
- 节目于2003年2月14日20:00在中央电视台第一套节目（CCTV-1）首播，2004年起每年在央视综合频道首播次日21:30在新闻频道进行重播。

图 4-7　《感动中国》简介页文本

步骤 2：继续新建幻灯片，在标题占位符中输入"《感动中国》历年播出信息"，右击"内容"占位符边缘，在弹出的快捷菜单中选择"删除"，将内容占位符删除，打开素材文件夹中的"《感动中国》文字稿.doc"文件，复制历年播出信息表格，并将其粘贴到当前幻灯片中，简单调整一下表格的大小，效果如图 4-8 所示。

图 4-8　《感动中国》历年播出信息页效果

步骤 3：继续新建幻灯片，输入文本，如图 4-9 所示。

步骤 4：继续新建幻灯片，然后单击"开始"选项卡中的"版式"下拉按钮，在弹出的下拉列表中选择"两栏内容"版式，在对应占位符中输入文本和插入图片（素材文件夹中的"乐谱.png"），效果如图 4-10 所示。

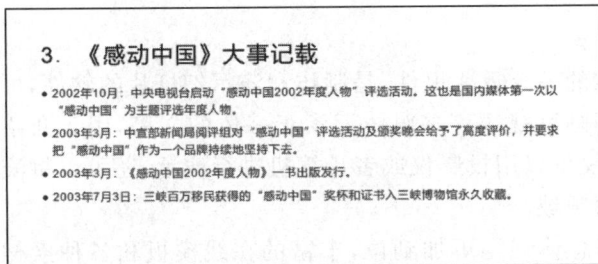

图 4-9　《感动中国》大事记载页文本

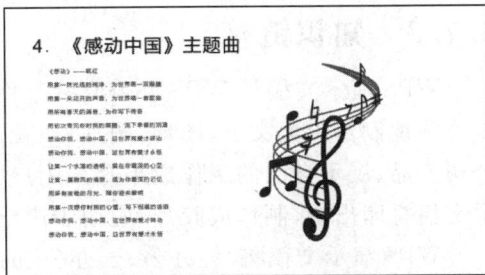

图 4-10　《感动中国》主题曲页效果

步骤 5：继续新建两张幻灯片，将版式修改为"标题和内容"版式，在对应占位符中输入文本，效果分别如图 4-11 和图 4-12 所示。

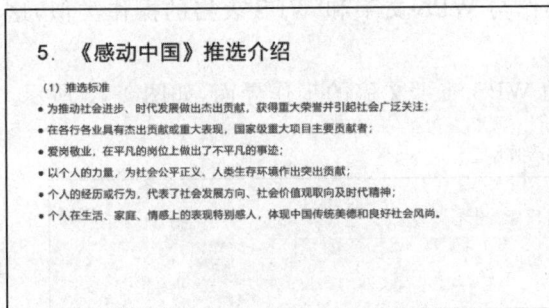

图 4-11　《感动中国》推选标准页文本

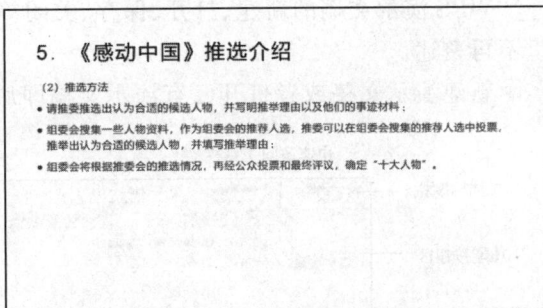

图 4-12　《感动中国》推选方法页文本

步骤 6：继续新建两张幻灯片，版式设置为"两栏内容"，在对应占位符中输入内容和插入图片，效果如图 4-13 和图 4-14 所示。

图 4-13　《感动中国》2023 年度人物——
俞鸿儒页效果

图 4-14　《感动中国》2023 年度人物——
刘玲琍页效果

步骤 7：选中最后建的两张幻灯片，右击，在弹出的快捷菜单中选择"复制幻灯片"选项，在复制出的幻灯片上进行修改，循环复制、修改，完成剩下 6 位《感动中国》2023 年度人物页的制作。

4. 制作封底

新建幻灯片,版式设置为"标题幻灯片",在标题占位符中输入"谢谢观看"。

5. 保存

单击快速访问工具栏中的"保存"按钮,保存完成的演示文稿。

4.1.3 知识链接

WPS 演示文稿是 WPS 办公套装软件中的一个重要组件,是制作和演示幻灯片的软件,可以方便地制作出集文字、图形、图片、声音、动画及视频等多媒体元素于一体的文稿,用于介绍公司产品、展示自己的工作成果等。用户不仅可以用投影仪或者计算机进行演示,还可以将演示文稿打印出来,制作成胶片,应用于广泛的领域。

WPS 演示文稿将"轻办公、云办公"的理念体现得更加到位,丰富的在线模板和各种素材让演示文稿的制作变得更加容易,文件在线存储让用户可以随时随地在计算机、手机、平板电脑等多平台切换操作。

4.1.3.1 WPS 演示文稿的工作界面

WPS 演示文稿的新建、打开、保存、关闭等操作与 WPS 文字和 WPS 表格的操作类似,这里不再赘述。

新建演示文稿或者打开已有演示文稿即启动 WPS 演示文稿的工作界面,如图 4-15 所示。

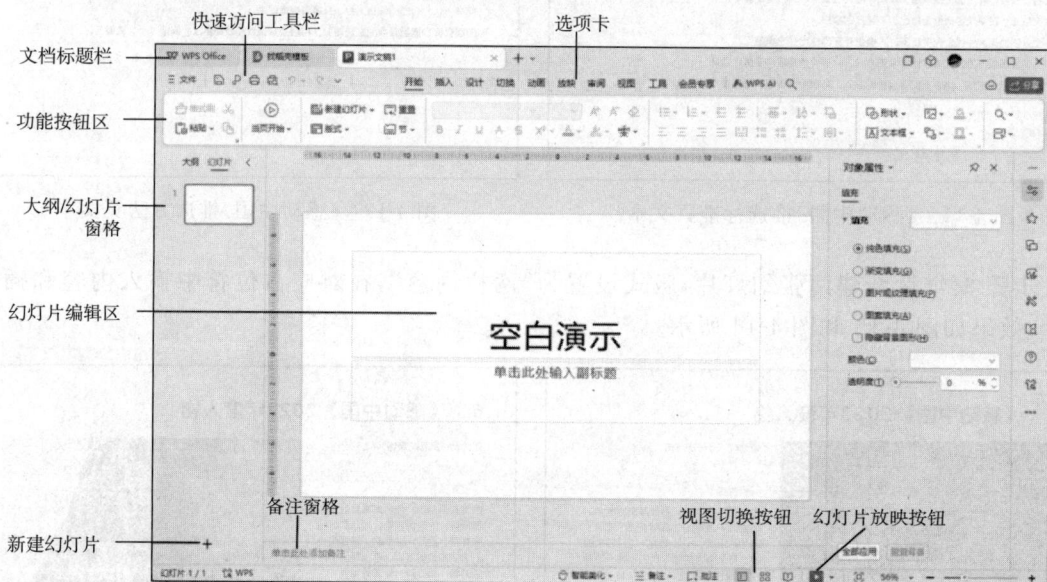

图 4-15　WPS 演示文稿的工作界面

WPS 演示文稿的工作界面特有的组成部分是幻灯片编辑区和"大纲/幻灯片"窗格,其他组成部分的作用和使用方法与文字和表格操作界面相似。

（1）幻灯片编辑区。幻灯片编辑区用于显示和编辑幻灯片的内容。在默认情况下,标题幻灯片包含一个主标题占位符和一个副标题占位符,内容幻灯片包含一个标题占位符和一个内容占位符。

（2）"大纲/幻灯片"窗格。"大纲/幻灯片"窗格位于幻灯片编辑区左侧，用来显示当前演示文稿中所有幻灯片的文本大纲和幻灯片缩略图。单击某张幻灯片的缩略图，可跳转到该幻灯片并在右侧的幻灯片编辑区中显示该幻灯片的内容。

4.1.3.2　WPS 演示文稿视图方式

为了帮助用户根据不同的需要对演示文稿进行创建、编辑、浏览和放映，WPS 演示文稿提供了 4 种视图：普通视图、幻灯片浏览视图、备注页视图、阅读视图。在"视图"选项卡中单击 4 种视图对应的功能按钮，或者通过工作界面底部的"视图切换"按钮，可以在不同的视图之间进行切换。

1. 普通视图

普通视图是演示文稿的默认视图，也是主要的编辑视图，提供了编辑演示文稿的各项功能，常用于撰写或设计演示文稿。该视图包含 3 个工作区：左侧是"大纲/幻灯片"窗格，默认"幻灯片"，所有幻灯片以缩略图的方式显示，方便选择和切换幻灯片；右侧是主要的幻灯片编辑区域；底部为"备注"窗格，可以备注当前幻灯片的关键内容，在演讲者模式下，备注文字在屏幕上显示，但不在投影屏幕上显示。

2. 幻灯片浏览视图

幻灯片浏览视图是以缩略图的方式显示幻灯片的视图，常用于对演示文稿中的幻灯片进行整体操作，如对各幻灯片进行移动、复制、删除等操作。在该视图下，不能对幻灯片中的具体内容进行修改操作。幻灯片浏览视图如图 4-16 所示。

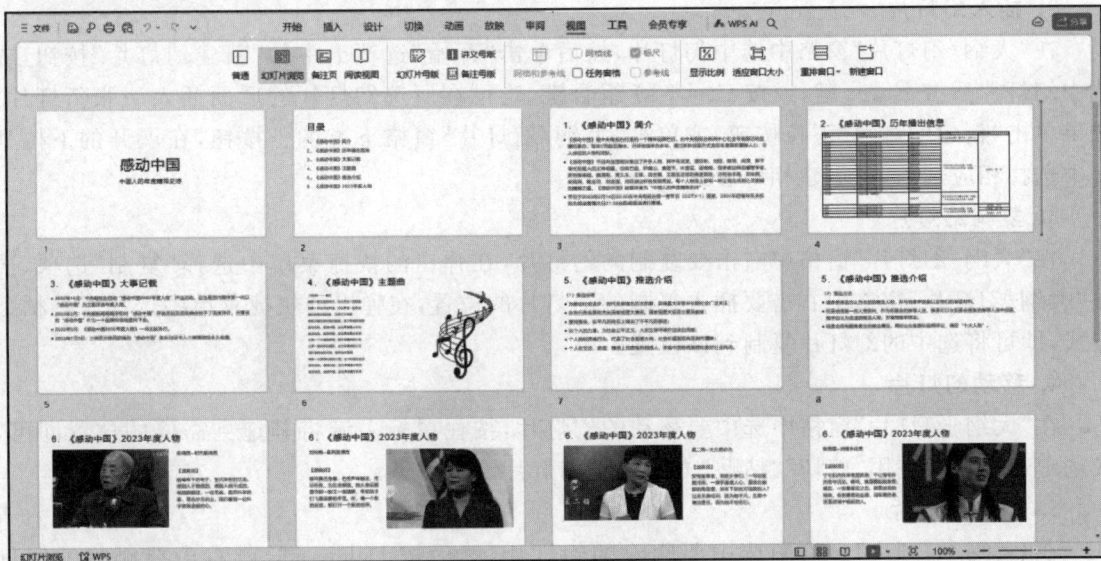

图 4-16　幻灯片浏览视图

3. 备注页视图

备注页视图用于检查演示文稿和备注页一起打印时的外观。每页都包括 1 张幻灯片和演讲者备注。演讲者备注可以在普通视图模式下的"备注"窗格中输入，如图 4-17 所示。也可以单击"放映"选项卡中的"演讲备注"按钮，在打开的"演讲者备注"对话框中输入，如图 4-18 所示。

图 4-17 在普通视图模式下的"备注"窗格中输入备注　图 4-18 在"演讲者备注"对话框中输入备注

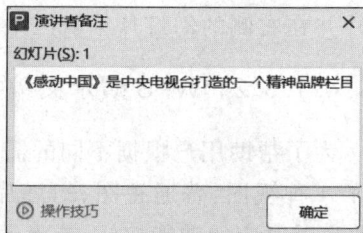

4. 阅读视图

在阅读视图下，演示文稿可以在窗口中放映，以便用户快速浏览演示文稿。

4.1.3.3 WPS 演示文稿幻灯片常用操作

1. 选择幻灯片

选择单张幻灯片，可直接在"大纲/幻灯片"窗格中单击该幻灯片；选择相邻的多张幻灯片，可在"大纲/幻灯片"窗格中单击要选择的第一张幻灯片，然后按住 Shift 键，单击最后一张要选择的幻灯片；选择不相邻的多张幻灯片，按住 Ctrl 键，同时依次单击要选择的幻灯片。

2. 插入幻灯片

在"大纲/幻灯片"窗格中选中幻灯片，然后单击"开始"选项卡中的"新建幻灯片"按钮，或选中幻灯片后按 Enter 键，或按 Ctrl+M 组合键，均可在所选幻灯片的后面插入一张新灯片。如果单击"新建幻灯片"下拉按钮，或单击"大纲/幻灯片"窗格下方的＋按钮，在展开的下拉列表中选择相应选项，可创建相应版式的幻灯片。

3. 复制幻灯片

在"大纲/幻灯片"窗格中右击要复制的幻灯片，在弹出的快捷菜单中选择"复制"选项，再在"大纲/幻灯片"窗格中右击要插入复制的幻灯片的位置，在弹出的快捷菜单中选择一种粘贴方式，即可将选中的幻灯片复制到该位置。

4. 移动幻灯片

在"大纲/幻灯片"窗格中选中要移动的幻灯片，按住鼠标左键将其拖到需要的位置即可，或选中幻灯片后利用"剪切""粘贴"方式移动幻灯片。

5. 删除幻灯片

在"大纲/幻灯片"窗格中选中要删除的幻灯片，然后按 Delete 键，或右击要删除的幻灯片，在弹出的快捷菜单中选择"删除幻灯片"选项。幻灯片被删除后，后面的幻灯片自动向前排列。

4.1.3.4 在幻灯片中插入对象

为了丰富演示文稿内容，用户可以根据需要在幻灯片中插入和编辑文字、图片、形状、艺术字、文本框、视频和音频等对象。

其中，在幻灯片中插入和编辑文字、图片、形状、艺术字、文本框等对象的方法与在 WPS

文字中的操作相同。在幻灯片中插入音频和视频后，会出现对应的"音频工具"选项卡和"视频工具"选项卡，如图 4-19 和图 4-20 所示。通过选项卡可以对音频和视频进行裁剪（设置其开始时间和结束时间）、设置音量大小、设置播放方式、是否跨幻灯片播放等编辑操作。

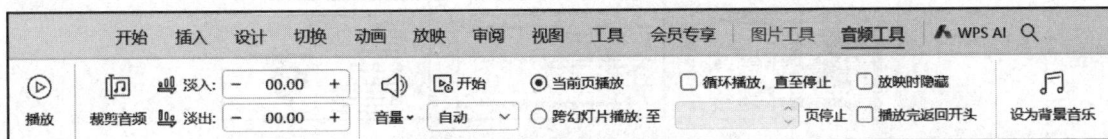

图 4-19　"音频工具"选项卡

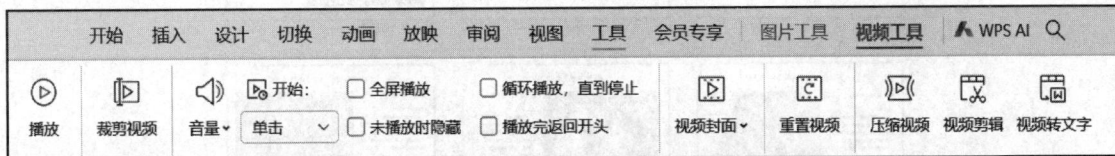

图 4-20　"视频工具"选项卡

任务 4.2　美化《感动中国》演示文稿

4.2.1　任务描述

做好的《感动中国》演示文稿只是将基本元素放到了幻灯片中，并不美观，因此，需要对演示文稿进行美化，美化后的效果如图 4-21 所示。

4.2.2　任务实施

1. 打开演示文稿

打开素材文件夹下的《感动中国》演示文稿。

2. 编辑母版

步骤 1：单击"视图"选项卡中的"幻灯片母版"按钮，进入母版编辑状态。

步骤 2：选中左侧窗格中第一个 WPS 母版，在右侧窗格中单击选中"标题"占位符，单击"开始"选项卡中的"字体颜色"下拉按钮，在"标准色"中选择"深红"，字体对齐方式设置为"居中对齐"。单击选中"内容"占位符，设置字体颜色为"深红"。

步骤 3：选择左侧窗格中"标题幻灯片 版式"，单击"幻灯片母版"中的"背景"按钮，在弹出的"对象属性"任务窗格中的"填充"下单击"图片或纹理填充"单选按钮，如图 4-22 所示。在下面的"图片填充"处单击"请选择图片"下拉列表，选择"本地文件"，打开"选择纹理"对话框，选择素材文件夹下的"背景.jpg"图片，单击"打开"按钮，如图 4-23 所示。再分别选中"标题"占位符和"副标题"占位符，将字体颜色设置为"白色，背景 1"，"标题幻灯片 版式"母版设置后的效果如图 4-24 所示。

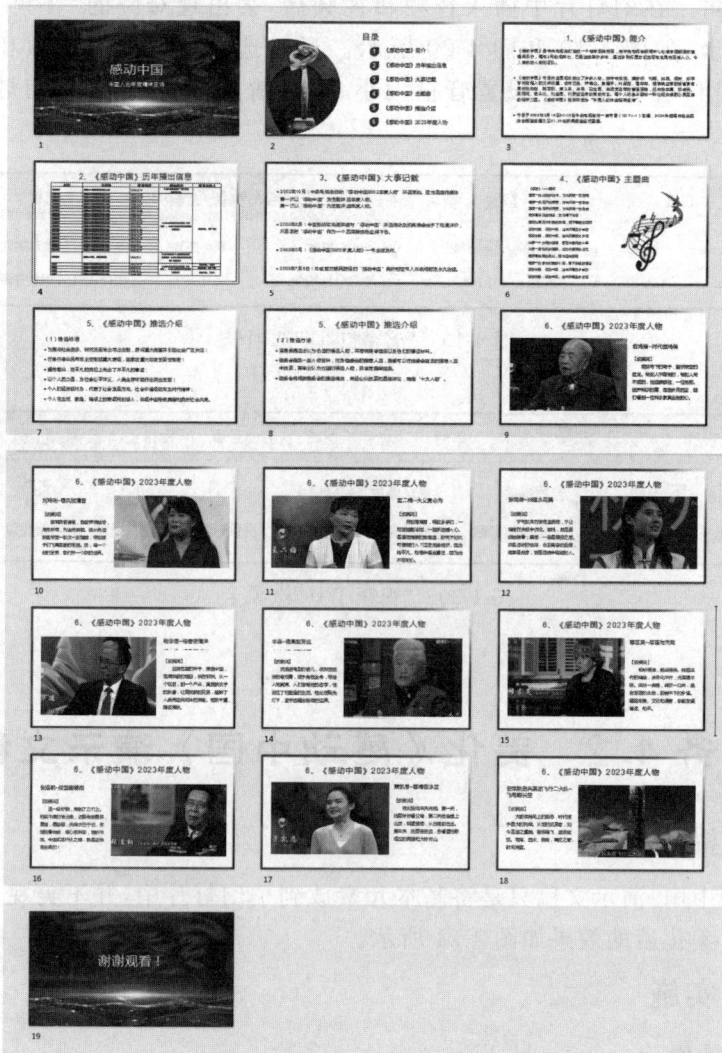

图 4-21 《感动中国》演示文稿美化后的效果

图 4-22 母版下"标题幻灯片 版式"设置背景

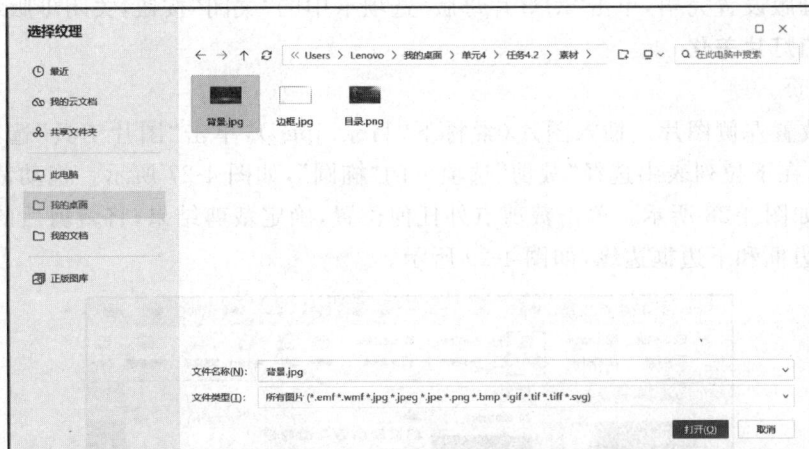

图 4-23　选择背景图片

图 4-24　"标题幻灯片 版式"母版设置后的效果

步骤 4：选择左侧窗格中的"标题和内容 版式"，按照步骤 3 中的操作方法，将该版式背景设置为素材下的"边框.jpg"，如图 4-25 所示。

步骤 5：选择左侧窗格中的"两栏内容 版式"，同样按照步骤 3 中的操作方法，将该版式背景设置为素材下的"边框.jpg"，如图 4-26 所示。

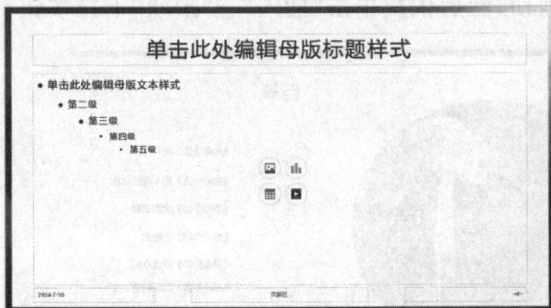

图 4-25　"标题和内容 版式"母版设置后的效果

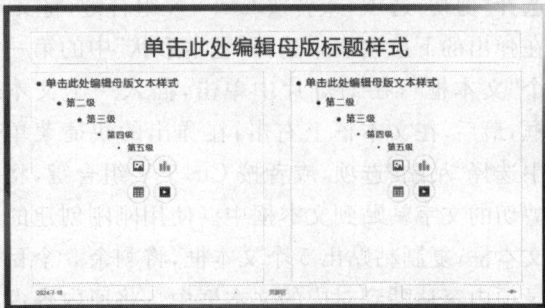

图 4-26　"两栏内容 版式"母版设置后的效果

步骤6：母版设置完毕，单击"幻灯片母版"选项卡中的"关闭"按钮，关闭母版编辑。

3. 具体幻灯片美化

（1）目录页。

步骤1：放置左侧图片。插入图片（素材下"目录.jpg"），单击"图片工具"选项卡中的"裁剪"下拉按钮，在下拉列表中选择"裁剪"选项下的"椭圆"，如图4-27所示。拖动裁剪点和图片到合适形状，如图4-28所示。单击裁剪点外任何位置，确定裁剪结果，将裁剪后的图片拖到左下角，靠在左边框和下边框边缘，如图4-29所示。

图4-27 选择裁剪形状

图4-28 裁剪图片到合适形状

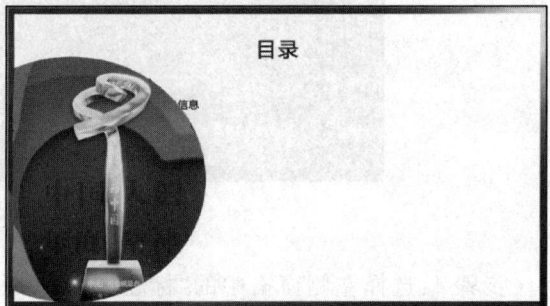

图4-29 裁剪后的图片放置位置

步骤2：插入文本框，放置6个目录项。选中《感动中国》简介，右击，在弹出的快捷菜单中选择"剪切"选项，或者按Ctrl＋X组合键，将文本剪切，然后依次单击"插入"→"形状"下拉按钮，在弹出的下拉列表中选择"基本形状"中的第一个"文本框"，在幻灯片中单击，插入一个文本框，最后，在文本框上右击，在弹出的快捷菜单中选择"粘贴"选项，或者按Ctrl＋V组合键，将剪切的文字粘贴到文本框中。使用刚刚创建的文本框，复制粘贴出5个文本框，将剩余5个目录项内容粘贴到对应的文本框中。将原内容占位符删掉，效果如图4-30所示。

步骤3：插入泪滴形状，放置6个序号。

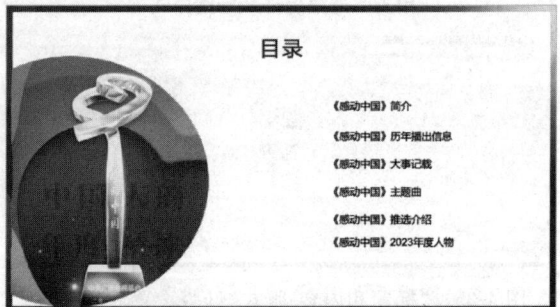

图4-30 目录项放到文本框中的效果

单击"插入"选项卡下的"形状"下拉按钮,在下拉列表中选择"基本形状"中的"泪滴形",如图 4-31 所示。鼠标形状变成十字形,按住鼠标左键拖放,画出形状,右击该形状,在弹出的快捷菜单中选择"编辑文字"选项,输入数字"1",复制粘贴出 5 个泪滴形状,修改里面的数字,效果如图 4-32 所示。

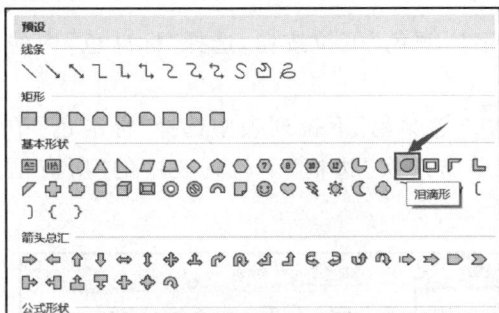

图 4-31　选择"泪滴形"

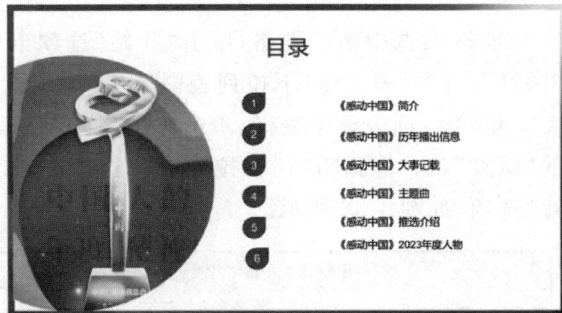

图 4-32　插入泪滴形状后的效果

步骤 4:泪滴形状美化。选中 6 个泪滴形状,单击"绘图工具"选项卡中的"填充"下拉按钮,选择"标准色"中的"深红";单击"边框"下拉按钮,选择"无边框颜色";宽度和高度都设为"1.48 厘米";单击"对齐"下拉按钮,选择"左对齐";再次单击"对齐"下拉按钮,选择"等高";单击"开始"选项卡,设置字号为"28",字形"加粗",效果如图 4-33 所示。

步骤 5:文本框美化。选中 6 个文本框,单击"开始"选项卡,设置字号为"24";单击"字体颜色"下拉按钮,选择"标准色"中的"深红";调整文本框位置,与泪滴形状对齐,效果如图 4-34 所示。

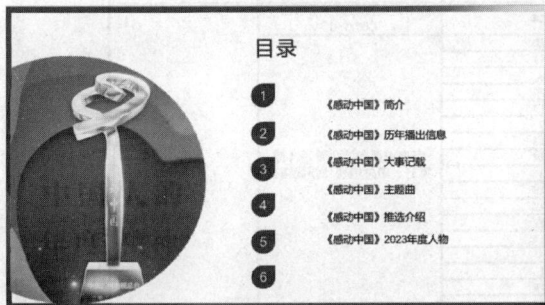

图 4-33　泪滴形状美化后的效果

图 4-34　文本框美化后的效果

(2)《感动中国》简介页。将每个项目后设置空一行,效果如图 4-35 所示。

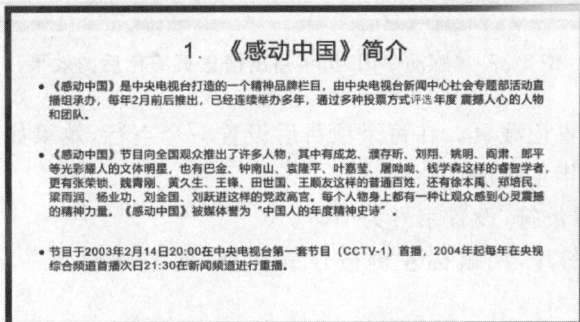

图 4-35　《感动中国》简介页美化后效果

（3）《感动中国》历年播出信息页。

步骤1：选中表格标题行，在"开始"选项卡中，将字号大小设置为"16"，字形"加粗"，居中对齐。

步骤2：选中表格中除标题行外所有文字，在"开始"选项卡中，将字号大小设置为"12"，字形"加粗"。

步骤3：选中整个表格，单击"开始"选项卡中的"字体颜色"下拉按钮，选择"标准色"中的"深红"，在"对齐文本"下拉列表中选择"垂直居中"。

步骤4：选中整个表格，单击"表格样式"选项卡，在"笔颜色"下拉列表中选择"标准色"中的"深红"，在"笔画粗细"下拉列表中选择"2.25磅"，单击两次"边框"下拉列表中的"所有框线"选项，如图4-36所示。

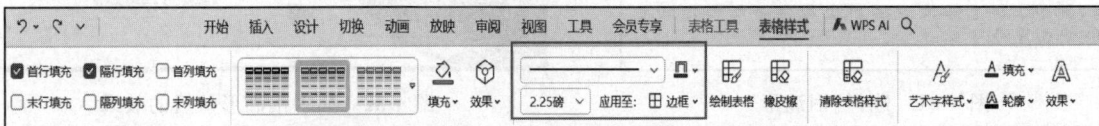

图4-36 在"表格样式"选项卡设置表格样式

步骤5：选中整个表格，拖动表格将其调整到整个幻灯片的中间位置，效果如图4-37所示。

图4-37 《感动中国》历年播出信息页美化后的效果

（4）《感动中国》大事记载页。在每个项目后设置一个空行，效果如图4-38所示。

（5）《感动中国》历年主题曲。

步骤1：选中左侧占位符，设置字号为"14"。

步骤2：选中右侧图片，用鼠标左键按住旋转柄，向右侧旋转一定角度，效果如图4-39所示。

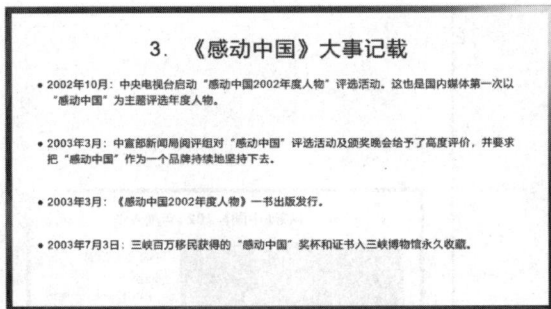

图 4-38 《感动中国》大事记载页美化后的效果

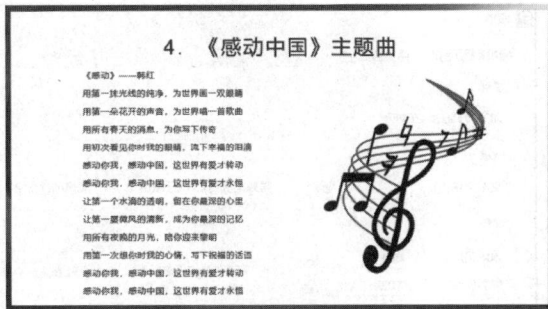

图 4-39 《感动中国》主题曲页美化后的效果

（6）《感动中国》推选介绍。

步骤 1：推选标准页设置。选中文字"（1）推选标准"，将字号设置为"24"，选中推选标准下的项目文字，将字号设置为"20"；选中内容占位符，依次单击"开始"→"行距"下拉按钮，在弹出的下拉列表中选择"1.5"，将行距设置为 1.5 倍行距，效果如图 4-40 所示。

步骤 2：推选方法页的设置同推选标准页，效果如图 4-41 所示。

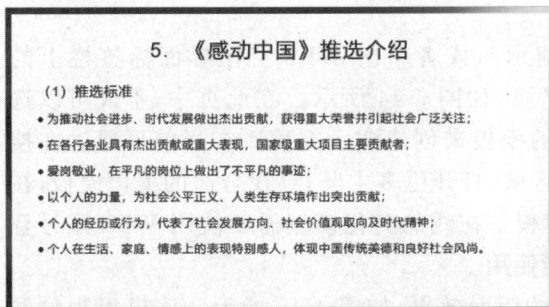

图 4-40 《感动中国》推选标准页美化后的效果

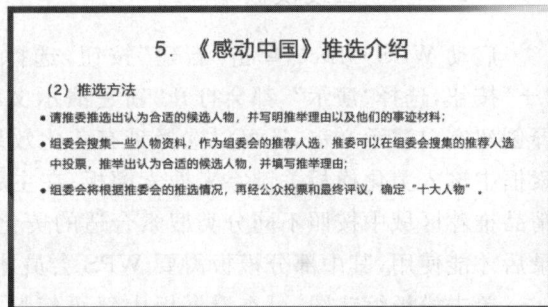

图 4-41 《感动中国》推选方法页美化后的效果

（7）《感动中国》2023 年度人物。

步骤 1：选中第一张年度人物幻灯片中的人物图片，在"图片工具"选项卡中取消"锁定纵横比"复选框，将图片宽度设置为 19.00 厘米，高度设置为 12.00 厘米。

步骤 2：选中文字"俞鸿儒——时代塑鸿儒"，在"开始"选项卡中将字号设置为"24"。

步骤 3：选中文字"颁奖词"，在"开始"选项卡中将字号设置为"20"。

步骤 4：选中颁奖词内容文字，在"开始"选项卡中将字号设置为"20"，行距设置为"1.5"倍；在颁奖词内容处右击，在弹出的快捷菜单中选择"段落"选项，在弹出的"段落"对话框中设置"特殊格式"为"首行缩进"，"度量值"为"2"；在后面单位下拉列表中选择"字符"，如图 4-42 所示。单击"确定"按钮完成设置，效果如图 4-43 所示。

步骤 5：其他年度人物幻灯片美化参考第 1 张年度人物幻灯片美化。

4. 保存

最后，单击快速访问工具栏中的"保存"按钮，保存完成的演示文稿。

4.2.3 知识链接

通过创建空白演示文稿制作出来的演示文稿并不美观，可以通过使用在线模板、智能美化

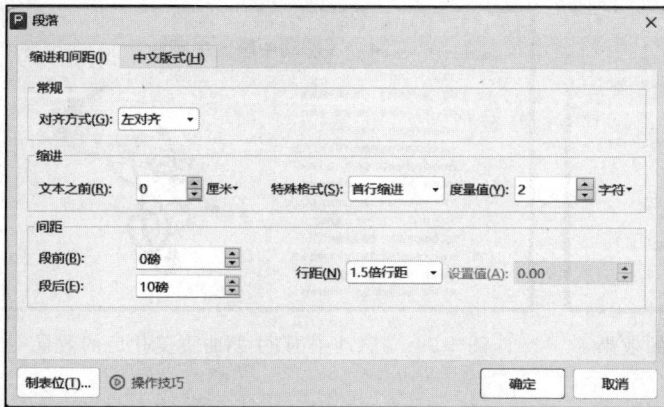

图 4-42 颁奖词内容段落设置

图 4-43 第 1 张年度人物幻灯片美化后的效果

和制作幻灯片母版来实现对演示文稿的美化。

4.2.3.1 在线模板

启动 WPS Office，单击"新建"按钮，选择"演示"，或者单击 WPS 工作界面标签栏上的"+"按钮，选择"演示"，都会打开"新建演示文稿"页，如图 4-44 所示。在此页中，不仅可以选择创建空白演示文稿，还可以选择带有美化效果的模板来创建演示文稿。在当前页通过在搜索框中输入美化模板关键字来搜索模板；在主题区域，打开更多主题，寻找合适的美化模板；在精品推荐区域中按照不同分类搜索合适的美化模板。在线的美化模板需要使用 WPS 账号登录后才能使用，其中部分模板需要 WPS 会员才能使用。

单击模板缩略图，可查看模板中每页幻灯片的版面效果，如图 4-45 所示。该模板为付费模板，单击右侧的"立即使用"按钮，购买会员后才能使用。如果是免费模板，右侧则为"免费使用"按钮，单击该按钮，下载模板后即可使用。

图 4-44 在"新建演示文稿"页中搜索模板

图 4-45 查看模板预览效果

4.2.3.2　智能美化

1. 主题方案

针对已制作好的演示文稿，可使用 WPS 提供的智能美化功能，快速地对演示文稿的风格、配色、背景、字体等进行统一设置，如图 4-46 所示。

图 4-46　"设计"选项卡下的智能美化工具

单击"设计"选项卡中的"更多主题"按钮，打开"主题方案"对话框，如图 4-47 所示。从中选择合适的主题模板，单击"立即使用"按钮，或者单击主题缩略图，即可将主题应用到当前演示文稿，效果如图 4-48 所示。

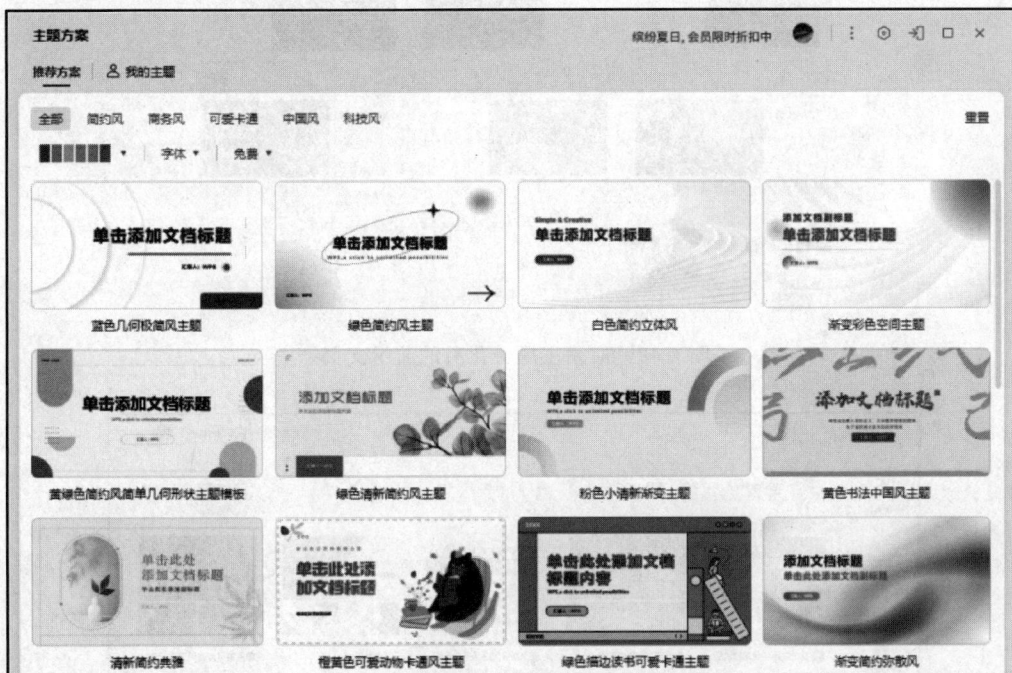

图 4-47　"主题方案"对话框提供的主题模板

2. 全文美化

也可依次单击"设计"→"全文美化"下拉按钮，选择"全文换肤"选项，打开"全文美化"对话框，如图 4-49 所示。在提供的美化模板中选择合适的模板，然后在缩略图上单击"预览换肤效果"按钮或者直接单击模板缩略图，右侧出现换肤的预览效果，效果如图 4-50 所示。最后单击"应用美化"按钮，即可完成对整个演示文稿的美化。

在图 4-50 右侧的"美化预览"选项卡下，每一张带有美化效果的幻灯片右下角有一个橙色复选框。勾选复选框，美化效果将应用于此张幻灯片；取消勾选，美化效果将不应用于此张幻灯片。

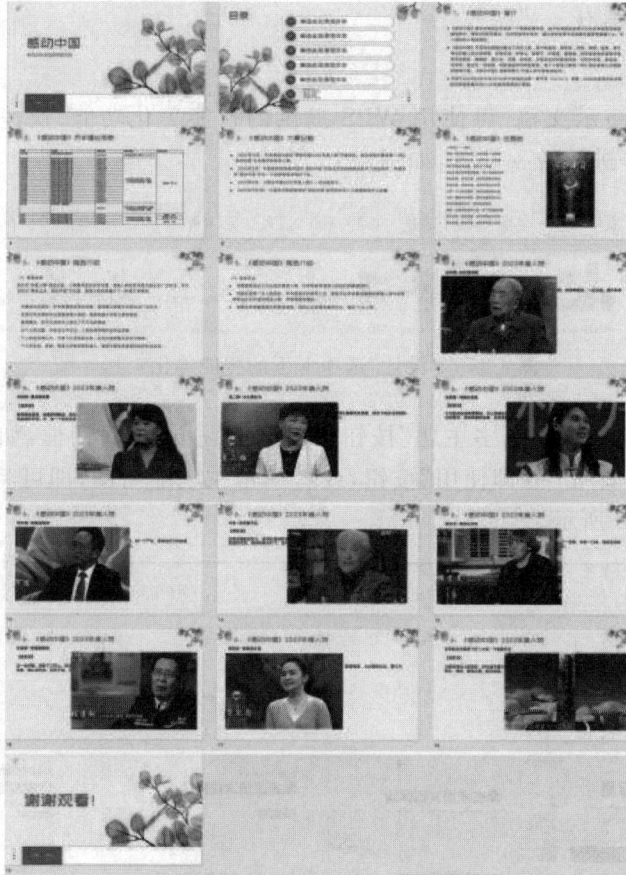

图 4-48　应用主题美化后的演示文稿

图 4-49　"全文美化"对话框提供的美化模板

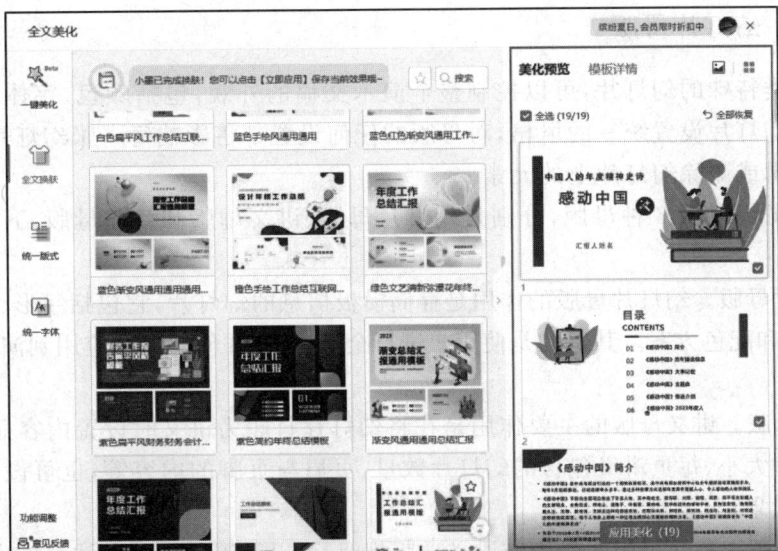

图 4-50　"全文美化"模板预览效果

在图 4-50 右侧还有一个"模板详情"选项卡,显示了该美化模板对应的母版,可根据需要应用并添加到页面中。

单击"全文美化"对话框中的"关闭"按钮,弹出提示框"是否应用美化效果,您当前预览的效果尚未生效,需要应用美化效果吗?",如图 4-51 所示。所示单击"应用并退出"按钮表示应用,单击"直接退出"按钮表示不应用。

3. 单页美化

除了全文美化,还可以对单页幻灯片进行美化,在"大纲/幻灯片"窗格中选择要美化的单页幻灯片,单击"设计"选项卡中的"单页美化"按钮,弹出"美化单页幻灯片"界面,如图 4-52 所示,选择合适的模板即可对选中的单页幻灯片进行美化。

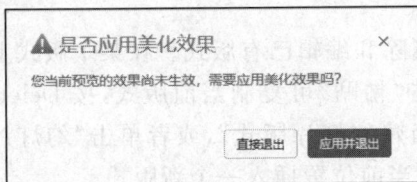

图 4-51　单击"关闭"按钮后弹出的提示框　　　　图 4-52　"美化单页幻灯片"界面

单击"设计"选项卡中的"配色方案"和"统一字体"按钮,这里不再赘述,请读者自行练习应用,查看效果。

4.2.3.3 幻灯片母版

母版是一类特殊的幻灯片,可以控制整个演示文稿的外观,包括颜色、字体、背景、效果等内容。母版为幻灯片设置统一的风格,对母版的任何设置都将影响每一张幻灯片,而且在普通视图中无法编辑或删除幻灯片上的元素。

WPS Office 提供了 3 种母版,分别是幻灯片母版、讲义母版和备注母版,下面介绍它们的作用。

(1) 幻灯片母版。幻灯片母版的作用是存储模板信息的幻灯片,它包括字形、占位符大小和位置、背景设计和配色方案。其目的是使用户进行全局更改,并使此更改应用到演示文稿的所有幻灯片中。

(2) 讲义母版。讲义母版的主要作用是在将幻灯片打印为讲义时设置内容显示方向(即纸张方向)、幻灯片大小、每页讲义包含的幻灯片数量、页眉与页脚的内容等,也可设置幻灯片的主题样式和背景效果。

(3) 备注母版。备注母版的作用与讲义母版相似,可以设置幻灯片备注页的内容显示方向、幻灯片大小、页眉与页脚的内容,以及幻灯片的主题样式和背景效果等。

单击"视图"选项卡中的"幻灯片母版"按钮,进入幻灯片母版编辑状态,如图 4-53 所示。左侧第一个为幻灯片母版,其余为该母版下的版式。在幻灯片母版中可以编辑标题样式、占位符文本样式、段落样式、背景样式、动画等,对幻灯片母版的修改将影响它下面所有版式,如图 4-54 所示。将母版的标题设置为红色,并在母版右上角插入了一张图片,母版下所有版式标题变为"深红",右上角也插入了该图片。对母版下某个版式的修改则不会影响其他版式,如图 4-55 所示。在"两栏内容"版式上,将标题颜色修改为"钢蓝,着色 1,深色 25%",则其他版式的标题颜色没有改变。

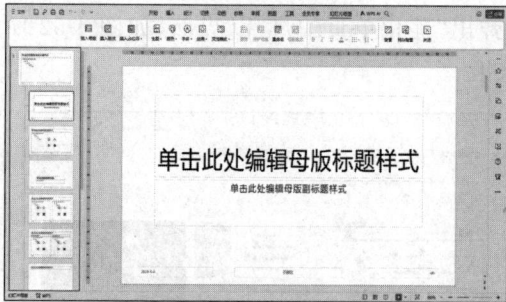

图 4-53 幻灯片母版编辑状态

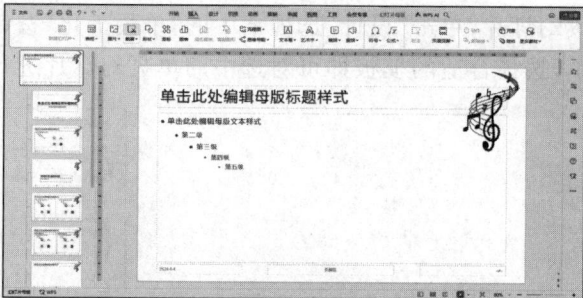

图 4-54 母版设置影响所有版式

可以在幻灯片母版下插入一个新版式,也可以复制、删除和编辑已有版式。在某个版式上右击,弹出快捷菜单,如图 4-56 所示。选择"复制"后,单击"粘贴"可复制当前版式,按 Delete 键可删除当前版式。在图 4-56 所示的快捷菜单中选择"新建幻灯片版式",或者单击"幻灯片母版"选项卡中的"插入版式"按钮,如图 4-57 所示,可以在当前位置插入一个新版式。

编辑版式包括删除占位符、插入新占位符和更改占位符形状,选中占位符,按 Delete 键可删除占位符,可以像复制普通对象一样复制占位符,像编辑图形形状一样更改占位符的形状。

一个演示文稿中可以有多个幻灯片母版,依次单击"幻灯片母版"→"插入母版"按钮即可添加一个幻灯片母版;如果要删除母版,先选中母版,再单击"幻灯片母版"选项卡中的"删除"

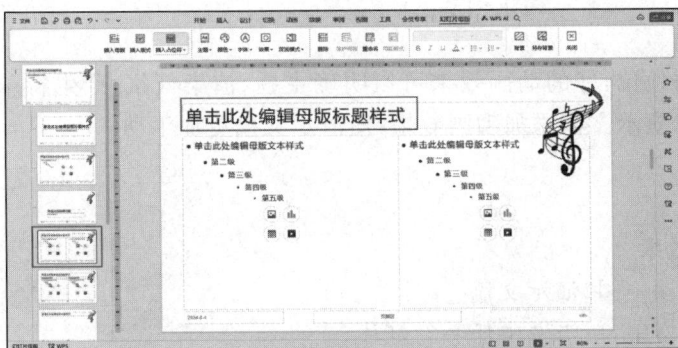

图 4-55　某个版式设置不影响其他版式

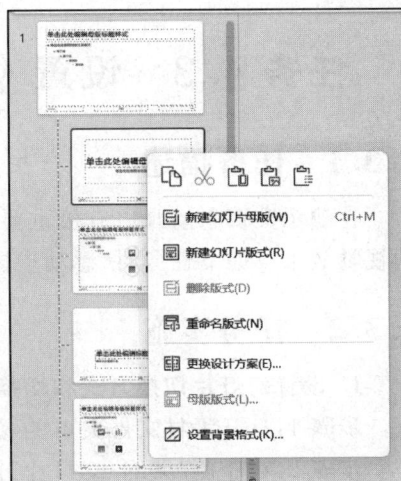

图 4-56　复制、粘贴版式

按钮,即可删除选中的母版。

　　母版的设置需要通过版式才能作用在幻灯片上。幻灯片母版设置完成后,依次单击"幻灯片母版"→"关闭"按钮退出幻灯片母版视图,返回普通视图。单击"开始"选项卡中的"新建幻灯片",或单击"版式"下拉按钮展开下拉列表,如图 4-58 所示,选择一个版式即可将母版设计应用到幻灯片上。

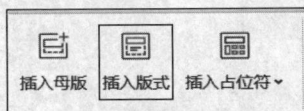

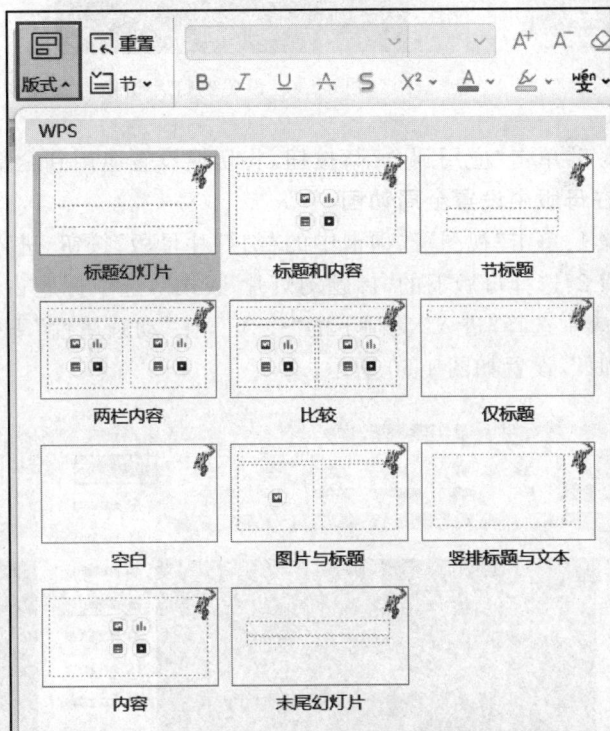

图 4-57　"插入版式"按钮

图 4-58　选择版式将母版设计应用到幻灯片上

任务 4.3　设置《感动中国》演示文稿动画效果

4.3.1　任务描述

在演示文稿中动画占有极重要的地位，好的动画效果可以明确主题、渲染气氛、产生特殊的视觉效果。如下任务对《感动中国》演示文稿添加动画效果，使演示文稿更加生动。

4.3.2　任务实施

1. 设置幻灯片切换方式和切换效果

步骤 1：打开素材文件夹下的《感动中国》演示文稿。

步骤 2：在左侧"大纲/幻灯片"窗格中，单击选中任一幻灯片。

步骤 3：单击"切换"选项卡，打开"切换"功能区。

步骤 4：选择"切换效果"下的"抽出"效果，默认效果选项为"从左"，勾选"单击鼠标时换片"复选框，设置如图 4-59 所示。

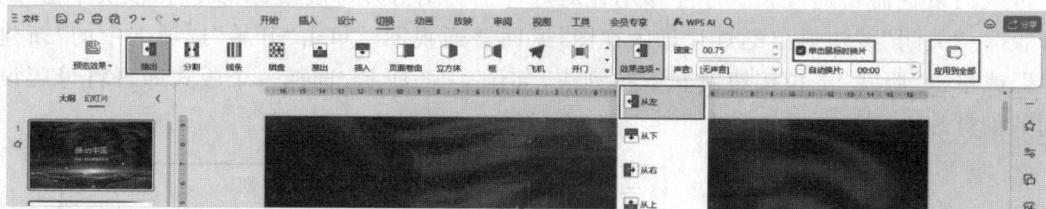

图 4-59　设置幻灯片切换方式和切换效果

步骤 5：单击"应用到全部"按钮，将切换设置应用到全部幻灯片上。

2. 在母版中设置全局动画

步骤 1：单击"视图"选项卡中的"幻灯片母版"按钮，进入幻灯片母版编辑状态。

步骤 2：选择母版下的"标题幻灯片 版式"，选中标题占位符，单击"动画"选项卡，在"动画样式"列表中选择"进入"动画下的"飞入"，在"动画属性"下拉列表中选择"自顶部"，开始方式为"单击时"，设置如图 4-60 所示。

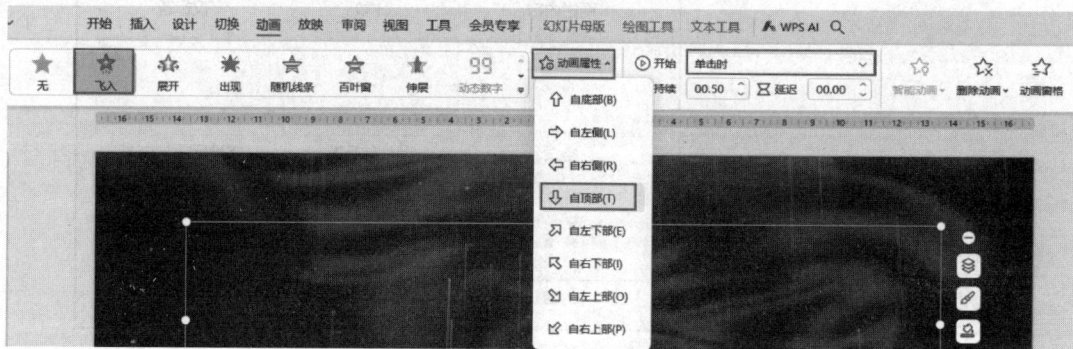

图 4-60　"标题幻灯片 版式"中标题占位符动画设置

步骤 3:选中副标题占位符,在"动画样式"列表中同样选择"进入"动画下的"飞入",在"动画属性"下拉列表中选择"自底部",开始方式为"在上一动画之后"。

步骤 4:选择母版下的"标题和内容 版式",选中标题占位符,单击"动画"选项卡,在"动画样式"列表中选择"进入"动画下的"飞入",在"动画属性"下拉列表中选择"自右侧",开始方式为"单击时",设置如图 4-61 所示。

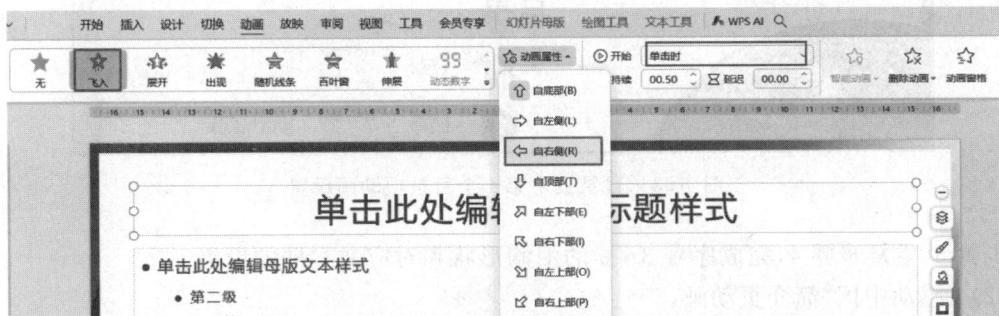

图 4-61　"标题和内容 版式"中标题占位符动画设置

步骤 5:选择母版下的"两栏内容 版式",选中标题占位符,单击"动画"选项卡,在"动画样式"列表中选择"进入"动画下的"飞入",在"动画属性"下拉列表中选择"自右侧",开始方式为"单击时"。

步骤 6:在"幻灯片母版"选项卡下,单击"关闭"按钮,完成全局动画设置。

3. 幻灯片设置动画

(1) 目录页动画。

步骤 1:在左侧"大纲/幻灯片"窗格中,单击选中目录页幻灯片。

步骤 2:选中左下角图片,单击"动画"选项卡,在"动画样式"列表中选择"进入"动画下的"擦除",在"动画属性"下拉列表中选择"自顶部",开始方式为"单击时",如图 4-62 所示。

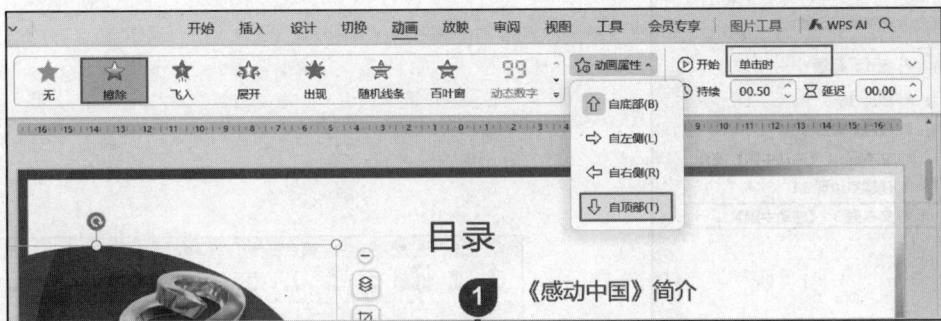

图 4-62　目录页中图片动画设置

步骤 3:同时选中序号为 1 的泪滴形状和"《感动中国》简介"文本框,在"动画样式"列表中选择"进入"动画下的"飞入",在"动画属性"下拉列表中选择"自右侧",如图 4-63 所示。

步骤 4:同时选中序号为 2 的泪滴形状和"《感动中国》历年播出信息"文本框,在"动画样式"列表中选择"进入"动画下的"飞入",在"动画属性"下拉列表中选择"自右侧",开始方式为"在上一动画之后",在"动画窗格"动画列表中单击选择"《感动中国》历年播出信息"文本框,修改开始方式为"与上一动画同时",如图 4-64 所示。

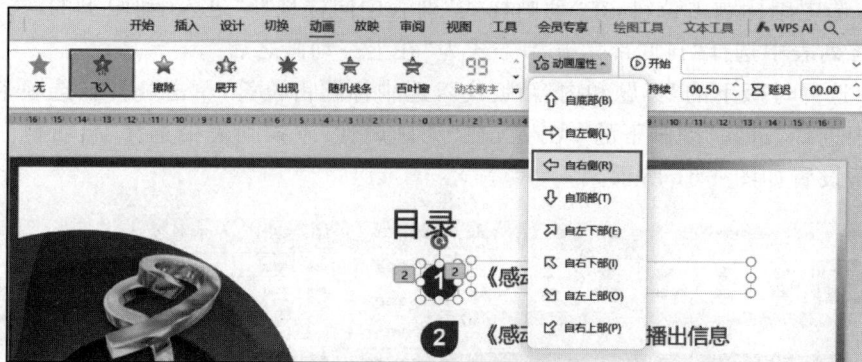

图 4-63　目录页中第 1 个目录项动画设置

步骤 5：重复步骤 4，完成序号 3~6 的泪滴形状和对应文本框的设置。

（2）《感动中国》简介页动画。

步骤 1：在左侧"大纲/幻灯片"窗格中，单击选中《感动中国》简介页幻灯片。

步骤 2：选中内容占位符，单击"动画"选项卡，在"动画样式"列表中选择"进入"动画下的"阶梯状"，在"动画属性"下拉列表中选择"右下"，"文本属性"下拉列表中选择"整体播放"，如图 4-65 所示。

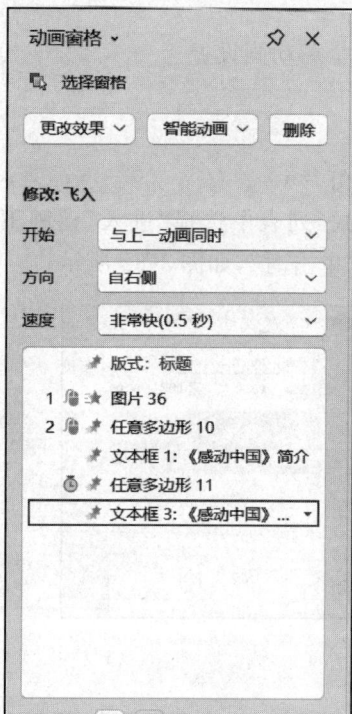

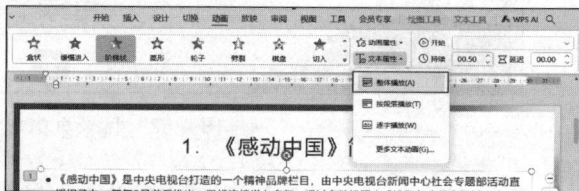

图 4-64　目录页中第 2 个目录项动画设置　　　　图 4-65　《感动中国》简介页内容动画设置

（3）《感动中国》历年播出信息页动画。

步骤 1：在左侧"大纲/幻灯片"窗格中，单击选中《感动中国》历年播出信息页幻灯片。

步骤 2：选中表格，单击"动画"选项卡，在"动画样式"列表中选择"进入"动画下的"阶梯状"，在"动画属性"下拉列表中选择"右下"，开始方式为"单击时"。

（4）《感动中国》大事记载页动画。

步骤 1：在左侧"大纲/幻灯片"窗格中，单击选中《感动中国》大事记载页幻灯片。

步骤 2：选中内容占位符，单击"动画"选项卡，在"动画样式"列表中选择"进入"动画下的"阶梯状"，在"动画属性"下拉列表中选择"右下"，在"文本属性"下拉列表中选择"整体播放"。

（5）《感动中国》主题曲页动画。

步骤 1：在左侧"大纲/幻灯片"窗格中，单击选中《感动中国》主题曲页幻灯片。

步骤 2：选中幻灯片左侧内容占位符，单击"动画"选项卡，在"动画样式"列表中选择"进入"动画下的"阶梯状"，在"动画属性"下拉列表中选择"右下"，在"文本属性"下拉列表中选择"整体播放"。

步骤 3：选中幻灯片右侧图片，在"动画样式"列表中选择"进入"动画下的"飞旋"，开始方式为"与上一动画同时"。

（6）《感动中国》推选介绍页动画。

步骤 1：在左侧"大纲/幻灯片"窗格中，单击选中《感动中国》推选标准页幻灯片。

步骤 2：选中内容占位符，单击"动画"选项卡，在"动画样式"列表中选择"进入"动画下的"阶梯状"，在"动画属性"下拉列表中选择"右下"，在"文本属性"下拉列表中选择"整体播放"。

步骤 3：推选方法页动画设置与推选标准页设置一样。

（7）《感动中国》2023 年度人物页动画。

步骤 1：在左侧"大纲/幻灯片"窗格中，单击选中《感动中国》2023 年度人物第 1 张幻灯片（俞鸿儒）。

步骤 2：选中人物图片，单击"动画"选项卡，在"动画样式"列表中选择"进入"动画下的"盒状"，在"动画属性"下拉列表中选择"外"，开始方式为"单击时"，在"动画窗格"中设置速度为"中速（2 秒）"，如图 4-66 所示。

图 4-66　《感动中国》2023 年度人物图片画设置

步骤 3：选中右侧文字，在"动画样式"列表中选择"进入"动画下的"缓慢进入"，在"动画属性"下拉列表中选择"自底部"，开始方式为"单击时"，在"动画窗格"中设置速度为"中速（2 秒）"。

步骤 4：再次选中人物图片，单击"动画"选项卡中的"动画刷"按钮，鼠标变成"带格式刷的箭头"形状。

步骤 5：单击左侧"大纲/幻灯片"窗格中《感动中国》年度人物第 2 张幻灯片（刘玲琍）。

步骤 6：直接单击第 2 张幻灯片上的图片，将图片动画复制到新的对象上。

步骤 7：回到年度人物第 1 张幻灯片（俞鸿儒），单击选中右侧的文字，在"动画"选项卡中单击"动画刷"。

步骤 8：回到年度人物第 2 张幻灯片（刘玲琍），直接在文字上单击，将文字动画复制到新的对象上。

步骤 9：重复步骤 4～步骤 8，将剩下的年度人物图片和文字动画设置完成。

4. 保存

单击快速访问工具栏中的"保存"按钮，保存完成的演示文稿。

4.3.3 知识链接

4.3.3.1 设置幻灯片切换

1. 设置幻灯片切换方式

幻灯片的切换方式有手动换片和自动换片两种。手动换片是指在放映幻灯片时通过单击鼠标的方式来一张张地翻页、换片，自动换片是设置每一张幻灯片的播放时间，时间一到就自动切换到下一张幻灯片。设置幻灯片切换方式的操作步骤如下。

步骤 1：选中需要设置切换方式的幻灯片，单击"切换"选项卡。

步骤 2：手动换片。勾选"单击鼠标时换片"复选框，如图 4-67 所示，此时在放映幻灯片时，由播放者自行通过单击鼠标或者翻页笔来切换幻灯片。

自动换片：勾选"自动换片"复选框并设置时长，如图 4-68 所示。播放到此幻灯片时，停留 7 秒后就会自动切换到下一张幻灯片。

如果两者同时勾选，如图 4-69 所示，此时在设置的时长内单击鼠标则切换幻灯片，超过设置时长且未单击鼠标则幻灯片自动换片。

图 4-67 "切换"选项卡下设置手动换片　　图 4-68 "切换"选项卡下设置自动换片　　图 4-69 "切换"选项卡下同时设置手动、自动换片

如果同时取消了两个复选框的选择，则在幻灯片放映时，只有右击，在弹出的快捷菜单中选择"下一页"命令时才能切换幻灯片。

参数设置完后，则自动将切换方式应用到选定的幻灯片上；单击"应用到全部"按钮，将切换方式应用到所有幻灯片上。

2. 设置幻灯片切换效果

设置了切换效果的幻灯片在放映的时候过渡更加自然，切换效果设置的操作步骤如下。

步骤 1：选中需要设置切换效果的幻灯片。

步骤 2：单击"切换"选项卡，选择一种切换效果，如图 4-70 所示。比如，选择"百叶窗"效果，还可以设置切换速度和声音。

图 4-70 在"切换"选项卡下设置切换效果

步骤 3：单击"效果选项"命令按钮，弹出下拉列表，如图 4-71 所示。不同的动画对应的效果选项内容也不同，此处为百叶窗对应的效果水平百叶窗或者垂直百叶窗。

步骤 4：设置垂直效果后播放幻灯片，切换效果如图 4-72 所示。

图 4-71 设置切换效果选项

图 4-72 设置垂直效果后幻灯片切换效果

同样的，切换效果也可以应用到所有幻灯片上，单击"应用到全部"按钮即可。

3. 超链接和动作按钮

超链接用于实现不同幻灯片之间或者不同程序之间的跳转。选中幻灯片中要插入超链接的对象，单击"插入"选项卡中的"超链接"下拉按钮，在下拉列表中选择"本文档幻灯片页"，如图 4-73 所示。打开"插入超链接"对话框，如图 4-74 所示，在"请选择文档中的位置"列表中选择链接的幻灯片，单击"屏幕提示"按钮可设置鼠标指针滑过超链接文本时的提示信息，单击"确定"按钮完成链接到其他幻灯片设置。在左侧还可选择链接到其他文件、电子邮件或网页。

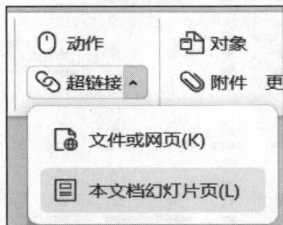

图 4-73 "插入"选项卡中"超链接"
的下拉列表

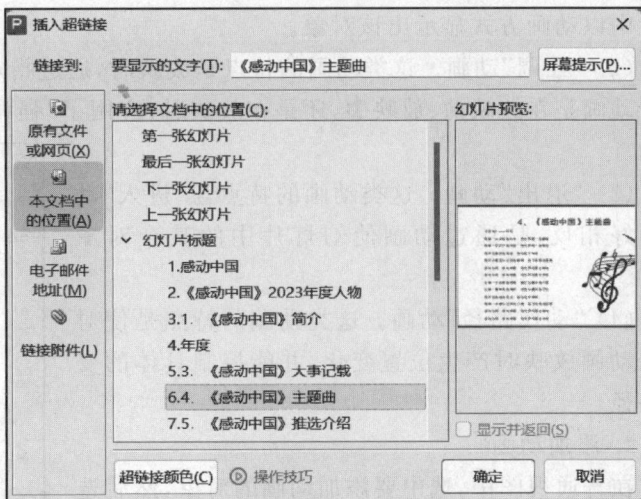

图 4-74 "插入超链接"对话框

选中要插入超链接的对象，单击图4-73中的"动作"按钮，弹出"动作设置"对话框，可设置鼠标单击和鼠标移过时跳转到的位置及是否有声音，如图4-75所示。

在幻灯片中也可以通过绘制的动作按钮来实现跳转到指定的幻灯片或启动其他应用程序。WPS演示为用户提供了12种不同的动作按钮，在"插入"选项卡的"形状"下拉列表中，如图4-76所示，这些按钮大多预设了相应的功能，用户只需将其添加到幻灯片中即可使用。

图 4-75　"动作设置"对话框　　　　　　　图 4-76　动作按钮

4.3.3.2　设置动画

1. 动画分类

WPS演示中的对象动画有"进入""强调""退出""动作路径"动画效果之分，这几种动画类型的区别如下。

（1）"进入"动画。这类动画的特点是从无到有，即在放映幻灯片时，开始并不会出现应用了"进入"动画的对象，而在特定时间或特定操作下，如显示了指定的内容或单击后，才会在幻灯片中以动画方式显示出该对象。

（2）"强调"动画。这类动画的特点是放映时，通过指定方式突出显示添加了动画的对象，无论动画是在放映前、放映中，还是在放映后，应用了"强调"动画的对象始终是显示在幻灯片中的。

（3）"退出"动画。这类动画的特点与"进入"动画刚好相反，是通过动画使幻灯片中的某个对象消失。

（4）"动作路径"动画。这类动画的特点是使对象在动画放映时产生位置变化，并能控制具体的变化路径。

2. 添加动画

在普通视图中，选中要添加动画的对象，然后选择"动画"选项卡，在"动画效果"下拉列表中选择需要的动画，如图4-77所示，即可快速创建基本的动画。在"动画"选项卡中，还可以设置动画开始的方

图 4-77　"动画效果"下拉列表

式(单击时、与上一动画同时、在上一动画之后)、持续时间与延迟时间,如图 4-78 所示。单击"动画窗格"按钮,在打开的"动画窗格"中可以设置动画的方向、速度等,如图 4-79 所示,其中动画列表最左侧的数字表示单击时动画执行的顺序,如数字"1"表示第 1 次单击时执行。

若要给同一个对象设置多个动画,在"动画窗格"中单击"添加效果"下拉按钮,在下拉菜单中选择需要的动画即可。

3. 更改动画

在"动画窗格"中已设定动画的列表中,也可以更改已设定动画的动画类型。选择某个动画,"添加效果"按钮自动变成"更改效果"按钮,单击"更改效果"按钮可以对当前选择的动画进行更改,如图 4-80 所示。

图 4-78　在"动画"选项卡中设置动画开始
方式、持续时间和延迟时间

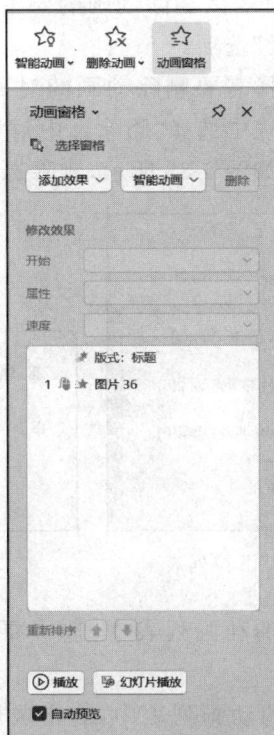

图 4-79　"动画窗格"

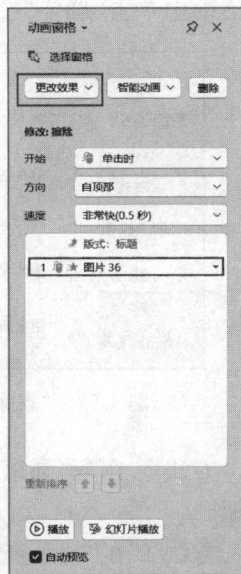

图 4-80　更改动画

4. 预览动画

预览动画能够使用户快速浏览当前幻灯片中已设置的动画效果。在"动画窗格"的底部,默认勾选"自动预览"复选框,在添加动画时会自动播放当前动画预览效果。单击"播放"按钮可以对本幻灯片中设置的所有动画进行预览,预览动画时,开始方式是"单击时"的动画也自动播放。

5. 设置动画效果选项

在"动画窗格"的动画列表中,右击某个动画效果,在弹出的快捷菜单中选择"效果选项"选项,或者单击某个动画右侧的下拉按钮,在弹出的下拉菜单中选择"效果选项"选项,在弹出的对话框中可以对更多动画参数进行设置,如播放动画后隐藏、重复、触发器(如单击指定对象才触发动画)、组合文本作为一个整批对象等,如图 4-81 所示。

6. 调整动画顺序

动画的顺序默认是设置动画的顺序，通过"动画"窗格中动画列表左侧的数字，可以看出对象的动画顺序。如要调整动画顺序，选中需要调整的动画，按住鼠标左键将其拖到动画列表中的目标位置，或者单击列表下方"重新排序"的"向上"或"向下"排序按钮，即可改变动画的顺序。

7. 删除动画

通过下列 4 种方法可以删除动画。

方法 1：在幻灯片上选择需要删除动画的对象，在"动画效果"下拉列表中选择"无"选项。

图 4-81　某个动画效果选项设置对话框

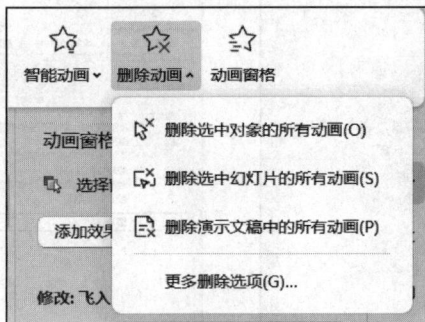

方法 2：在幻灯片上选择需要删除动画的对象，单击"删除动画"按钮，在下拉列表中选择"删除选中对象的所有动画"，如图 4-82 所示。在弹出的对话框中单击"确定"按钮，如图 4-83 所示，删除选中对象中的所有动画效果。

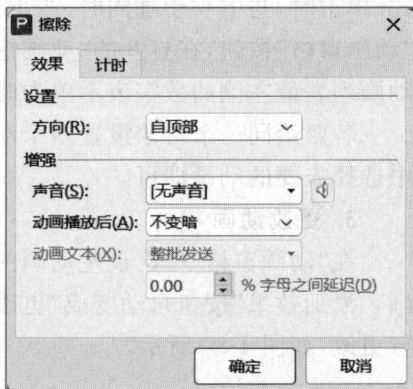

图 4-82　"删除动画"下拉列表

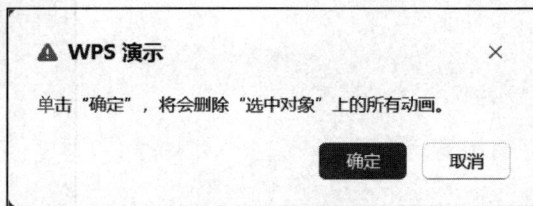

图 4-83　删除动画确认对话框

方法 3：在"动画窗格"的动画列表中，选中要删除的动画，单击"动画窗格"中的"删除"按钮。

方法 4：在"动画窗格"的动画列表中，右击要删除的动画，在弹出的快捷菜单中选择"删除"选项。

8. 动画刷

动画刷是 WPS 演示中快速设置动画的一种工具。用动画刷"刷"动画，可以快速将指定对象的动画沿用到其他对象上，无须重复设置。使用动画刷时，先单击需要复制动画的对象，再单击"动画"选项卡中的"动画刷"按钮，此时，鼠标指针变为"带有格式刷的箭头"形状，最后单击另外一个对象，如图 4-84 所示。

图 4-84　"动画"选项卡中的"动画刷"按钮

4.3.3.3　放映与输出演示文稿

1. 设置放映方式

　　幻灯片放映类型包括演讲者放映（全屏幕）和展台自动循环放映（全屏幕），不同的放映类型适合在不同场景下使用。在"放映"选项卡中，单击"放映设置"下拉按钮，在下拉菜单中选择"放映设置"选项，打开"设置放映方式"对话框，在该对话框中可以设置放映类型、放映选项、换片方式等，如图 4-85 所示。

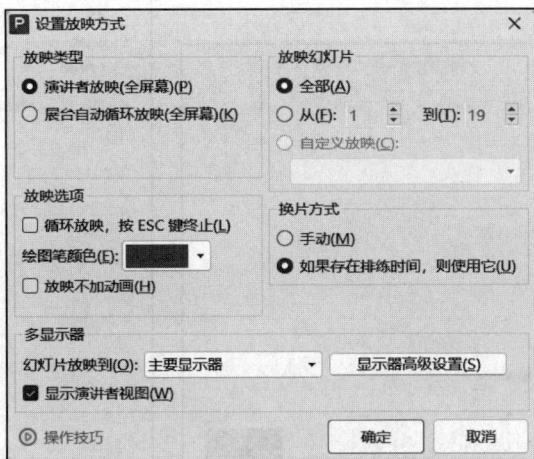

图 4-85　"设置放映方式"对话框

2. 输出演示文稿

　　（1）输出为文档。在"文件"菜单中选择"另存为"下一级菜单中的"转为 WPS 文字文档"选项，如图 4-86 所示。打开"转为 WPS 文字文档"对话框，如图 4-87 所示，在该对话框中可以选择幻灯片的编号或范围、设置转换后版式、设置转换内容等，确认后单击"确定"按钮，转换完成后的文字文档是"＊.WPS"格式的。

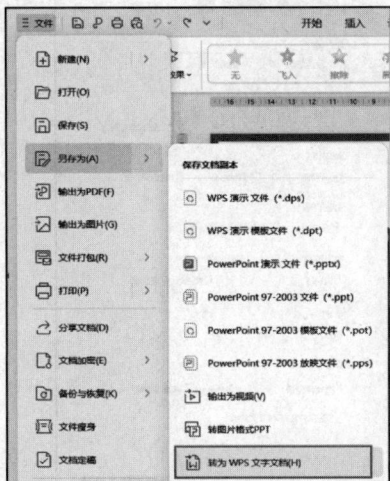

图 4-86　"转为 WPS 文字文档"选项

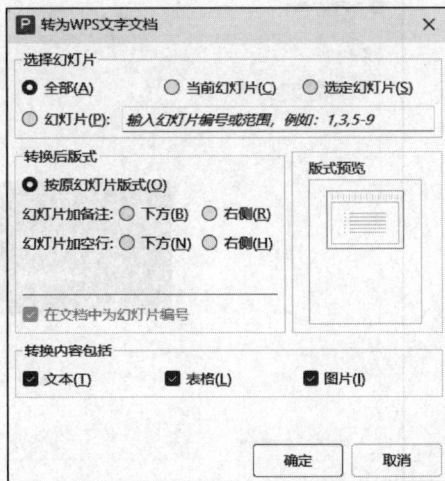

图 4-87　"转为 WPS 文字文档"对话框

（2）输出为 PDF。在"文件"菜单中选择"输出为 PDF"选项，打开"输出为 PDF"对话框，如图 4-88 所示。在该对话框中可以设置输出范围，单击左下角的"输出设置"超链接，如图 4-89 所示，在打开的对话框中可以设置输出内容、文件打开密码等。WPS 会员还可以输出图片型 PDF、添加水印等。演示文稿输出为 PDF 的操作与文档输出为 PDF 的操作类似。

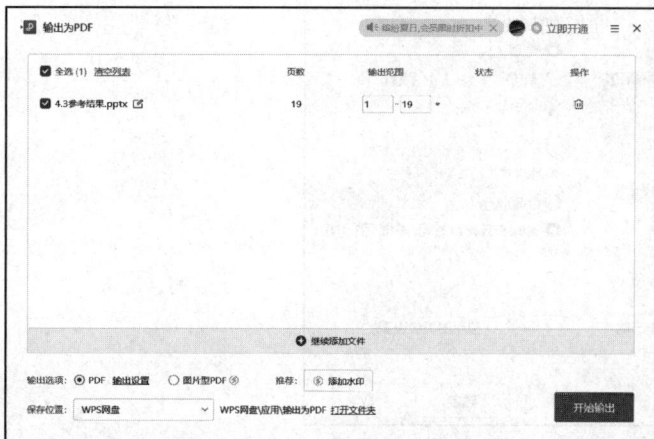

图 4-88　"输出为 PDF"对话框

图 4-89　"输出设置"对话框

（3）输出为图片。在"文件"菜单中选择"输出为图片"选项，打开"批量输出为图片"对话框，如图 4-90 所示，在该对话框中可以设置有关输出参数。"逐页输出"表示文档的每页输出为一张图片，"合成长图"表示整个文档的所有页面输出为一张上下拼接的长图。非会员会显示"非会员水印"，输出格式可选择 JPG、PNG、BMP、TIF，输出品质可选择"普通""标清"，其中

图 4-90　"批量输出为图片"对话框

图 4-91　"输出为视频"选项

"标清"只有会员才能使用。会员还可以编辑水印、选择页码输出等，确认后单击右下角的"开始输出"按钮即可输出为图片。逐页输出时会自动创建文件夹，用于保存每页的图片文件。

（4）输出为视频。在"文件"菜单中选择"另存为"，在下一级菜单中选择"输出为视频"选项，如图 4-91 所示。打开"另存为"对话框，在该对话框中选择合适的文件路径，勾选下方的"同时导出 WebM 视频播放教程"复选框，如图 4-92 所示。单击"保存"按钮，在弹出的"下载与安装 WebM 视频解码器插件（扩展）"对话框中，勾选"我已阅读"复选框，单击"下载并安装"按钮，如图 4-93 所示。后续根据提示完成相关操作，最后会提示"视频输出完成"。

（5）打包演示文稿。演示文稿制作完成后，需要在其他计算机上进行放映，可以将演示文稿打包，把插入的音频、视频等文件一起打包，避免在其他计算机上因缺少字体和多媒体文件而影响正常演示效果。

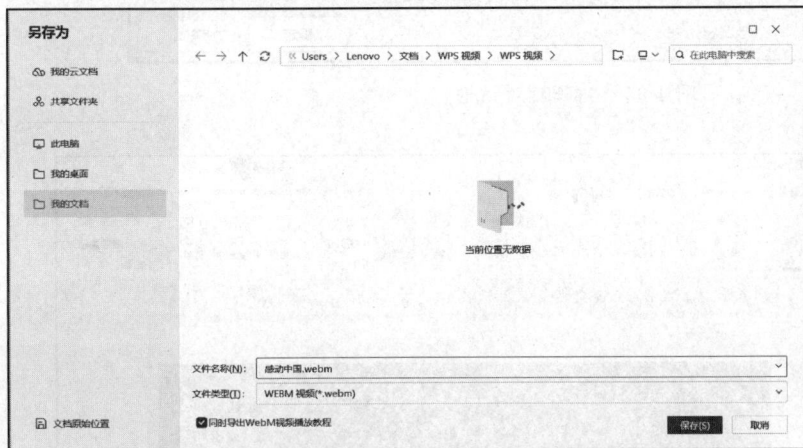

图 4-92　"另存为"对话框

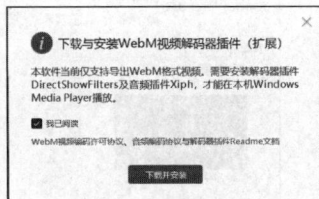

图4-93　下载与安装 WebM 视频解码器插件

在"文件"菜单中选择"文件打包"，在下一级菜单中选择"将演示文档打包成文件夹"选项，打开如图 4-94 所示的"演示文件打包"对话框，在该对话框中可以对文件夹命名，选择存储位置，同时打包成一个压缩文件等，设置好后单击"确定"按钮，关闭对话框。打开打包后的文件夹，可以看到除了演示文稿，还有相关的媒体文件。

图 4-94　"演示文件打包"对话框

（6）打印演示文稿。在"文件"菜单中选择"打印"选项，在下一级菜单中选择"打印"，弹出"打印"对话框，如图4-95所示。除普通打印功能外，WPS演示还提供高级打印功能，在"打印"下一级菜单中选择"高级打印"，高级打印功能需要安装相应的插件，安装好插件后，用户可以在高级打印窗口中设置更多打印选项和打印效果，如图4-96所示。

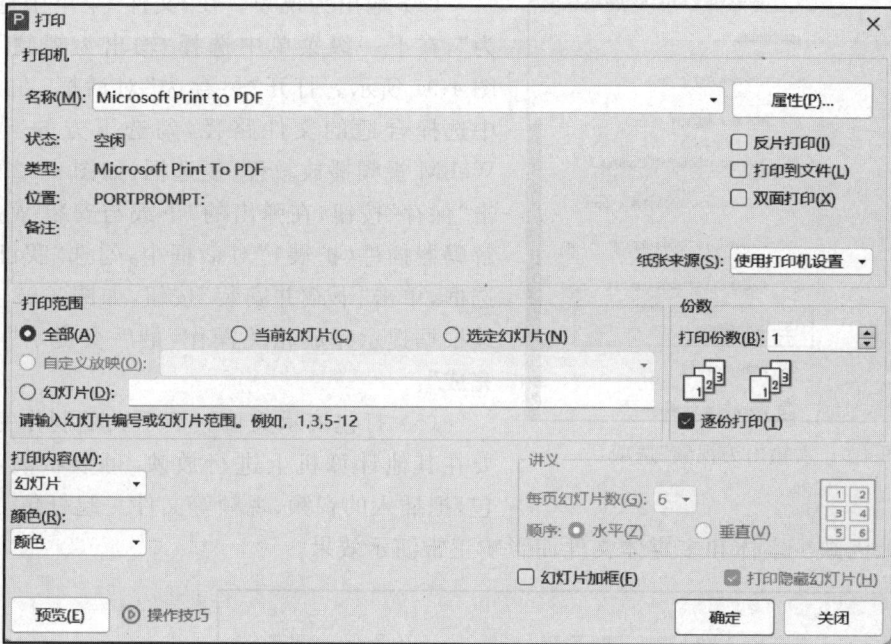

图4-95 "打印"对话框

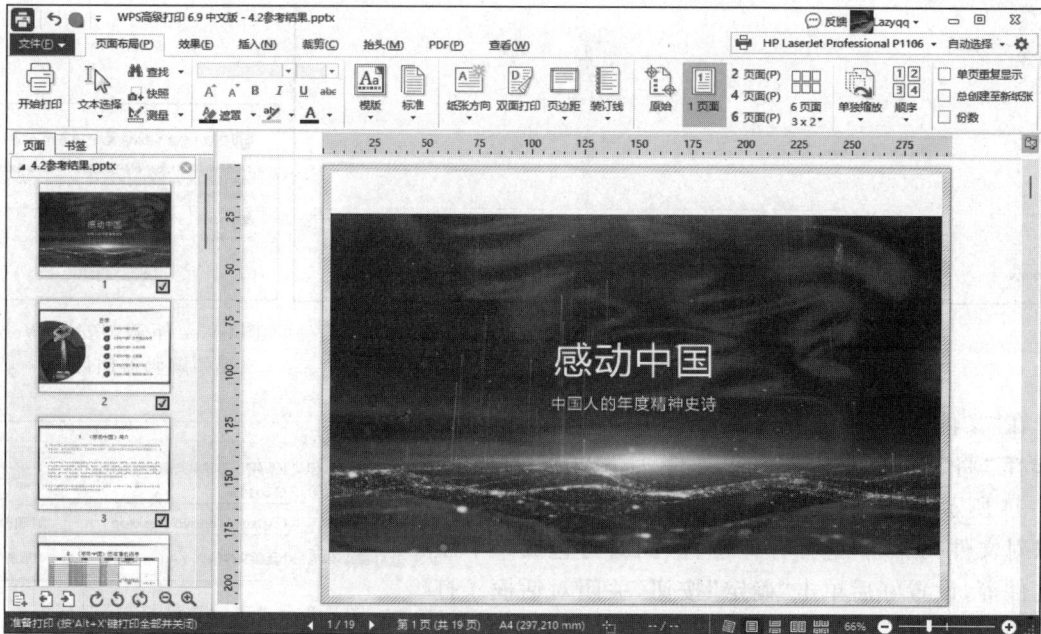

图4-96 "高级打印"对话框

信 息 中 国

商用碳纤维地铁列车在青岛发布

6月26日，中车青岛四方机车车辆股份有限公司联合青岛地铁集团为青岛地铁1号线研制的碳纤维地铁列车在青岛正式发布，这是全球首列用于商业化运营的碳纤维地铁列车。目前，该碳纤维地铁列车已完成厂内型式试验。按照计划，年内将在青岛地铁1号线投入载客示范运营。传统地铁车辆主要采用钢、铝合金等金属材料，受制于材料特性，面临减重瓶颈。碳纤维具有轻质、高强度、抗疲劳、耐腐蚀等优点，强度是钢铁的5倍以上，但重量不到钢铁的1/4，是轨道车辆轻量化的绝佳材料。该碳纤维地铁列车的车体、转向架构架等主承载结构采用碳纤维复合材料制造，具有更轻更节能、强度更高、环境适应力更强、全寿命周期运维成本更低等技术优势。

实 训 任 务

成都，一个融合了古老文化与现代活力的城市，不仅是古蜀文明的发祥地，还以其悠闲的生活节奏、丰富的美食、深厚的文化底蕴、美丽的自然风光和繁荣的商业氛围吸引着无数游客。请设计制作一份成都旅游的演示文稿，效果如图4-97所示。

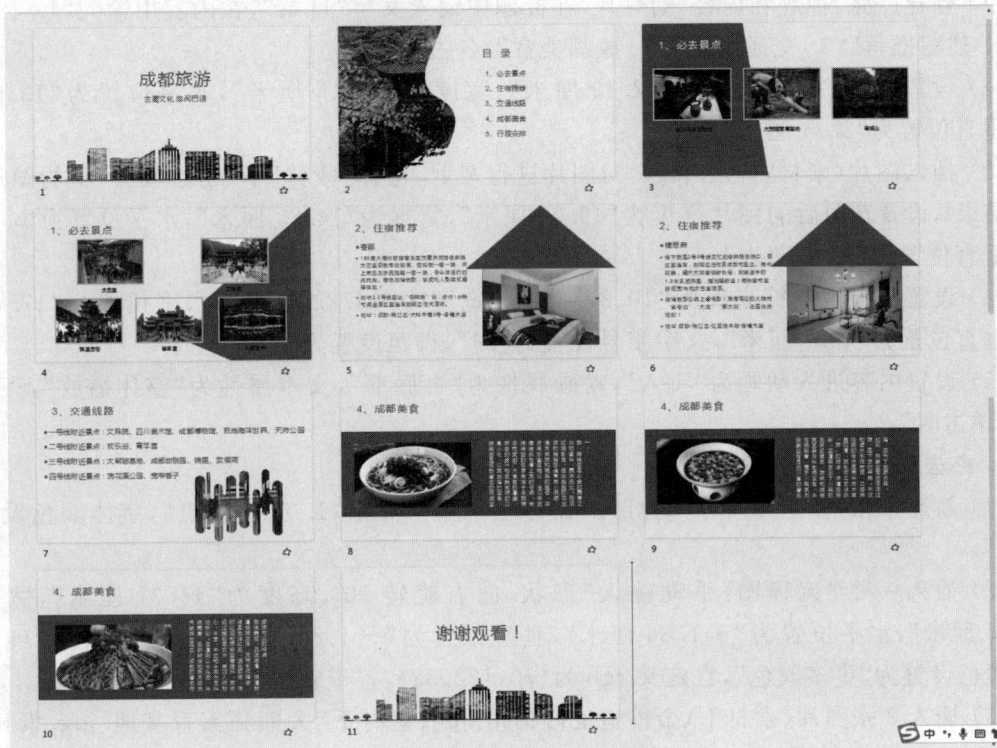

图 4-97　成都旅游演示文稿

1. 创建新的演示文稿

创建一个新的演示文稿，保存到桌面上，命名为"成都旅游"。

2. 母版设置

（1）设置"母版幻灯片"标题文字和内容文字颜色为"浅绿，着色4，深色25％"。

（2）设置"母版幻灯片"背景填充为"纯色填充"，颜色为"浅绿，着色4，深色25％"，透明度为"90％"。

（3）在"标题幻灯片 版式"中，插入图片（素材\背景.jpg），对图片进行裁剪，选择"裁剪"下"创意裁剪"中的城市图形，设置裁剪后的图片高度为"5.23厘米"，宽度为"33.63厘米"，水平位置为"0.00厘米"，垂直位置为"13.85厘米"。

（4）设置"标题幻灯片 版式"标题进入动画为"飞入"，动画属性为"自底部"，开始方式为"单击时"；设置副标题进入动画为"飞入"，动画属性为"自底部"，开始方式为"在上一动画之后"。

（5）设置"标题和内容 版式"标题进入动画为"飞入"，动画属性为"自右侧"，开始方式为"单击时"。

（6）设置"两栏内容 版式"标题进入动画为"飞入"，动画属性为"自右侧"，开始方式为"单击时"。

3. 创建封面

（1）在默认第1张标题幻灯片中输入标题文字"成都旅游"。

（2）输入副标题文字"古蜀文化 悠闲巴适"。

4. 创建目录页

（1）新建一张"标题和内容"幻灯片，在标题中输入文字"目录"，在内容中输入"1. 必去景点""2. 住宿推荐""3. 交通线路""4. 成都美食"，各占一行。

（2）设置标题占位符高度为"2.49厘米"，宽度为"11.15厘米"，水平位置为"13.93厘米"，垂直位置为"2.34厘米"。

（3）插入图片（素材\背景.jpg），对图片进行裁剪，选择"裁剪"下"创意裁剪"中的图形（见参考结果），设置裁剪后的图片高度为"19.05厘米"，宽度为"14.25厘米"，水平位置为"0.00厘米"，垂直位置为"0.00厘米"。

（4）设置内容占位符高度为"10.27厘米"，宽度为"14.22厘米"，水平位置为"17.76厘米"，垂直位置为"4.97厘米"，文字字号设置为"24"，行距设置为"1.5"。

（5）设置内容进入动画为"飞入"，动画属性为"自底部"，文本属性为"整体播放"，开始方式为"单击时"。

5. 必去景点页

（1）新建一张"标题和内容"幻灯片，在标题中输入文字"1. 必去景点"，字体颜色设置为"白色"。

（2）插入一个"流程图：手动输入"形状，向右旋转90°，高度为"15.37厘米"，宽度为"19.05厘米"，水平位置为"－1.84厘米"，垂直位置为"－1.84厘米"，填充设置为"纯色填充"，颜色设置为"更多颜色"，自定义rgb为（70,122,52），置于底层。

（3）插入3张图片（素材下\金沙遗址博物馆.jpg、素材下\大熊猫繁育基地.jpg、素材下\青城山.jpg），图片高度为"6.20厘米"，宽度为"9.30厘米"。为图片设置边框，线条为"实线"，颜色"橙色"，宽度"4.75磅"。3张图片的位置分别为"水平1.37厘米　垂直5.77厘米""水平

12.45 厘米　垂直 5.77 厘米""水平 23.33 厘米　垂直 5.77 厘米"。

（4）插入 3 个文本框，分别输入文字"金沙遗址博物馆""大熊猫繁育基地""青城山"，将文本框放在对应图片下方中部。

（5）将 3 张图片和 3 个文本框进入动画一起设置为"展开"。

（6）继续新建一张"标题和内容"幻灯片，在标题中输入文字"1. 必去景点"。

（7）插入一个"等腰三角形"形状，向右旋转 24°，高度为"21.50 厘米"，宽度为"19.20 厘米"，水平位置为"19.93 厘米"，垂直位置为"－1.05 厘米"，填充设置为"纯色填充"，颜色设置为"更多颜色"，自定义 rgb 为（70,122,52），置于底层。

（8）插入 5 张图片（素材下\太古里.jpg、素材下\文殊院.jpg、素材下\锦里古街.jpg、素材下\青羊宫.jpg、素材下\九眼玉桥.jpg），图片高度为"5.38 厘米"，宽度为"8.06 厘米"。为图片设置边框，线条为"实线"，颜色"橙色"，宽度"4.75 磅"。5 张图片的位置分别为"水平 5.33 厘米　垂直 3.84 厘米""水平 20.60 厘米　垂直 3.84 厘米""水平 2.57 厘米　垂直 11.30 厘米""水平 12.54 厘米　垂直 11.30 厘米""水平 22.76 厘米　垂直 11.30 厘米"。

（9）插入 5 个文本框，分别输入文字"太古里""文殊院""锦里古街""青羊宫""九眼玉桥"，将文本框放在对应图片下方中部。

（10）将 5 张图片和 5 个文本框进入动画一起设置为"展开"。

6. 住宿推荐页

（1）新建一张"两栏内容"幻灯片，在标题中输入文字"2. 住宿推荐"。

（2）在左侧占位符中输入素材文件夹下《成都旅游》文字稿.doc 中"春熙"介绍文字，将"春熙"字号设置为"24"，进入动画设置为"百叶窗"，动画属性为"水平"，文本属性为"整体播放"。

（3）插入一个"等腰三角形"形状，高度为"7.82 厘米"，宽度为"18.32 厘米"，水平位置为"15.55 厘米"，垂直位置为"0.00 厘米"，填充设置为"纯色填充"，颜色设置为"更多颜色"，自定义 rgb 为（70,122,52）。

（4）在右侧占位符中插入图片（素材\春熙.jpg），设置图片高度为"9.60 厘米"，宽度为"14.38 厘米"，水平位置为"17.46 厘米"，垂直位置为"7.82 厘米"。

（5）将等腰三角形和图片进入动画一起设置为"百叶窗"，动画属性为"水平"，开始为"在上一动画之后"。

（6）复制"春熙"幻灯片，修改为"檬思森"的介绍及图片。

7. 交通线路页

（1）新建一张"标题和内容"幻灯片，在标题中输入文字"3. 交通线路"。

（2）在内容中输入素材文件夹下《成都旅游》文字稿.doc 中交通线路下内容文字，字号设置为"24"，行距为"1.5"。

（3）将内容进入动画设置为"百叶窗"，动画属性为"水平"，文本属性为"整体播放"，开始方式为"单击时"。

（4）插入图片（素材\交通.jpg），对图片进行裁剪，裁剪图形为"创意裁剪"下"几何"中的图形（见效果图），将裁剪后的图形高度为"8.93 厘米"，宽度"10.73 厘米"，水平位置为"19.57 厘米"，垂直位置为"10.14 厘米"。

8. 成都美食页

（1）新建一张"两栏内容"幻灯片，在标题中输入文字"4. 成都美食"。

（2）插入形状"基本形状"中的"矩形"，高度为"10.44 厘米"，宽度为"33.78 厘米"，水平位置为"0.00 厘米"，垂直位置为"5.64 厘米"，填充设置为"纯色填充"，颜色设置为"更多颜色"，自定义 rgb 为(70,122,52)，置于底层。

（3）在左侧占位符中插入图片，高度为"5.38 厘米"，宽度为"8.06 厘米"，水平位置为"1.60 厘米"，垂直位置为"6.94 厘米"。

（4）右侧占位符中输入素材文件夹下《成都旅游》文字稿.doc中担担面介绍，文字方向为"竖排（从左到右）"。

（5）将形状、图片和介绍进入动画一起设置为"随机线条"，动画属性为"垂直"。

（6）复制两张担担面幻灯片，分别修改为麻婆豆腐和夫妻肺片的图片及介绍。

9. 封底页

（1）新建一张"标题"幻灯片，在标题中输入文字"谢谢观看"。

（2）设置幻灯片切换。

（3）设置全部幻灯片切换效果为"平滑"，切换方式为"单击鼠标时换片"。

单元5 信息检索

知识目标

1. 能够理解信息检索的基本流程，了解信息检索的方法。
2. 掌握使用搜索引擎进行信息检索的操作。
3. 掌握利用中国知网等数据平台熟练地进行信息资源文献检索的方法。

技能目标

1. 能够通过网页、社交媒体等不同信息平台进行信息检索。
2. 能够通过期刊、论文、数字资源等专用平台进行信息检索。

素质目标

1. 自觉培养信息检索的良好习惯，对数据和信息做好安全防范。
2. 在信息检索的过程中，要有严谨、科学的态度和实事求是的工作作风。

任务 5.1　利用网络大数据求职

5.1.1　任务描述

张新是一位即将毕业的大学生，他想在长春找一份教师的工作，为了找工作他往返于各个人力资源市场求职应聘，身心疲惫，并且效率低。后经过老师建议，张新决定利用网络求职，通过网络收集就业信息，然后利用微信和电子邮件等网络通信工具与用人单位进行交流，很快找到了理想的工作。

5.1.2　任务实施

1. 使用百度搜索引擎查询求职信息

步骤1：启动浏览器，在浏览器的地址栏中输入百度网站的网址 www.baidu.com，按 Enter 键，加载并访问百度网站，如图5-1所示。

步骤2：输入搜索关键词条。在搜索文本框中输入关键字"长春教师招聘"，此过程中，百度提供的智能提示功能可辅助用户更高效地输入。完成关键词的输入后，单击"百度一下"按钮，或是直接按 Enter 键执行搜索。随后，浏览器将显示出与"长春教师招聘"相关的众多结果。这些搜索结果往往数量庞大，系统会以分页的形式将搜索到的网页链接及其摘要逐一展示出来，以便用户浏览和选择，如图5-2所示。

图 5-1　百度网站

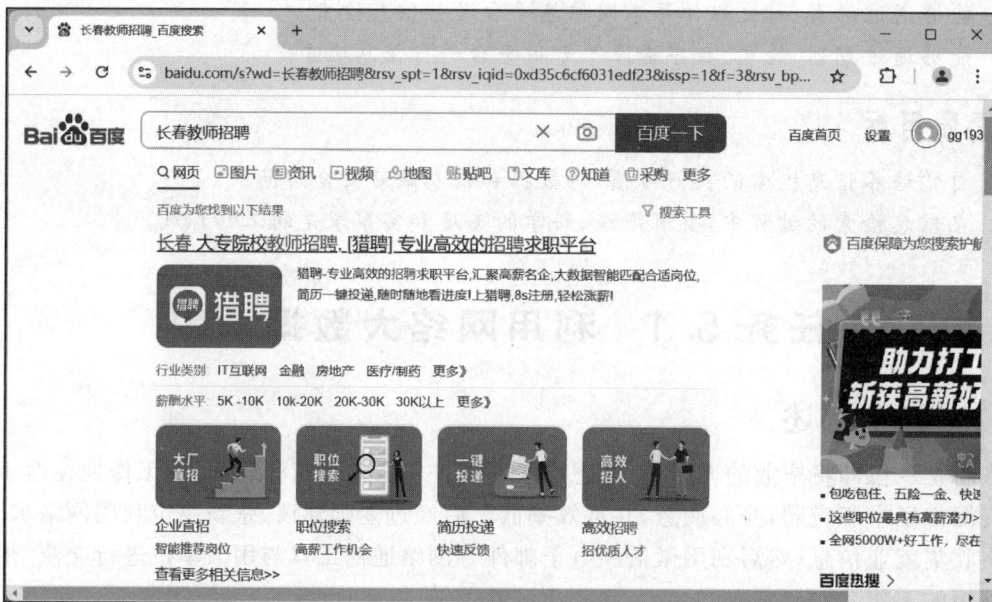

图 5-2　百度搜索结果

2. 查看搜索结果

步骤 1：打开搜索结果页面，单击搜索框下方的"搜索工具"按钮，如图 5-3 所示。

步骤 2：为了进一步筛选结果，可以利用搜索工具后的下拉按钮进行时间、格式和检索范围的设置。若只想查看一周内的信息，可单击"时间不限"，从下拉列表中选择"一周内"。这样，页面上就会仅显示一周内的搜索结果，如图 5-4 所示。若无须此类设置，则可直接跳过此步骤。单击搜索结果中的超链接，可以查看更多详细信息。

3. 保存招聘信息

为了查询方便，张新决定将查询结果网页保存在计算机中，以便日后应用。

步骤 1：在浏览结果空白处右击，在弹出的快捷菜单中选择"另存为"，如图 5-5 所示。

图 5-3 单击"搜索工具"按钮

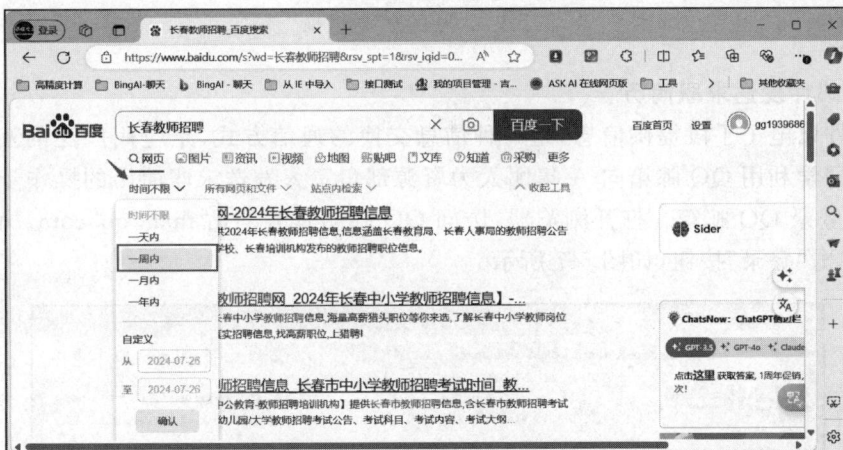

图 5-4 "搜索工具"设置

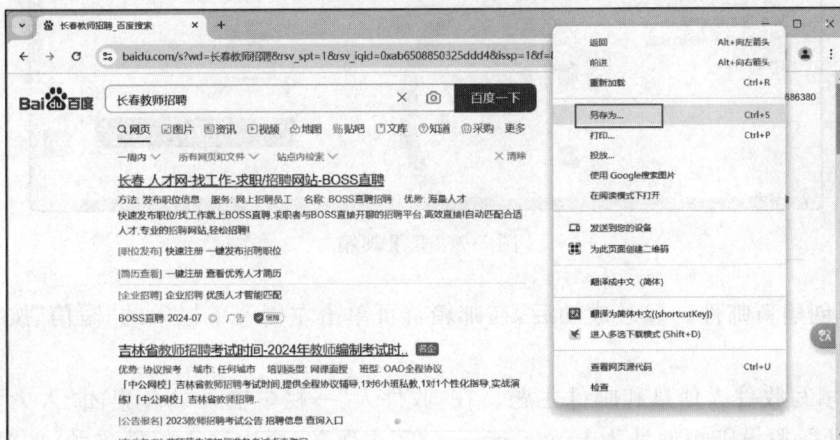

图 5-5 选择"另存为"

步骤2：在打开的"另存为"对话框中选择要保存的位置，在"文件名"文本框中输入文件名，在"保存类型"文本框中根据需要进行选择，单击"保存"按钮，如图5-6所示。

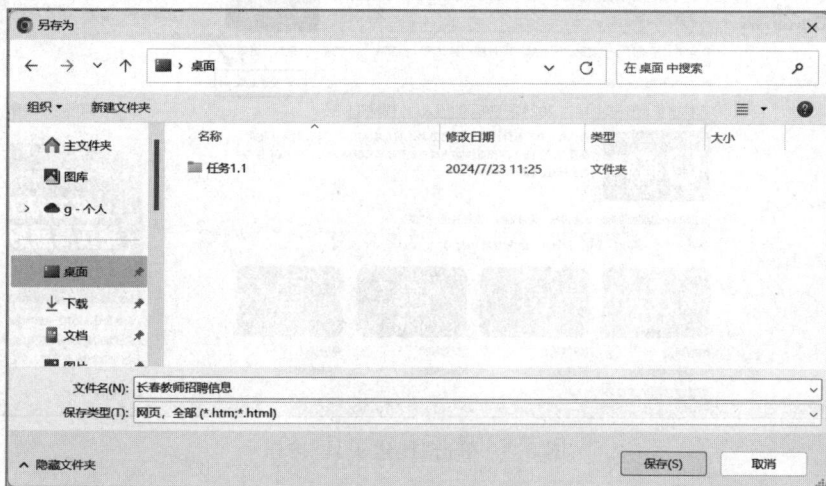

图5-6 "另存为"对话框

4. 利用邮件发送求职简历

电子邮件以电子手段提供信息，是一种信息交换的通信方式，是应用广泛的互联网服务。以下是张新同学利用QQ邮箱向A集团人力资源部负责人发送求职简历的操作步骤。

步骤1：登录QQ邮箱。打开浏览器，访问QQ邮箱官方网站mail.qq.com。输入QQ账号和密码，单击"登录"按钮，如图5-7所示。

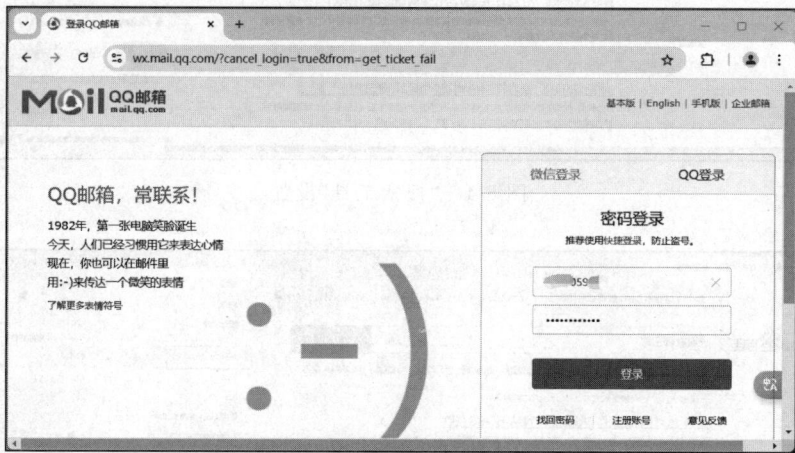

图5-7 登录邮箱

步骤2：创建新邮件。登录成功后，在邮箱首页单击左侧菜单栏中的"写信"按钮，如图5-8所示。

步骤3：填写收件人信息和邮件主题。在"收件人"一栏中输入"'A集团'人力资源部负责人的邮箱地址"，假设邮箱地址为hr@a.com。在"主题"一栏中输入邮件主题，如"应聘申请—张新简历"，如图5-9所示。

步骤4：撰写邮件正文。在邮件正文区域，首先礼貌地问候对方，例如，"尊敬的A集团人

图 5-8 单击"写信"按钮

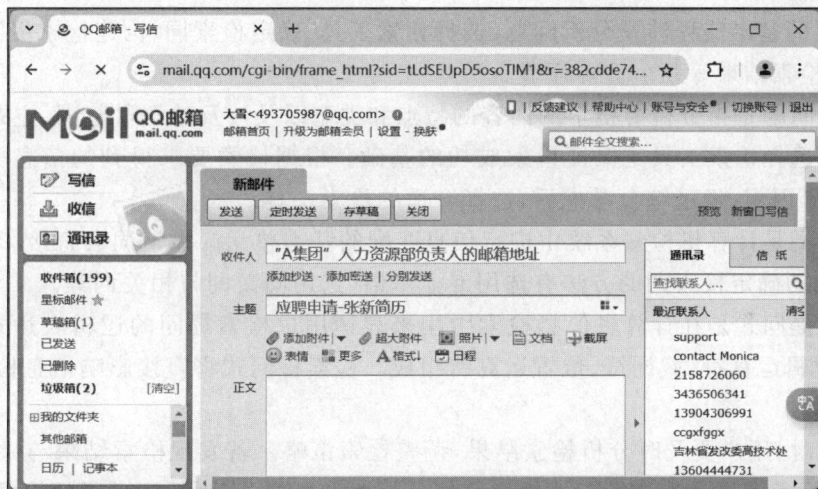

图 5-9 填写收件人信息和邮件主题

力资源部负责人"。接着简要介绍自己,包括姓名、毕业院校、专业等基本信息,例如,"您好! 我叫张新,毕业于××大学××专业,非常期待能有机会加入 A 集团"。表达对职位的兴趣和 热情,例如,"我对贵公司的××职位非常感兴趣,相信我的专业背景和技能能够为贵公司带来 价值"。最后,礼貌地请求对方审阅简历,并留下自己的联系方式,例如,"附件中是我的详细简 历,恳请您审阅。如有任何问题,欢迎随时联系我,我的电话是 12345678910,邮箱是 zhangxin @qq.com"。

步骤 5:添加附件。单击邮件编辑界面中的"添加附件"按钮,在弹出的文件选择窗口中找 到并选择张新的简历文件(如张新_简历.pdf),单击"打开"按钮,等待文件上传完成。

步骤 6:检查邮件内容。仔细检查邮件内容,确保收件人地址、主题、正文和附件均无误。

步骤 7:发送邮件。确认无误后,单击邮件编辑界面中的"发送"按钮,将邮件发送出去。

步骤 8:确认发送成功。发送成功后,QQ 邮箱会显示发送成功的提示信息。

5.1.3　知识链接

5.1.3.1　信息检索

1. 基本概念

信息检索是指将信息按照一定的方式组织和存储起来，并根据用户的需要找出相关信息的过程。可以从广义和狭义两个角度来理解信息检索的概念。

广义的信息检索包括信息存储和信息获取两个过程。信息存储是通过对大量无序信息进行选择、收集、著录、标引、组建成各种信息检索工具或系统，使无序信息转化为有序信息集合的过程。信息获取则是根据用户特定的需求，运用已经组织好的信息检索系统将特定的信息查找出来的过程。

狭义的信息检索是指从一定的信息集合中找出所需要的信息的过程，也就是我们常说的信息查询。在互联网中，用户经常会通过搜索引擎搜索各种信息，这种从信息集合中查找所需信息的过程就是狭义的信息检索。

2. 信息检索的基本流程

信息检索的基本流程涉及分析问题、选择检索工具、确定检索词、构建检索提问式、调整检索策略、输出检索结果等几个重要环节。

（1）分析问题是指分析要检索的内容的特点和类型以及涉及的学科范围、主题要求等。

（2）正确选择检索工具是保证检索成功的基础。根据检索要求得到的信息类型、时间范围、检索经费等因素，经过综合考虑后，选择合适的检索工具。

（3）检索词是计算机检索系统中进行信息匹配的基本单元。检索词会直接影响最终的检索结果。常用的确定检索词的方法有选用专业术语、选用同义词与相关词等。

（4）检索提问式是在计算机信息检索中用来表达用户检索提问的逻辑表达式，由检索词和各种布尔逻辑运算符、截词符、位置运算符组成。检索提问式将直接影响信息检索的查全率和查准率。

（5）检索时，用户要及时分析检索结果，调整检索策略。若发现检索结果与检索要求不一致，则要根据检索结果对检索提问式做出相应的修改和调整，直到得到满意的检索结果为止。

（6）根据检索系统提供的检索结果输出格式，用户可以选择需要的记录及相应的字段，将检索结果存储到磁盘中或直接打印输出。至此，整个检索过程完成。

3. 信息检索的分类

按照不同的划分标准，信息检索可以有多种分类方式。例如，按照检索对象的不同，可以将其划分为文献检索、数据检索、事实检索；按照检索手段的不同，可以将其划分为手工检索、机械检索、计算机检索；按照检索途径的不同，可以将其划分为直接检索和间接检索等。

5.1.3.2　浏览器软件

浏览器是用于访问 Internet 的工具软件。Windows 11 操作系统自身携带了一款浏览器软件 Microsoft Edge，随 Windows 操作系统捆绑安装到主机中。除此之外，个人计算机上常用的浏览器还有 360 浏览器、QQ 浏览器、火狐浏览器（Firefox）、谷歌浏览器（Google Chrome）等，用户可根据自己的习惯选择浏览器。

5.1.3.3　搜索引擎的分类

搜索引擎是我们日常生活中最常用的信息检索工具。搜索引擎是指根据一定的策略,运用特定的计算机程序从互联网上采集信息,并对信息进行组织和处理,为用户提供检索服务的一种技术或工具。目前常用的搜索引擎主要包括全文搜索引擎、目录索引、元搜索引擎等。

1. 全文搜索引擎

全文搜索引擎(full text search engine)是目前广泛应用的搜索引擎,如百度和360搜索便是典型的全文搜索引擎。这类搜索引擎可以从互联网中提取各个网站的信息(以网页文字为主)并建立起数据库,用户在使用它们进行检索时,搜索引擎就可以在数据库中检索出与用户查询条件相匹配的记录,然后按一定的排列顺序将结果返回给用户。根据搜索结果来源的不同,全文搜索引擎又可以分为两类:一类是拥有自己的爬虫程序的搜索引擎,它能够建立自己的网页和数据库,也能够直接从其数据库中调用搜索结果;另一类则是租用其他搜索引擎的数据库,然后按照自己的规则和格式来排列和显示搜索结果的搜索引擎。百度和360搜索属于前一种类型。

2. 目录索引

目录索引(search index,directory)也称分类检索,是互联网最早提供的网站资源查询服务。目录索引主要通过搜集和整理互联网上的资源,根据搜索到的网页内容,将其网址分配到相关分类主题目录不同层次的类目之下,形成像图书馆目录一样的分类树形结构。用户在目录索引中查找网站时,可以使用关键词进行查询,也可以按照相关目录逐级查询。但需要注意的是,使用目录索引进行检索时,只能够按照网站的名称、网址、简介等内容进行查询,所以目录索引的查询结果只是网站的 URL(用于指定信息位置的一种资源定位系统),而不是具体的网站页面。搜狐目录、hao123 等都是目录索引。

3. 元搜索引擎

元搜索引擎(meta search engine)在接收用户查询请求后会同时在多个搜索引擎上进行搜索,并将结果返回给用户。著名的元搜索引擎有 InfoSpace、Dogpile、Vivisimo、Ixquick 等。在搜索结果排列方面,有的元搜索引擎直接按来源排列搜索结果,如 InfoSpace、Dogpile、Ixquick;有的元搜索引擎则按自定的规则将结果重新排列组合,如 Vivisimo。

5.1.3.4　搜索引擎的检索方法

用户通过搜索引擎进行信息检索时,除了可以直接输入关键字检索外,还可以使用一些技巧让搜索结果更加精准。

1. 高级查询功能

许多搜索引擎都提供了高级查询功能。以百度搜索引擎为例,在百度搜索引擎的首页中,指针移至右上角的"设置"处,在打开的下拉列表中选择"高级搜索",在打开的对话框中根据需要设置搜索参数即可实现高级查询功能,如图 5-10 所示。

2. 使用搜索引擎指令

搜索引擎指令是一种特殊的搜索语法,可以用来执行特定的搜索操作。使用搜索引擎指令可以实现较多功能,如限制搜索结果的来源范围、查找 URL 中包含指定文本的页面、查找网页标题中包含指定关键词的页面等。

图 5-10　高级搜索

（1）site 指令。使用 site 指令限制搜索结果的来源范围，只返回指定网站内的相关信息。其格式为 site＋:（半角冒号）＋网站域名。通过使用 site 指令，用户可以更加精确地找到特定网站内的信息，从而提高搜索效率。

- 指定在百度网站上搜索信息：site:baidu.com
- 指定在谷歌网站上搜索信息：site:google.com

（2）inurl 指令。使用 inurl 指令可以查询 URL 中包含指定文本的页面，其格式为 inurl＋:（半角冒号）＋指定文本，或 inurl＋:（半角冒号）＋指定文本＋空格＋关键词。

- 查询 URL 中包含 news 的页面：inurl:news
- 查询 URL 中包含 news 且关键词为"体育"的页面数量：inurl:news 体育

（3）intitle 指令。使用 intitle 指令可以查询页面标题中包含指定关键词的页面，其格式为 intitle＋:（半角冒号）＋关键词。

- 查询标题中包含"新闻"的页面：intitle:新闻
- 查询标题中包含"体育"的页面：intitle:体育

（4）filetype 指令。使用 filetype 指令可以查询特定文件类型的文档，其格式为 filetype＋:（半角冒号）＋文档类型。

- 查询 PDF 类型的文档：filetype:pdf
- 查询 DOC 类型的文档：filetype:doc

（5）intext 指令。使用 intext 指令可以查询网页正文包含指定关键词的页面，其格式为 intext＋:（半角冒号）＋关键词。

- 查询正文中包含"新闻"的页面：intext:新闻
- 查询正文中包含"体育"的页面：intext:体育

任务 5.2　在中国知网检索期刊论文

5.2.1　任务描述

张新是一名即将毕业的大学生,他正在着手写毕业论文,期间需要查阅大量文献资料,利用网络大数据信息查阅毕业论文文献资料,方便快捷。张新准备使用中国知网等网站为自己的论文收集资料,完成毕业论文的撰写。

5.2.2　任务实施

1. 打开中国知网

步骤 1:双击桌面浏览器图标或在快速启动栏中单击浏览器图标,打开浏览器窗口。

步骤 2:在浏览器地址栏中输入网址 www.cnki.net,打开“中国知网”的网站,如图 5-11 所示。

图 5-11　中国知网

2. 进行检索

(1)一框式检索。将检索功能浓缩至“一框”中,根据不同检索项的需求特点采用不同的检索机制和匹配方式,体现智能检索优势,操作便捷,检索结果兼顾检全和检准,操作步骤如下。

步骤 1:在检索框中输入检索词,本任务中输入“水利水电”。

步骤 2:选择检索项(即字段)。总库提供的检索项有主题、篇关摘、关键词、篇名、全文、作者、第一作者、通讯作者、作者单位、基金、摘要、小标题、参考文献、分类号、文献来源、DOI。单击检索项下拉按钮,选择“关键词”字段。

步骤 3:在检索范围中勾选“学术期刊”“学位论文”“会议”“报纸”“图书”复选框,单击“检索”按钮,如图 5-12 所示,系统将显示检索结果。

检索结果默认的排序为“发表时间”,若选择“相关度”按钮,则按照相关度由高到低递减排序;若选择“发表时间”按钮,则按照由年代近到年代远排序;若选择“被引”按钮,则按照文献被

图 5-12　中国知网初级检索

引用次数由高到低排序；若选择"下载"按钮，则按照文献被下载次数由高到低排序，如图 5-13 所示。

图 5-13　检索结果"下载"排序

步骤 4：在结果中检索。当需要对检索结果进行进一步限定时，可输入新的检索词，然后单击"在结果中检索"按钮。本任务在搜索框中输入关键词"应用"，选择"篇名"搜索项，单击"结果中检索"，检索结果如图 5-14 所示。

（2）高级检索，操作步骤如下。

步骤 1：在中国知网首页中，单击搜索框右侧的"高级检索"链接文字，打开高级检索页面，如图 5-15 所示。

步骤 2：在检索框中输入检索词，本任务中在检索文本框内输入检索词"水利水电"。

步骤 3：选择检索项（即字段），中国知网中的检索项字段选项有主题、篇关摘、关键词、篇名、全文、作者、第一作者、通讯作者、作者单位、基金、摘要、小标题、参考文献、分类号、文献来源、DOI，本任务中在搜索项中选择"主题"。

图 5-14　结果中检索

图 5-15　高级检索

步骤 4：在搜索项中还可选择"作者"和"文献来源"两个字段进行"模糊"检索。单击右侧的"＋/－"符号，可以添加或者删除搜索字段。

步骤 5：在"时间范围"内，对"发表时间"和"更新时间"进行设置。此处，"发表时间"设置为 2020 年 1 月 1 日至 2024 年 7 月 1 日；"更新时间"选择"不限"。

步骤 6：执行检索。单击"检索"按钮，系统将显示检索结果。高级检索这一检索方式，同样可以根据相关度、发表时间、被引、下载对检索结果进行排序，并在检索项中选择合适的字段对检索结果进行"结果中检索"。

3. 查阅文献

（1）检索结果的显示。检索结果的浏览模式可切换为详情模式或列表模式。详情模式显示结果如图 5-16 所示，列表模式显示结果如图 5-17 所示。

（2）全文下载。在检索结果中单击文献标题进入详细页面，在详细页面中，如果文献提供全文下载，会有明显的下载链接或按钮。单击下载链接或按钮，选择合适的文件格式（如 PDF、CAJ 等），然后下载到本地，如图 5-18 所示。部分全文下载可能需要用户登录账号，且某些文献可能需要付费或仅对订阅用户开放。

图 5-16　详情模式显示结果

图 5-17　列表模式显示结果

图 5-18　下载到本地

5.2.3 知识链接

5.2.3.1 常用的信息检索专用平台

1. 中国知网

1) 定义与背景

中国知网(www.cnki.net)由中国学术期刊电子杂志社与清华大学联合建设,1999年上线,是我国规模最大的综合性学术资源平台,涵盖期刊、学位论文、会议论文等全类型文献。

2) 核心资源

(1) 文献类型包括期刊论文(含自然科学、社会科学等全学科)、硕博论文、会议论文、报纸、年鉴、工具书、电子图书。

(2) 特色库:①期刊库,收录国内90%以上中文学术期刊;②学位论文库,覆盖全国高校及科研机构的硕博论文;③会议库,整合国内外重要学术会议成果。

3) 核心功能

(1) 智能检索:支持关键词、作者、机构等多维度检索,提供高级逻辑组合(AND/OR/NOT)。

(2) 知识服务:文献分析、科研项目管理、学术趋势追踪。

(3) 全文服务:在线阅读、CAJ/PDF格式下载、引文导出。

2. 万方数据知识服务平台

1) 定义与背景

万方数据知识服务平台由科技部下属机构主导建设,聚焦科技领域,集成期刊、专利、标准等资源,以专业检索与知识挖掘技术为核心竞争力。

2) 核心资源

(1) 文献类型:中外文期刊、学位论文、会议论文、专利、标准、科技报告、法规。

(2) 特色库:①科技成果库,收录国家级科技项目成果;②地方志库,提供地方历史文化专题数据。

3) 核心功能

(1) 多维检索:统一检索、专业检索(支持逻辑表达式)、学科分类导航。

(2) 增值服务:①知识脉络分析,可视化呈现研究领域演进趋势;②论文查重,检测学术不端行为,支持科研诚信建设;③科技查新,为科研立项提供权威认证服务。

5.2.3.2 熟练使用知网的检索功能

中国知网首页提供多种文献资源类型的一框式检索,此外还提供高级检索、专业检索、作者发文检索、出版物检索等多种检索方式,如图5-19所示。

1. 一框式检索

一框式检索类似于在搜索引擎中进行检索,用户只需要输入检索词即可,快捷方便。以学术期刊库为例,一框式检索除了默认的主题途径之外,还可以选择关键词、篇名、摘要、全文、参考文献等检索途径,如图5-20所示。

2. 高级检索

中国知网的高级检索如图5-21所示,支持使用 * 、＋、一等布尔逻辑运算符进行同一检索

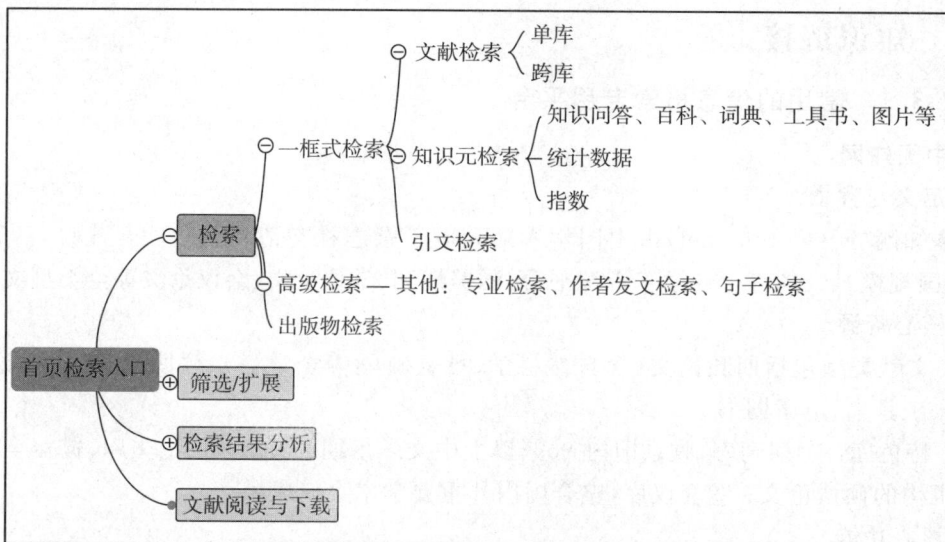

图 5-19　中国知网的检索导图

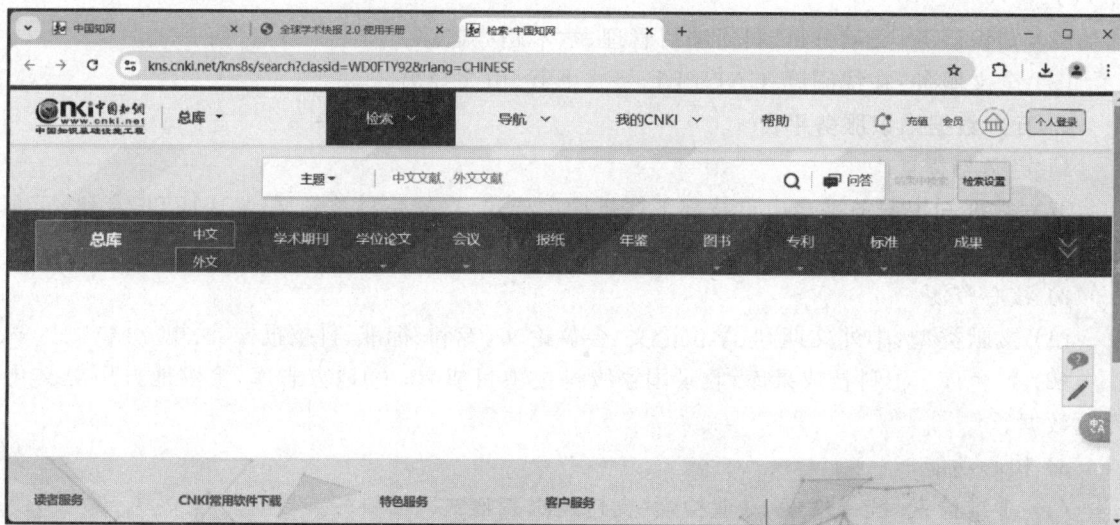

图 5-20　一框式检索

项内多个检索词的组合运算，也可以通过检索框实现多个检索词或检索途径的组配关系。例如，在篇名检索途径后输入"人工智能 * Python 语言"，可以检索到篇名包含人工智能及 Python 语言的文献。

3. 专业检索

在高级检索页切换"专业检索"标签，或在页头检索下拉框选择"专业检索"可进行专业检索。专业检索用于图书情报专业人员查新、信息分析等工作，使用运算符和检索词构造检索式进行检索，如图 5-22 所示。

专业检索的主要操作：确定检索字段构造一般检索式，借助字段间关系运算符和检索值限定运算符可以构造复杂的检索式。

图 5-21　高级检索

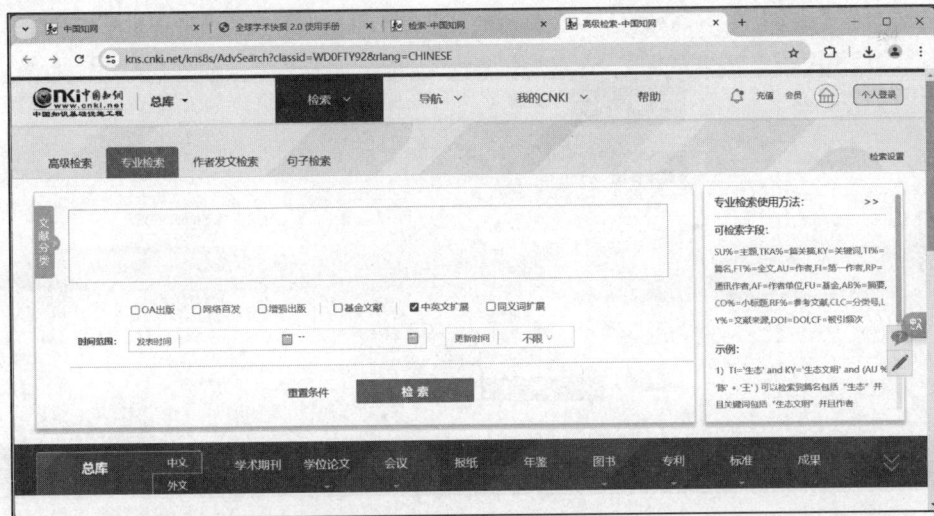

图 5-22　专业检索

专业检索表达式的一般式：<字段代码><匹配运算符><检索值>。

4. 作者发文检索

在高级检索页切换"作者发文检索"标签，或在页头检索下拉框选择"作者发文检索"可进行作者发文检索。作者发文检索通过输入作者姓名及其单位信息，检索某作者发表的文献，功能及操作与高级检索基本相同，如图 5-23 所示。

5. 句子检索

在高级检索页切换"句子检索"标签，或在页头检索下拉框选择"句子检索"可进行句子检索。句子检索是通过输入的两个检索词，在全文范围内查找同时包含这两个词的句子，找到有关事实的问题答案。句子检索不支持空检，同句、同段检索时必须输入两个检索词。句子检索如图 5-24 所示。

例如，检索同一句中含有"人工智能"和"神经网络"的文献，如图 5-25 所示。

图 5-23　作者发文检索

图 5-24　句子检索(1)

图 5-25　句子检索(2)

检索结果如图 5-26 所示，句子 1、句子 2 为查找到的句子原文，"句子来自"为这两个句子出自的文献题名。

句子检索支持同句或同段的组合检索，两组句子检索的条件独立，无法限定于同一个句子/段落。例如，在全文范围检索同一句中包含"数据"和"挖掘"，并且同一句中包含"计算机"和"网络"的文章，如图 5-27 所示。

检索到的文献，全文中有一句同时包含"数据"和"挖掘"，并且另有一句同时包含"计算机"和"网络"。但是，检索结果中下面这篇文献，并没有在同一句中同时出现输入的 4 个检索词，如图 5-28 所示。

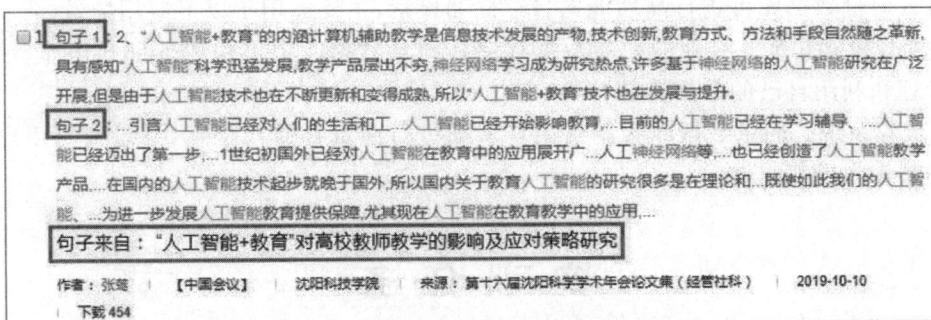

图 5-26　句子检索(3)

图 5-27　句子检索(4)

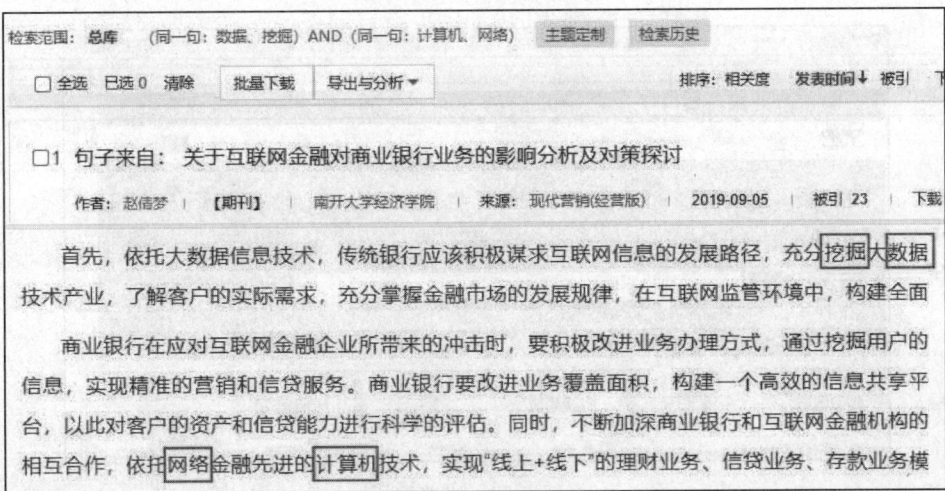

图 5-28　句子检索(5)

信 息 中 国

腾讯云正式发布 AI 原生向量数据库，提供 10 亿级向量检索能力

　　腾讯云向量数据库是一款全托管的自研企业级分布式数据库服务，专用于存储、检索、分析多维向量数据。该数据库支持多种索引类型和相似度计算方法，单索引支持 10 亿级向量规模，可支持百万级每秒查询率及毫秒级查询延迟。腾讯云向量数据库不仅能为大模型提供外部知识库，提高大模型回答的准确性，还可广泛应用于推荐系统、自然语言处理服务、计算机

视觉、智能客服等人工智能领域。

腾讯云向量数据库可进行高性能向量存储和检索，主要适用于以下应用场景。

（1）大规模知识库。企业的私域数据存储在向量数据库中可构建外部知识库，帮助企业更好地管理和利用自己的数据资源。

（2）推荐系统。向量数据库会基于用户特征进行向量存储与检索，并返回与用户可能感兴趣的物品作为推荐结果。

实 训 任 务

1. 使用搜索引擎搜索"Java 程序员"岗位的招聘信息。
2. 在中国知网上检索与长白山旅游相关的期刊文献。
3. 访问维普网检索相关的期刊文献。某高校大数据技术专业的一名学生的毕业论文选题为"旅游大数据分析与智能推荐系统"，在撰写该论文前，需要到维普网查阅相关资料。

（1）打开并访问维普网（http://www.cqvip.com），单击"高级检索"按钮，如图 5-29 所示。

图 5-29　维普网

（2）选择"关键词"作为检索条件，在其右侧的文本框中输入"旅游大数据"，在"模糊"下拉列表中选择"精确"选项，选中"同义词扩展"和"中英文扩展"复选框。若添加检索条件，则在后面的下拉选项中选择"刊名"，在其右侧的文本框中输入相应的期刊名称，如"统计与信息论坛"，单击"检索"按钮，如图 5-30 所示。

（3）二次检索时可限定获取类型、年份、学科、核心收录、主题、期刊、作者和作者单位，如图 5-31 所示。

（4）在检索结果页面中浏览相关期刊论文信息，从中挑选出符合主题的期刊论文。若下载可单击"免费下载"或"PDF 下载"按钮，如图 5-32 所示。

（5）检索完成后，将检索过程以文档的形式展现，并将检索结果保存下来。

图 5-30　高级检索

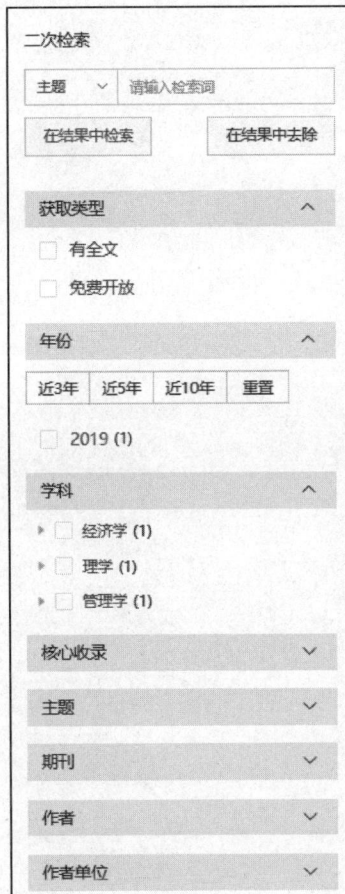

图 5-31　二次检索

图 5-32　单击"免费下载"或"PDF 下载"按钮

单元 6　新一代信息技术概述

知识目标

1. 理解人工智能(AI)、物联网(IoT)、量子计算等新一代信息技术的基本概念、核心特征及技术原理。
2. 掌握人工智能核心技术体系的功能与应用场景。
3. 了解物联网三层架构的关键技术及典型行业应用。
4. 认识量子计算的基本特性及其在药物研发、金融建模等领域的潜力。

技能目标

1. 能够操作 AI 工具生成内容、优化提示词，完成技术文档撰写等任务。
2. 体验物联网应用场景，理解其技术实现流程。
3. 能够通过资料检索分析量子科技前沿成果，提炼技术价值与社会影响。
4. 能够对比不同新一代信息技术的适用场景，初步评估技术融合的产业价值。

素质目标

1. 培养对技术革新的敏感度，主动关注新一代信息技术发展趋势。
2. 培养探索精神，通过实践体验技术应用，激发对量子通信、AI 伦理等前沿领域的兴趣。
3. 树立技术报国意识，理解我国在量子科技等领域的突破对国家安全的战略意义。

任务 6.1　从文本理解到智能创作：DeepSeek 助力内容生产者高效产出

6.1.1　任务描述

随着人工智能技术的快速发展，自然语言处理(NLP)技术已成为内容创作领域的核心工具。DeepSeek 作为国产领先的大语言模型，能够通过理解用户输入的文本需求，快速生成符合要求的文案、报告、代码等内容，大幅提升创作效率。本任务旨在通过实践操作，帮助学生掌握 DeepSeek 的核心功能和应用方法，掌握 DeepSeek 的基本操作流程，包括平台登录、文本输入与结果优化；理解提示词(prompt)设计技巧，通过优化指令提升生成内容质量；完成实际场景应用，利用 DeepSeek 辅助完成技术文档撰写等任务；培养智能化办公思维，适应人工智能技术在职业场景中的应用趋势。

6.1.2 任务实施

1. 访问 DeepSeek 平台

1）登录方式

（1）网页端。

步骤1：打开浏览器，访问 https://www.deepseek.com，单击"开始对话"按钮，如图 6-1 所示。

步骤2：若是第一次使用，系统会要求用户登录，可以通过手机号、微信或邮箱登录，如图 6-2 所示。

图 6-1　DeepSeek 官网

图 6-2　登录

步骤3：登录成功后，就可以开始使用 DeepSeek 了。直接输入需求，系统就会根据指示为用户提供帮助。

（2）移动端。下载官方 App（支持 Android/iOS），通过手机号验证登录。

2）界面导航

输入框位于页面中央，用于输入提示词。系统支持普通对话模式、深度思考和联网搜索等，左侧"打开边栏"会保存过往会话内容，"开启新对话"用于打开新的对话，如图 6-3 所示。

2. 输入文本与优化提示词

1）基础指令输入

（1）文章生成。写一篇关于"人工智能在农业中的应用"的科普文章，800 字左右，语言通俗易懂，适合农民阅读，如图 6-4 所示。

图 6-3　主界面

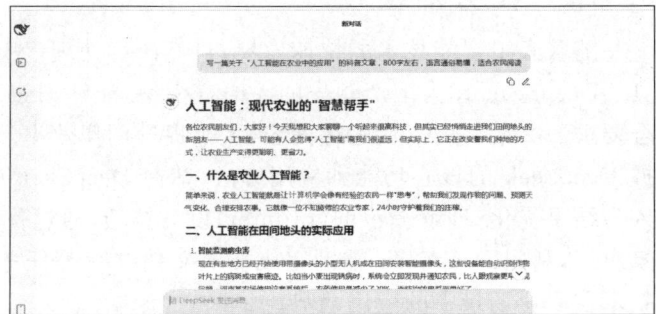

图 6-4　文章生成

（2）代码生成。用 Python 编写一个爬虫程序，抓取某电商网站（URL 示例：example.com）的商品价格数据，并保存为 Excel 文件，如图 6-5 所示。

2）提示词优化

（1）结构化指令分点明确需求，提升生成精度，如图 6-6 所示。

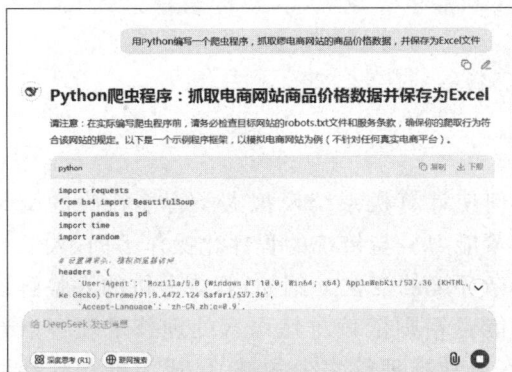

图 6-5　生成 Python 程序

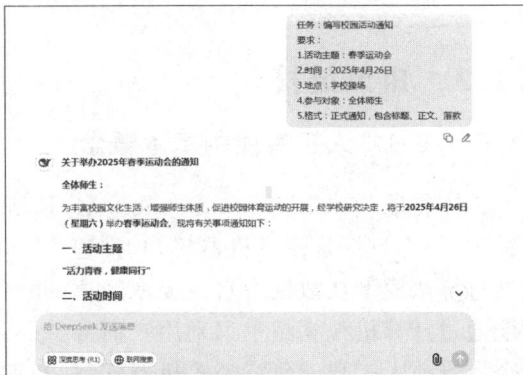

图 6-6　结构化指令

（2）风格控制。添加语气限定词（如"幽默风趣""严谨专业"）。

（3）迭代优化。若初次生成结果不理想，可通过追加指令调整。

3. 实战案例——技术文档撰写

某 IT 公司需编写《DeepSeek API 接口使用手册》，要求包含接口说明、调用示例和报错处理。

（1）输入提示。

> 编写一份 DeepSeek API 接口文档，包含以下内容。
>
> － 接口功能：文本生成
>
> － 请求参数说明（API Key、文本长度、温度值）
>
> － Python 调用代码示例
>
> － 常见错误代码（如 401 权限错误、500 服务器错误）及解决方法格式要求：Markdown 语法，分章节排版

（2）生成结果，如图 6-7 所示。

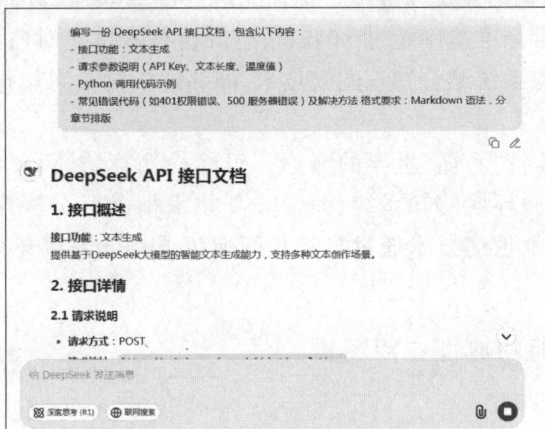

图 6-7　生成结果

"练一练"

1. 登录 DeepSeek 官网或 App，使用预设指令生成科普文章（如"AI 如何改变农业"），观察模型输出逻辑。

2. 对比开启/关闭"深度思考"模式的结果差异（如代码生成复杂度）。

6.1.3　知识链接

6.1.3.1　人工智能的基本概念

人工智能（artificial intelligence，AI）是研究如何使计算机系统模拟人类智能行为的交叉学科，其核心目标是赋予机器感知、推理、学习和决策能力。与传统的程序化操作不同，人工智能通过算法模型从数据中自主提取规律，并适应复杂环境的变化。例如，智能手机的人脸解锁功能能通过计算机视觉技术识别用户面部特征，而智能音箱则依赖自然语言处理技术理解语音指令。当前人工智能研究涵盖机器学习、知识表示、自动推理等多个领域，已成为推动社会数字化转型的核心驱动力。

6.1.3.2　人工智能的核心技术体系

1. 机器学习

机器学习是人工智能的基石，其核心在于通过数据训练模型，使计算机能够自动优化决策逻辑。监督学习利用标注数据建立输入与输出的映射关系，如基于历史病例数据预测疾病风险；无监督学习通过聚类算法发现数据内在结构，如电商用户行为分析；强化学习则通过环境反馈动态调整策略，其典型案例包括围棋 AI AlphaGo 的自我对弈训练机制。

2. 深度学习

作为机器学习的重要分支，深度学习通过多层神经网络模拟人脑的信息处理机制。卷积神经网络（CNN）在图像识别领域表现突出，工业质检系统可达到 99% 以上的缺陷检测准确率；循环神经网络（RNN）擅长处理时序数据，支撑着股票预测、语音合成等应用；生成对抗网络（GAN）则能创造逼真的虚拟内容，已应用于影视特效制作和新药分子设计。

3. 自然语言处理（NLP）

该技术致力于突破人机语言交互屏障。预训练语言模型（如 Transformer 架构）通过海量文本学习语义规律，使机器翻译准确率超过 90%；情感分析技术可实时监测社交媒体舆情，帮助企业进行品牌管理；智能问答系统结合知识图谱技术，能够解析复杂问句并提供结构化答案。

4. 计算机视觉

计算机视觉使机器具备"看懂"世界的能力。目标检测算法 YOLO 可在视频流中实时追踪多个物体，支撑自动驾驶环境感知系统；图像分割技术精确区分医学影像中的病灶区域，辅助医生制订治疗方案；三维重建技术通过多视角图像生成物体数字化模型，已广泛应用于文物保护领域。

6.1.3.3　人工智能的典型应用场景

1. 智慧医疗革新

在医学影像诊断领域，AI 系统读取 CT 片的速度是人类的 20 倍，肺结节检测灵敏度达 98.7%。在个性化治疗方面，IBM Watson 系统可分析 2800 万篇医学文献，为肿瘤患者推荐最优治疗方案。在药物研发环节,深度学习将化合物筛选效率提升 100 倍,显著缩短新药上市周期。

2. 智能制造转型

工业机器人结合视觉引导系统,实现精密零件 0.01mm 级装配精度。预测性维护系统通过传感器数据分析,提前 14 天预警设备故障,减少停机损失 85%。数字孪生技术可用于构建虚拟工厂,模拟优化生产流程,某汽车企业应用后产能提升 23%。

3. 金融科技突破

智能投顾系统处理 4000＋维度特征,为投资者提供个性化组合建议,管理规模年增长 45%。反欺诈系统利用知识图谱技术,识别出传统规则遗漏的 32%关联诈骗案件。区块链与 AI 结合开发的智能合约,实现信贷审批全流程自动化,处理时效从 3 天缩短至 8 分钟。

4. 教育模式重构

自适应学习平台通过认知诊断模型,精准定位学生知识薄弱点,某实验班数学平均分提升 15 分。作文批改系统可识别 32 类语法错误,批改效率较人工提升 20 倍。虚拟教师系统支持多语言实时互动,使偏远地区学生享受优质教育资源。

任务 6.2　从扫码解锁到精准导航:物联网技术提升共享单车用户体验

6.2.1　任务描述

共享单车作为近年来共享经济浪潮中的璀璨明星,已深深融入我们的日常生活,无论是校园内穿梭的身影、公交站旁静候的便捷,还是商业街区与住宅小区间的无缝衔接,共享单车都以其独特的魅力成为城市流动的新风景。而这一切的顺畅运作,离不开多种信息技术的强大支撑,其中物联网技术更是扮演着举足轻重的角色。

在本任务中,我们将深入体验共享单车的使用过程,亲身感受物联网技术如何以其独特的智慧为人们的出行带来前所未有的便利。从简单的扫码解锁,到精准的导航指引,物联网技术让共享单车不仅仅是交通工具的代名词,更成为连接人与城市、便捷与智能的桥梁。

6.2.2　任务实施

步骤 1:注册与登录。打开美团 App 或微信中的"美团"小程序,如果尚未注册,进行新用户注册并填写相关信息,完成实名认证;如果已是美团用户,则直接登录账号。

步骤 2:查找单车。在美团 App 或小程序首页找到"骑车"入口(通常在首页的下方导航栏或生活服务区域)。点击"骑车"按钮,查看附近的可用单车分布图。选择最近的单车,查看其具体位置,并规划前往路线。

步骤 3:扫码解锁。来到单车旁边,使用美团 App 或微信小程序中的"扫一扫"功能,扫描单车上的二维码。查看单车的电量、收费情况等信息,确认无误后点击"确认开锁"按钮。

步骤 4:骑行。解锁成功后,检查单车刹车、车铃等是否完好,确认安全后骑行。遵守交通规则,确保骑行安全。

步骤 5:临时停车。如果在骑行过程中需要临时停车,可以在美团单车骑行主页点击"临时关锁"按钮。完成临时锁车后,单车将停止计费,但请注意,临时停车有时间限制,超时将自动还车。

步骤 6：定点还车。骑行到达目的地后，寻找地图上的 P 点（指定停车区域），将单车停放至线内，确保单车摆放整齐、不阻碍交通。在美团单车骑行主页点击"我要还车"按钮，完成还车流程。

步骤 7：支付费用。还车成功后，美团单车将自动计算骑行费用，并在美团账户中扣除。可以在美团 App 或微信小程序中查看骑行记录及费用详情。

步骤 8：评价与反馈。骑行结束后，可以在美团单车页面进行服务评价，分享骑行体验。如有问题或建议，可以通过美团客服渠道进行反馈。

6.2.3 知识链接

6.2.3.1 物联网的基本概念

物联网（Internet of things，IoT）是通过感知设备、通信网络与信息处理系统，实现物物互联、人物交互的智能化网络体系。其核心要素包含三部分：感知层（传感器、RFID 等数据采集设备）、网络层（5G、LoRa 等通信技术）、平台层（智能分析平台与行业解决方案）。例如，智能家居系统通过温湿度传感器采集环境数据，经 Wi-Fi 传输至云端分析，最终自动调节空调温度。根据 IDC 预测，2025 年全球物联网设备数量将突破 550 亿台，覆盖工业、农业、医疗等全领域。

6.2.3.2 物联网的体系结构

1. 感知层关键技术

（1）传感器技术。传感器技术涵盖环境监测（如 PM2.5 传感器）、生物识别（如指纹模块）、运动检测（如加速度计）等，2023 年全球市场规模达 320 亿美元。

（2）射频识别（RFID）。通过电子标签实现非接触式识别，物流领域应用使库存盘点效率提升 80%。

（3）嵌入式系统。ARM 架构芯片支撑设备低功耗运行，某智能电表续航可达 10 年。

2. 网络层传输技术

网络层作为物联网架构的中枢神经系统，负责将感知层采集的数据高效、可靠地传输至云端或本地处理中心。根据覆盖范围与场景需求，网络层传输技术主要分为短距通信与广域通信两大技术体系，二者在传输距离、速率、功耗等关键指标上形成互补，如表 6-1 所示。

表 6-1　短距通信与广域通信

技 术 类 型		传输距离	速率	典 型 应 用
短距通信	Bluetooth 5.3	100m	2Mbps	智能穿戴设备互联
	ZigBee	50m	250Kbps	工业传感器网络
广域通信	NB-IoT	10km	200Kbps	智慧城市路灯控制
	LoRaWAN	15km	50Kbps	农业环境监测

3. 平台层数据处理

平台层数据处理作为物联网体系的中枢大脑，通过边缘计算、云计算平台与安全机制的协同运作实现数据价值挖掘。边缘计算节点部署在工厂车间或智慧路灯等近场环境，利用轻量化算法对传感器数据进行实时清洗与初步分析，可将工业设备振动数据的处理延时从 2s 压缩至 50ms，同时减少 70% 的上行带宽消耗；云计算平台（如 AWS IoT Core）提供弹性算力支撑,支持百万级设备并发接入与 PB 级数据存储,某物流企业通过云端路径优化算法降低15%运输成本;安全层面采用 TLS 1.3 加密传输协议保障数据完整性,结合区块链技术实现冷链温控记录的可信存证,某疫苗运输项目应用后数据篡改风险降低 98%,同时平台集成机器学习模型对设备状态进行预测性分析,智能电表故障预警准确率提升至 92%,形成"感知—传输—决策"的闭环智能链路。

6.2.3.3 典型的物联网应用

1. 智能制造

在智能制造领域,物联网技术正推动生产流程的全面数字化变革。工业设备通过部署振动传感器与温度监测模块实时采集运行数据,结合机器学习算法构建预测性维护模型,某汽车制造厂成功将设备故障预警时效提前 7 天,年减少停机损失 230 万美元;数字孪生技术构建虚拟产线镜像,通过仿真优化焊接机器人动作轨迹,某电子企业产品良品率从 88% 提升至95%;AGV 无人搬运车搭载 UWB 超宽带定位芯片,实现 0.1m 级导航精度,某智能仓储中心货物分拣效率较传统模式提升 3 倍,人工成本降低 65%。

2. 智慧农业

在智慧农业场景中,物联网构建起"天空地"一体化监测网络。田间部署的 LoRa 土壤墒情传感器每 15min 上传数据至云端,智能灌溉系统据此动态调节水量,新疆某棉花种植基地实现节水 35%、增产 18%;无人机搭载多光谱摄像头定期巡航,通过图像识别技术检测作物病虫害,准确率达 89%,施药量减少 40%;牲畜佩戴生物电子耳标,实时监测体温与运动轨迹,内蒙古牧场的口蹄疫疫情检出时效提前 72h,成活率提高 22%。

3. 医疗健康

在医疗健康领域,物联网重塑着医疗服务模式。可穿戴心电贴片通过 5G 网络实时传输患者数据至三甲医院监护中心,使偏远地区心肌梗死患者的急诊响应速度提升 40%;智能药盒内置 NFC 芯片记录用药行为数据,可使老年患者的用药依从性从 48% 提升至 83%;医疗设备 UWB 定位系统可将 CT 机、除颤仪等资产的寻找时间从平均 15min 压缩至 20s,某三甲医院设备利用率提高 37%。

4. 城市治理

在城市治理层面,物联网构建起精细化管理系统。主干道路口埋设地磁传感器监测车流量,AI 动态优化红绿灯配时方案,杭州西湖区早高峰拥堵指数下降 28%;网格化部署的 500 台微型空气质量监测站,通过 PM2.5 与 VOCs 联动分析精准定位污染源,某工业区违规排放查处效率提升 4 倍;高层建筑安装的智能烟雾传感器结合视频火焰识别算法,火灾报警响应时间缩短至 30s 内,某商业综合体成功避免重大火情损失。

任务 6.3 从经典计算到量子突破:量子科技前沿探索重塑未来计算

6.3.1 任务描述

本任务旨在通过深入研究,全面了解当前我国在量子信息领域的先进研究成果及其全球影响。本任务分为三大主要部分:首先,通过查阅资料和观看相关视频,深入了解我国成功发射的全球首颗量子科学实验卫星"墨子号"及其所开展的星地量子密钥分发、量子隐形传态和量子纠缠分发等关键实验，分析其在量子通信领域的重要意义；其次，探讨我国在量子计算领域的突破性进展，特别是"九章"量子计算原型机的成功研制及其实现的量子计算优越性，理解这一成就对我国乃至全球量子计算领域的推动作用；最后，分析我国量子通信骨干网络"京沪干线"的建成背景、技术特点及其在实际应用中的重要作用，展现我国在量子通信技术实用化方面的领先地位。通过此任务，学生将对我国在量子信息领域的最新研究成果有全面而深入的认识，激发对量子科技的兴趣和探索精神。

6.3.2　任务实施

步骤1：查阅资料，了解当前我国在量子信息领域的先进研究成果。

时间：2016年8月。

事件：我国成功发射了全球首颗量子科学实验卫星"墨子号"。这颗卫星的主要任务是进行星地量子密钥分发实验、量子隐形传态实验和量子纠缠分发实验，标志着我国在量子通信领域迈出了重要一步。

"墨子号"是由中国科学院主导研制的一颗科学实验卫星，其命名来源于中国古代科学家墨子，以纪念他在光学和物理学方面的贡献。这颗卫星的发射是我国在量子通信领域的一项重大突破。

（1）星地量子密钥分发实验。该实验旨在通过卫星与地面站之间的量子通信，实现安全的密钥分发。量子密钥分发利用量子态的不可克隆性和测量引起的扰动，确保密钥交换的安全性，即使在存在窃听者的情况下也能检测到。

（2）量子隐形传态实验。量子隐形传态是一种利用量子纠缠传输量子态的技术，可以在不传输物理粒子的情况下传输信息。这一实验展示了量子通信的神奇特性，为远距离量子通信提供了可能性。

（3）量子纠缠分发实验。量子纠缠是量子力学中的一个非常奇特的现象，当两个或多个量子系统发生某种特殊的相互作用后，它们之间就会建立起一种紧密的联系，无论它们相隔多远，改变其中一个系统的状态会立即影响到其他系统的状态。这一实验展示了量子纠缠的特性，为量子通信和量子计算提供了基础。

意义："墨子号"的成功发射和运行，使我国成为全球首个实现星地量子通信的国家，为构建全球量子通信网络奠定了基础。这一成就不仅展示了我国在量子通信技术方面的领先地位，也为我国在信息技术领域的长远发展提供了新的动力。通过"墨子号"的实验，我国在量子通信的理论和实践方面都取得了重要进展，为未来量子技术的广泛应用打下了坚实的基础。

步骤2：查阅资料，了解当前我国在量子计算领域的先进研究成果。

时间：2020年。

事件：中国科学技术大学潘建伟、陆朝阳等组成的团队构建了76个光子的量子计算原型机"九章"，实现了量子计算优越性，即在特定问题上超越了经典计算机的计算能力。

意义："九章"的研制成功，使我国成为继美国之后第二个实现量子计算优越性的国家，展示了我国在量子计算领域的国际领先地位。

步骤3：查阅资料，了解当前我国在量子通信领域的研究成果。

时间：2017年。

事件：我国建成了连接北京、上海，全长 2000 多公里的量子通信骨干网络，即"京沪干线"。这是世界上首个规模最大、覆盖范围最广的量子保密通信网络。

意义：京沪干线的建成，展示了我国在量子通信技术实用化方面的领先地位，为我国重要基础设施和信息系统提供了安全可靠的通信保障。

6.3.3　知识链接

6.3.3.1　量子计算的基本原理

1. 量子比特的特性

量子比特（qubit）是量子计算的基本单元，与传统二进制位（0 或 1）不同，量子比特可以同时处于 0 和 1 的叠加态。这种特性通过量子叠加原理实现，使量子计算机能够并行处理海量数据，显著提升计算效率。例如，在量子算法中，Shor 算法利用量子叠加和量子纠缠特性，可快速分解大质数，对传统密码学构成挑战。

2. 量子纠缠与量子门操作

量子纠缠是量子系统的独特现象，两个或多个量子比特的状态相互关联，即使相隔遥远也能瞬时影响彼此。量子门操作则类似于传统计算机的逻辑门，通过操控量子比特的叠加态和纠缠态完成计算任务。常见的量子门包括哈达玛门（Hadamard）、CNOT 门等。

6.3.3.2　量子通信的核心技术

1. 量子密钥分发

量子密钥分发（QKD）利用量子态不可克隆原理，确保通信双方生成绝对安全的密钥。若第三方尝试窃听，量子态的测量会导致状态坍缩，从而暴露窃听行为。中国"墨子号"量子科学实验卫星已实现千公里级 QKD，为全球量子通信网络奠定基础。

2. 量子隐形传态

量子隐形传态（quantum teleportation）通过量子纠缠和经典通信结合，实现量子态信息的远程传输。虽然无法传递物质本身，但该技术为未来量子互联网提供关键支持，适用于分布式量子计算和保密通信。

6.3.3.3　量子科技的应用领域

1. 药物研发与材料科学

量子计算机可精确模拟分子和材料的量子行为，加速新药开发和超导材料设计。例如，IBM 量子计算机已用于模拟锂基电池材料的电子结构，推动新能源技术突破。

2. 人工智能优化

量子算法（如量子支持向量机）可高效处理机器学习中的高维数据，优化 AI 模型训练过程。量子计算与 AI 结合，有望在图像识别、自然语言处理等领域实现飞跃。

3. 金融风险建模

量子计算能快速解决复杂的金融优化问题，如投资组合优化、高频交易策略模拟，为金融机构提供更精准的风险评估工具。

6.3.3.4　中国量子科技发展现状

1. "九章"量子计算机

中国成功研制光量子计算原型机"九章"，在特定问题上实现"量子优越性"，计算速度比超级计算机快百亿倍。该成果标志着我国在量子计算领域跻身世界前列。

2. 量子通信网络建设

中国建成全球首个星地一体化量子通信网络——"京沪干线"，总长超 2000 公里，结合"墨子号"卫星实现跨洲际量子保密通信，为政务、金融等领域提供安全传输保障。

3. 政策与产业支持

国家"十四五"规划将量子科技列为战略性前沿技术，设立专项基金推动产学研协同创新。合肥、北京等地建设量子信息科学国家实验室，加速技术转化与产业化落地。

6.3.3.5　量子科技的未来挑战

1. 技术瓶颈

量子比特的纠错和稳定性仍是难题，需突破极低温环境控制、噪声抑制等技术限制。

2. 标准化与伦理问题

量子计算可能颠覆现有加密体系，需提前制定国际标准；量子技术的军事应用也引发伦理争议。

3. 人才培养与普及

量子科技需要跨学科复合型人才，加强基础教育中的量子力学课程，推动全民科学素养提升。

信 息 中 国

DeepSeek 人工智能平台解析

DeepSeek 是由杭州深度求索人工智能公司开发的国产 AI 大模型平台，凭借技术创新与低成本优势，已成为全球 AI 领域的重要竞争者。下面从技术架构、核心功能、应用实践及教育价值四方面展开介绍。

一、技术架构与核心创新

1. 模型架构演进

（1）MOE 混合专家模型。采用稀疏激活架构，总参数量达 671B，但每个 Token 仅激活 37B 参数，兼顾模型容量与计算效率。训练成本极低，V3 版本仅需 600 万美元（使用 2048 张 H800 GPU 训练 2 个月）。

（2）MLA 多头潜在注意力。通过动态隐空间投影矩阵优化 KV 缓存，将显存占用降低 93.3%，支持 128KB 长上下文处理，推理速度提升 2.8 倍。

（3）GRPO 强化学习算法。通过组内评分代替传统评价模型，实现策略优化效率提升，在数学推理（如 AIME 竞赛题）中准确率从 15.6% 跃升至 71%。

2. 训练与部署优化

（1）低成本推理。API 定价为行业 1/30，百万 Token 输入成本低至 1 元，支持私有化部署与联邦学习。

（2）硬件适配。兼容昇腾 910B 等国产芯片，通过边缘计算优化响应速度（如网宿科技方案提升 40%）。

二、核心功能模块

1. 智能内容生成

支持长文本创作（如财经研报、医学论文）、多模态适配（图文混排、视频 OCR 标注），某财经媒体使用后内容生产效率提升 87%。提供交互式编辑功能，通过情感分析 API 调整文本风格（学术论文温度值 0.3，营销文案 0.8）。

2. 行业知识增强

内置动态更新的行业知识库（如金融政策、医疗指南），支持实时数据整合（如北交所政策解读响应速度提升）。通过 RAG 技术优先调用高置信度数据源（政府网站、权威期刊），过滤低质量社交媒体内容。

3. 伦理与安全

采用差分隐私（$\varepsilon = 0.5$）和三级内容审核机制（初筛→人工复核→专家评审），符合 GDPR 与《中华人民共和国数据安全法》要求。

三、教育领域应用实践

1. 教学辅助工具

（1）智能教案生成。输入教学目标与学生特征（如"设计初中篮球分层训练方案"），自动生成包含热身游戏、技能训练、竞赛环节的完整教案。

（2）学科知识库。内置运动科学、健康管理等专业数据库，支持生成可视化拉伸图谱或营养补充计划。

2. 科研支持

（1）论文写作辅助。通过 LaTeX 公式自动生成参考文献编号，某高校使用后论文查重率从 15% 降至 3%。

（2）数据分析工具。集成 Python 代码生成功能，快速处理实验数据并生成图表（如 Matplotlib/Seaborn 可视化）。

3. 学生能力培养

（1）逻辑思维训练。利用深度思考（R1）模式解析数学难题，提供分步骤解题思路（如微积分推导过程）。

（2）跨学科探索。支持多模态内容创作（如"将物理实验流程转化为漫画脚本"），激发学生创新思维。

四、行业影响与教育价值

1. 技术突破

2025 年 1 月发布的 DeepSeek-R1 模型，在数学推理（MMLU-Pro）、代码生成（SWE-Bench）等评测中超越 GPT-4o，成为首个登顶苹果中美应用商店的国产 AI 产品。

2. 教育价值

降低 AI 使用门槛，提供可视化操作界面（如"联网搜索""深度思考"开关），支持手机、计算机多端同步。通过 API 接口实践（如调用 FineDataLink 整合数据），帮助学生掌握 AI 开发全流程。

3. 伦理启示

数据隐私教育方面，结合《中华人民共和国数据安全法》案例（如医疗数据联邦学习），引导学生理解技术应用的边界。人机协作思维方面，通过"AI初稿＋人工校验"模式（如标注未验证预测数据），培养批判性思考能力。

实 训 任 务

1. 利用搜索引擎搜索"新能源汽车"信息，了解新能源汽车产业的相关内容。

2. 在网络上下载一张新能源汽车图片，利用"百度识图"功能识别图片内容，查看得到的结果。

3. 使用社交媒体数据分析工具（如微博数据中心、抖音数据分析等），搜索并分析关于"智能家居"的热门话题、用户评论及关注度变化趋势，以了解智能家居领域的社会关注度、用户偏好及市场潜力。

4. 注册并登录一个主流云计算平台（如阿里云、腾讯云等），体验云服务器、云数据库等云服务的基本操作，掌握云计算的基本概念、服务类型及实际操作技能。

单元 7　信息素养与社会责任

知识目标

1. 掌握信息素养的定义、核心要素及社会价值。
2. 理解信息安全的基本要素及常见威胁。
3. 熟悉信息伦理原则及相关法律法规。

技能目标

1. 能够高效利用专业检索工具，筛选、评估并整合权威信息。
2. 能够应用安全工具进行病毒查杀、系统修复及弹窗拦截，提升终端防护能力。
3. 能够辨别虚假信息，撰写分析报告并提出应对策略。
4. 能够结合行业场景设计信息伦理实施方案。

素质目标

1. 强化信息社会责任意识，遵守法律法规，维护网络空间秩序。
2. 养成批判性思维，抵制虚假信息传播，坚守信息真实性原则。
3. 树立职业操守观念，在实践中践行诚信、自律、尊重知识产权的职业行为。
4. 增强国家安全意识，理解自主可控技术在信息安全中的核心价值。

任务 7.1　信息素养的培养

7.1.1　任务描述

通过"认识中国国家图书馆及其文津搜索系统"这一任务，深入了解中国国家图书馆作为国家级综合性图书馆的重要地位与多重职责，包括其作为国家总书库、书目中心、古籍保护中心等多重角色的具体作用。同时，熟悉并掌握文津搜索系统的使用方法，在浩瀚的数字资源中快速、准确地找到所需信息。

通过该任务，使学习者能够充分认识到信息技术在学术研究、文化传承和社会教育中的重要作用，同时提升其利用数字资源的能力，为未来的学习和工作打下坚实的基础。

7.1.2　任务实施

1. 认识中国国家图书馆

中国国家图书馆，作为中国最大的综合性图书馆，它不仅是国家总书库，还肩负着国家书目中心、国家古籍保护中心、国家典籍博物馆及国家图书馆学、情报学研究中心等多重职责。这座图书馆位于北京市海淀区，其藏书量之丰富，涵盖了古今中外各类文献，为学术研究、文化传承及社会教育提供了坚实的支撑。此外，中国国家图书馆还积极推动数字化建设，让丰富的文化资源以更加便捷的方式触达广大读者，成为连接过去与未来、传统与现代的重要桥梁。

中国国家图书馆网站（www.nlc.cn）集海量图书、期刊、报纸、古籍、学位论文、会议论文、专利等资源于一身，为广大读者提供了全方位、高效的信息获取途径。该网站不仅资源丰富，还提供了多样化的检索方式，如简单检索、高级检索等，让用户能迅速找到所需信息。同时，其用户友好的界面、清晰的导航和专业的咨询服务，进一步提升了用户体验。此外，该网站还积极推广数字阅读和文化传播，通过丰富的电子书、有声读物和视频资源，以及定期的线上活动和文化展览，让中华优秀传统文化得以传承和弘扬，如图 7-1 所示。

图 7-1　中国国家图书馆网站

2. 文津搜索系统

中国国家图书馆的文津搜索系统是一个高效、精准、专业的图书馆领域元数据统一式搜索服务平台，它有效整合了国家图书馆自建数据和部分已购买了服务的各类数字资源，实现了资源的一站式发现与获取，使图书馆内的封闭资源能够对网络用户开放。该系统旨在向读者提供全新的搜索体验，帮助读者在海量的资源中快速地发现并获取有用信息。

文津搜索系统汇聚了海量的文献信息，包括图书、古文献、论文、期刊、报纸、多媒体、缩微文献、文档、词条等，这些资源覆盖了全国图书馆的范围，数量庞大，能够满足读者多样化的信息需求。在搜索结果展示方面，系统采用了结果聚类的方式，通过多种途径的分类和排序方式对检索结果进行过滤、聚合与导引，方便读者快速定位所需信息。

为了提高搜索质量，文津搜索系统致力于提高用户搜索过程中返回信息的数量和质量，使读者不必在各种媒体资源的多个系统中检索就能得到满意的结果。同时，系统还具备强大的承载能力，能够快速地处理大量的用户访问请求，并提供准确的检索结果。

除了基本的搜索功能外，文津搜索系统还支持在线阅读和分享功能，用户可以根据个人权限浏览更多的信息。同时，系统还提供了个性化服务，通过登录认证后，用户可以查看自己的检索历史、设定搜索习惯等，从而更加便捷地获取所需信息。

作为中国国家数字图书馆的核心系统，文津搜索系统不仅提升了国家图书馆的资源发现能力,还满足了读者对各类资源的"一站式"检索需求,提高了全国图书馆数字资源的利用率。

3. 使用文津搜索系统

(1) 第一次检索。在搜索框内输入查询词,按 Enter 键或者单击搜索框右侧的"搜索"按钮,即可出现与查询词相关的搜索结果。在搜索框中输入查询词时系统能即时提供查询词的自动补全提示,减少用户的输入量。例如,读者想查找涉及中国传统文化的资源,在搜索框内直接输入"中国传统文化",单击"搜索"按钮,或按 Enter 键,如图 7-2 所示。

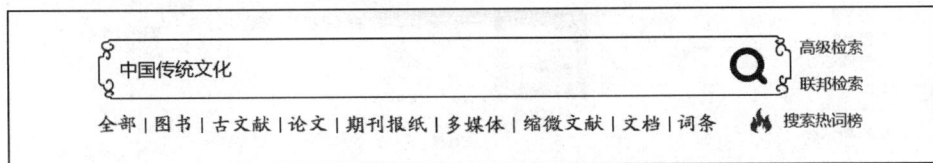

图 7-2　在搜索框内直接输入

(2) 使用专业检索。直接选取导航栏资源和检索字段进行专业检索。例如,检索唐宋拓片,在导航栏中先选择"古文献"资源,再在字段中选择关键词。根据不同类别专业检索字段快速查找资源,如图 7-3 所示。

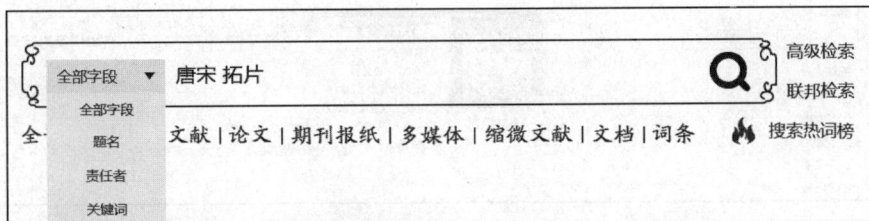

图 7-3　使用专业检索

(3) 搜索结果页面介绍。

① 搜索结果列表页介绍。文津搜索系统以列表和导航方式返回搜索结果,支持预览摘要、目次、馆藏信息和在线阅读,帮助读者快速判断该文献是否为自己所需,直观初步地了解资源信息。搜索结果列表页如图 7-4 所示。

在列表页右侧,读者可以看到每个文献的下列条目。

* 标题:搜索结果列表中第一行文字,单击打开可以查看资源详细页面。
* 摘要:对资源的描述,包含了从该资源中摘录的相关文本,方便读者查找所需内容。
* 目次:目录的排序,目录是内容章节的具体名称。
* 馆藏信息:以列表形式说明资源所在位置和提供的服务,并用地图标明其所在的具体城市和图书馆。
* 在线阅读:包含所有数据库"在线阅读"地址,单击"在线阅读"跳转到资源的在线阅读页面。

② 文献类型导航。读者在搜索结果列表页左侧选择文献类型后,右侧搜索结果列表只显示属于该类型的检索结果。

例如,对于"论文"这一文献类型,在其子类中选择"会议论文"复选框,结果列表就会只显示命中该检索字段的信息。读者对文献类型可以进行复选,结果列表页将显示选中文献类型的检索结果的并集。

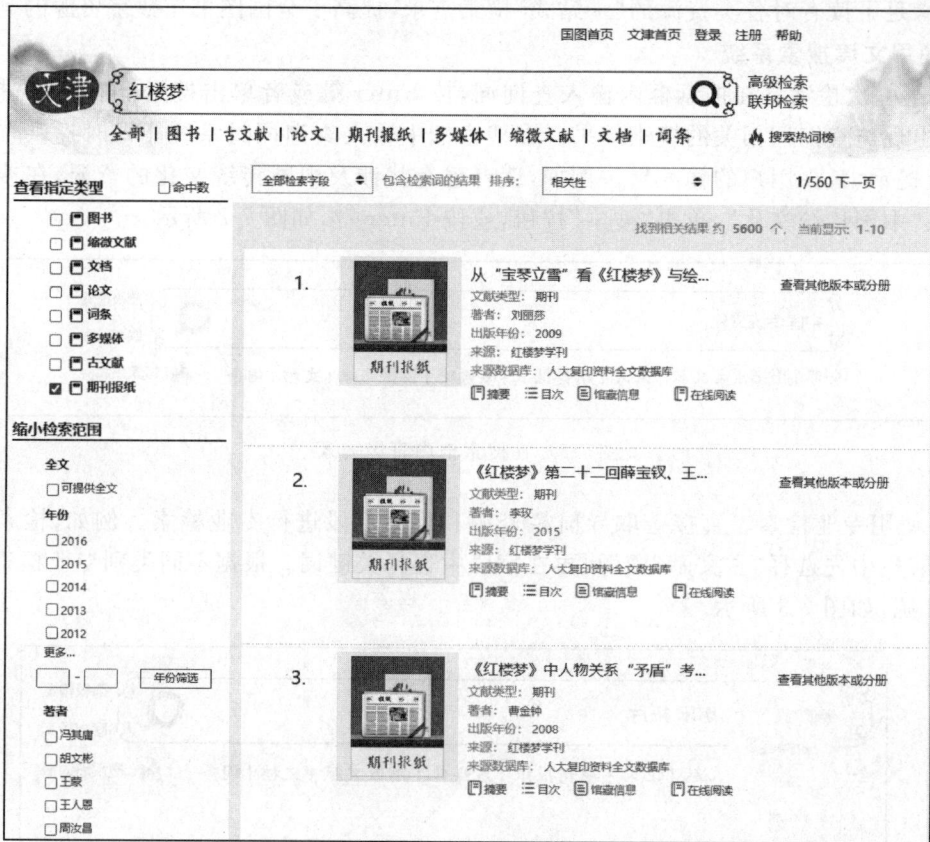

图 7-4　搜索结果列表页

③ 缩小检索范围导航。读者可根据年份、著者和语种缩小检索范围,检索范围项是系统根据检索结果动态返回命中数量最多的 5 个。如果读者还想获取更多的检索范围项,可单击左侧对应项下的"更多"按钮,则其他检索范围项会按顺序展开。右侧搜索结果列表会根据选择的检索范围显示检索结果。读者还可勾选"全文过滤"选项来查看有全文的结果。

例如,勾选左侧"著者"下某个著者的复选框,结果列表会显示著者为所选姓名的列表集合。

④ 来源数据库导航。读者可以指定资料的来源数据库。单击"来源数据库"下的"更多"按钮,页面会显示更多的资料来源数据库。右侧搜索结果列表根据选中的数据库筛选结果。

例如,勾选"馆藏外文资源"复选框,结果列表右侧会显示来源数据库是"馆藏外文资源"的列表集合。

⑤ 页面结果排序。读者检索后结果列表可以按 6 种方式进行排序。

- 相关性:按照文本匹配相关性和文档重要性基数得出的综合得分进行排序。
- 题名 A-Z:按照英文字母顺序或者汉语拼音顺序进行排序。
- 作者 A-Z:按照英文字母顺序或者汉语拼音顺序进行排序。
- 出版单位 A-Z:按照英文字母顺序或者汉语拼音顺序进行排序。
- 出版日期(时间降序):最新的排在前面。
- 出版日期(时间升序):最旧的排在前面。

其中,系统默认的排序方式为相关性排序。

⑥ 相关检索。系统根据当前检索词的扩展词、同义词和规范库关联词,在搜索结果页下方提供相关检索服务。最多会在一到两行显示 10 个相关热点词条,单击相关检索词条的链接可以跳转到新的关键词列表预览页面。

⑦ 二次检索。在当前检索结果中进行二次检索,在结果列表页下方的二次检索入口输入检索词,再单击"检索"即可。

(4) 详情页面介绍。详情页将展示搜索到的文献的详细信息、摘要、目次和馆藏信息等内容,可提供在线阅读,支持快速分享到新浪微博或腾讯微博,并且可实现通过超链接形式一键在百度、谷歌图书或本系统中进行搜索或直接展示相关内容。文献详情页如图 7-5 所示。

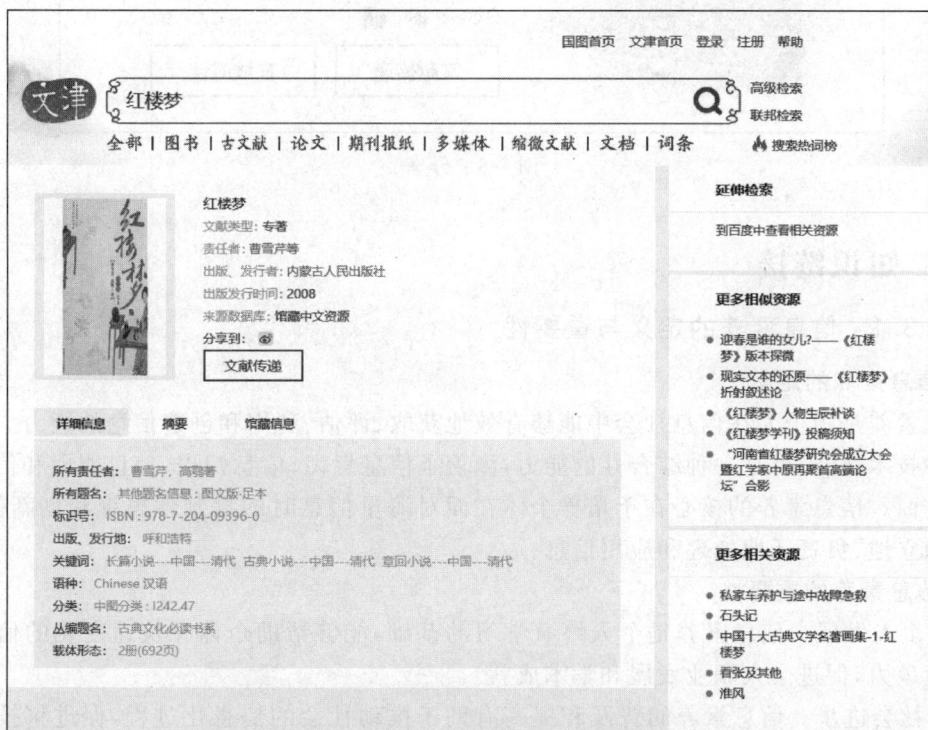

图 7-5　文献详情页

① 详细信息。此模块可根据不同文献类型显示不同字段信息。例如,对于类型为专著的文献,可显示所有责任者、标识号、出版发行地、关键词、语种、分类、丛编题名、载体形态和读者类型等信息;对于类型为学位论文的文献,可显示所有责任者、关键词、语种、分类、论文专业、论文授予机构、论文授予时间、载体形态和读者类型等信息。

② 摘要。此模块简要说明了文献的主要内容,可通过阅读此部分了解文献概要信息。

③ 目次。此模块展示了文献内容的篇目次序。

④ 馆藏信息。此模块展示了该文献在全国各省市图书馆的馆藏分布情况和提供的服务。单击图书馆名称可直接获取该文献在此馆的详细馆藏信息,单击"显示地图"按钮可在地图上显示该文献在全国各省市图书馆的馆藏分布情况,通过地方缩放可查看各图书馆具体位置。

⑤ 在线阅读。单击"在线阅读"按钮,可以在线阅读此文献的具体内容。如果未登录文津搜索系统,则需根据提示先进行登录。

⑥ 分享到新浪微博。在详情页中单击新浪微博或腾讯微博的图标，可将此文献的封面截图、名称和在文津搜索系统中的链接地址分享到微博上，如图 7-6 所示。读者要先登录微博，才能进行分享。

图 7-6　分享

7.1.3　知识链接

7.1.3.1　信息素养的定义与重要性

1. 信息素养的定义

信息素养是指个人在信息社会中能够有效地获取、评估、利用和创造信息的能力。它不仅仅是一种技术技能，更是一种综合性的能力，涵盖了信息意识、信息知识、信息能力和信息道德等多个方面。信息素养的核心在于培养个体在面对海量信息时的批判性思维和创新能力，使其能够独立地、负责任地处理和应用信息。

2. 信息素养的重要性

（1）个人发展。信息素养是个人终身学习的基础，能够帮助个体在快速变化的信息环境中保持竞争力，促进个人职业发展和学术成就。

（2）社会进步。信息素养的普及和提高有助于推动社会的信息化进程，促进科技创新和社会经济的发展。

（3）民主参与。具备信息素养的公民能够更有效地参与公共事务，通过获取和评估信息来做出明智的决策，增强民主社会的活力和稳定性。

（4）文化传承。信息素养有助于保护和传承文化遗产，通过数字化和网络平台，使文化资源得以广泛传播和共享。

7.1.3.2　信息素养的要素

信息素养的核心要素包含信息意识、信息能力、信息道德与信息安全四个方面。

1. 信息意识

信息意识强调对信息的敏感性和价值判断能力，如在社交媒体中快速识别虚假新闻（如未经医学验证的疫情谣言），并通过 CRAAP 检测法（时效性、相关性、权威性、准确性、目的性）评估信息源的可信度，优先选择政府网站（如".gov.cn"域名）等权威渠道验证信息。

2. 信息能力

信息能力涵盖技术、分析与应用三个层面。技术上需掌握搜索引擎高级语法(如 site：gov. cn 疫情防控限定政府网站检索)和专业数据库(如中国知网的"高级检索"功能);分析上需利用 Excel 数据透视表或 Python 工具对数据进行逻辑验证与可视化呈现;应用上则要求将信息转化为解决方案,例如基于《"十四五"数字经济发展规划》提出区域数字化转型的具体方案。

3. 信息道德

信息道德方面要求遵守《中华人民共和国网络安全法》等法律法规,杜绝网络暴力与隐私泄露行为,如拒绝参与"人肉搜索"或转发他人敏感信息。学术场景中需严格遵循 APA/MLA 引用格式,确保论文查重率低于 15%,避免学术不端风险。

4. 信息安全

在信息安全方面,个人需设置高强度密码(如"Aa123! @#"),启用双因素认证(2FA),并警惕钓鱼邮件(如仿冒银行链接)和公共 Wi-Fi 的数据窃取风险。企业则需落实网络安全等级保护制度,定期开展渗透测试,防范 SQL 注入等攻击。

信息素养的社会价值体现在促进社会公平与提升公共效率。例如,"国家中小学智慧教育平台"为偏远地区提供优质教育资源,缩小城乡数字鸿沟;"一网通办"政务服务平台简化社保办理等流程,提升公民对公共事务的参与度。通过强化信息素养,公众能够更理性地获取权威信息(如应急管理部发布的灾害预警),有效遏制网络谣言的传播,构建清朗的网络生态。

任务 7.2　信息安全及自主可控

7.2.1　任务描述

通过实际操作火绒安全软件来加深理解信息安全及自主可控的重要性。火绒安全软件是一款功能全面的安全防护工具,集成了病毒查杀、系统修复和弹窗拦截等多项实用功能。通过使用火绒,学会如何有效地扫描和清除计算机中的病毒和恶意软件,修复系统异常,以及拦截弹窗广告,从而提升个人计算机的安全性和使用体验。本任务不仅帮助学生掌握基本的信息安全技能,还强调了自主可控在信息安全中的关键作用,培养学生对信息安全的责任感和自我保护能力。

7.2.2　任务实施

火绒安全软件是一款集安全防护、病毒查杀、垃圾清理、系统修复等功能于一身的安全防护软件。该软件以"安全为本"为产品理念,注重用户体验和实用性,采用自主研发的反病毒引擎,能够有效查杀各种病毒和恶意软件,保护用户的计算机安全。

1. 病毒查杀

火绒病毒查杀能主动扫描在计算机中已存在的病毒、木马威胁。选择需要查杀的目标后,火绒将通过自主研发的反病毒引擎高效扫描目标文件,及时发现病毒、木马,并帮助用户有效地清除相关威胁。

步骤 1:打开火绒安全软件,在下拉列表中可以选择查杀方式,单击"快速查杀"按钮,如图 7-7 所示。

查杀方式如表 7-1 所示。

图 7-7　火绒安全软件首页

表 7-1　查杀方式

功　能	说　明
快速查杀	病毒文件通常会感染计算机系统敏感位置，快速查杀针对这些敏感位置进行快速查杀，用时较少，推荐用户日常使用
全盘查杀	针对计算机所有磁盘位置进行查杀，用时较长，推荐用户定期使用或发现计算机中毒后进行全面排查
自定义查杀	可以指定磁盘中的任意位置进行病毒扫描，完全自主操作，有针对性地进行扫描查杀。推荐在遇到无法确定部分文件安全时使用

步骤 2：在打开的"快速查杀"页面中可以选择"常规""高速"模式，如图 7-8 所示。

步骤 3：发现威胁。当火绒在扫描中发现病毒时，会实时显示发现风险项的个数，可通过单击"查看详情"按钮实时查看当前已发现的风险项，如图 7-9 所示。单击"退出详情"按钮即可返回病毒扫描页面，如图 7-10 所示。

图 7-8　高速查杀

图 7-9　查看详情

图 7-10　退出详情

步骤 4：处理威胁。扫描到威胁后，火绒安全软件提供病毒处理方式的选择。其中"立即处理"是对所选择的风险项进行隔离处理，"全部忽略"是对扫描出的风险项目不做处理，如图 7-11 所示。将威胁文件处理完毕，显示处理结果包括清除的木马、病毒等威胁的数量，单击"完成"按钮，如图 7-12 所示。

图 7-11　立即处理

图 7-12　处理完成

2. 系统修复

系统修复能修复因为木马病毒篡改、软件的错误设置等原因导致的各类计算机系统异常、不稳定问题，以保证系统安全稳定地运行。

步骤 1：单击首页中的"安全工具"图标，在系统工具中选择"系统修复"，如图 7-13 所示。

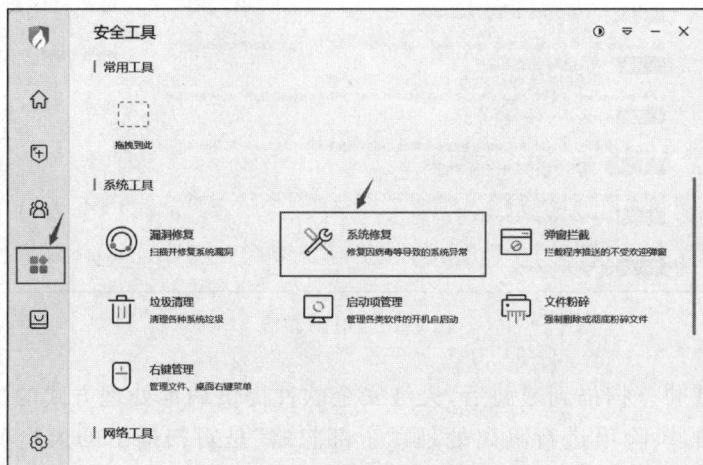

图 7-13　系统修复

步骤 2：扫描完成，发现问题后会显示扫描完成页，根据自己的需要勾选需要修复的项目，火绒默认只勾选推荐修复项。单击"一键修复"按钮进行系统修复，等待修复完成即可，如图 7-14 所示。

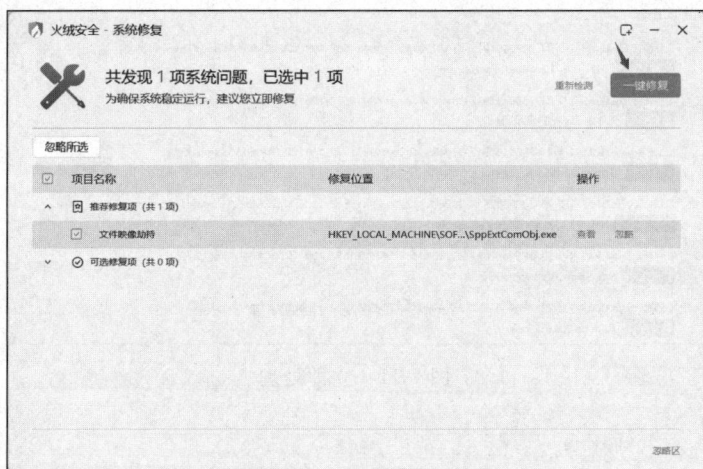

图 7-14　一键修复

3. 弹窗拦截

很多计算机软件在使用的过程中会通过弹窗的形式来推送资讯、广告甚至一些其他软件，这些行为影响计算机的正常使用。火绒弹窗拦截采用多种拦截形式，自主、有效地拦截弹窗。弹窗拦截开启后会自动扫描出计算机软件中出现的广告弹窗，并开始自动拦截，如图 7-15 所示。

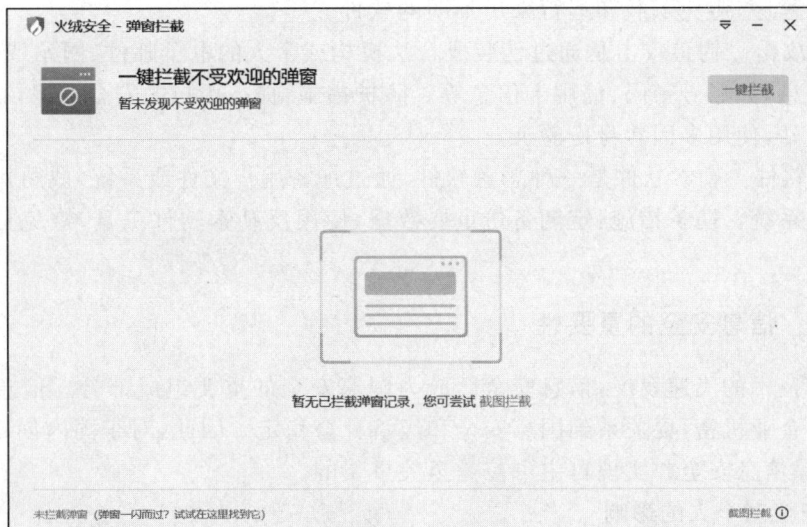

图 7-15 弹窗拦截

7.2.3 知识链接

7.2.3.1 信息安全概述

1. 信息安全的定义

信息安全是指保护信息系统免受未经授权的访问、使用、披露、破坏、修改、检查或破坏的能力。它涵盖了保护信息的机密性、完整性和可用性,确保信息在存储、处理和传输过程中不被泄露、篡改或破坏。

2. 信息安全的基本要素

(1)机密性:确保信息只能被授权的个人或系统访问,防止未经授权的泄露。其实现方法包括加密技术、访问控制和身份验证。

(2)完整性:确保信息在存储、处理和传输过程中不被未经授权的修改或破坏。其实现方法包括数据校验、数字签名和访问控制。

(3)可用性:确保信息和信息系统在需要时能够正常使用,防止服务中断。其实现方法包括备份和恢复、容错技术和应急响应计划。

(4)真实性:确保信息的来源和内容是真实可信的,防止伪造和欺骗。其实现方法包括数字签名、身份验证和数据完整性校验。

(5)不可否认性:确保信息的发送者和接收者不能否认其行为,防止抵赖。其实现方法包括数字签名和审计日志。

3. 常见的信息安全威胁

(1)病毒。病毒是一种恶意软件,能够自我复制并感染其他文件或系统,通常通过电子邮件附件、下载的文件或软件漏洞传播。防护措施:使用杀毒软件进行实时监控和定期扫描,避免打开未知来源的文件和链接。

(2)木马。木马是一种伪装成合法软件的恶意程序,一旦被用户下载和运行,就会在后台执行恶意操作,如窃取个人信息、控制计算机等。防护措施:安装可信的安全软件,定期更新操作系统和应用程序，避免下载和运行来历不明的软件。

（3）钓鱼攻击。钓鱼攻击是通过伪装成合法机构或个人的电子邮件、网站或消息，诱骗用户提供敏感信息，如账号密码、信用卡信息等。防护措施：提高用户的安全意识，教育用户识别钓鱼邮件和网站，使用多因素身份验证。

（4）勒索软件。勒索软件是一种恶意软件，通过加密用户文件或系统，威胁用户支付赎金以解锁文件或系统。防护措施：定期备份重要数据，使用反勒索软件工具，避免打开未知来源的文件和链接。

7.2.3.2　信息安全的重要性

随着信息技术的飞速发展，信息安全已成为国家安全的重要组成部分。信息安全不仅关乎个人隐私和企业机密，更关系到国家安全和经济社会稳定。因此，对于国内创新型信息技术企业而言，确保信息安全并实现自主可控是至关重要的。

1. 信息安全对个人的影响

个人隐私泄露对个人生活构成了多方面的威胁。一旦个人信息如姓名、身份证号、银行账户等被不法分子通过钓鱼攻击、勒索软件等手段盗用，便可能引发身份盗窃的严重后果，使个人身份被冒用进行非法活动，如贷款申请、信用卡诈骗、银行账户被盗刷、信用卡被恶意透支等，直接威胁个人的财务安全，还可能对个人的信用记录造成损害，进而影响未来的贷款和信用卡申请等金融活动。更为严重的是，泄露的个人信息可能被用于发布虚假信息，损害个人名誉，进而影响到个人的社会形象和人际关系。

为了有效防范个人隐私泄露，可采取一定的防护措施。第一，使用强密码确保各类账户密码复杂且独特，避免使用易被猜测的信息。定期更换密码也是必要的，以降低密码被破解的风险。第二，定期备份重要数据也是至关重要的，以防止数据丢失或被加密后无法恢复。第三，应尽量避免在公共网络上进行网银交易、登录重要账户等敏感操作，防止信息被截获。进行在线支付时，应选择安全的支付平台和启用双因素认证等安全措施，确保交易的真实性和安全性。同时，定期检查银行账户和信用卡账单也是必要的，以便及时发现异常交易并采取相应的处理措施。第四，在浏览网络时，应避免点击来源不明的邮件链接和广告，以防止下载恶意软件。在网络上分享个人信息时，持谨慎态度，特别是在社交媒体和不明来源的网站上。第五，安装正版杀毒软件和防火墙，并定期进行系统扫描，以防止恶意软件入侵，使用隐私保护工具如 VPN 等，也能显著增强个人信息的安全性。

2. 信息安全对企业的影响

信息安全对于企业的稳定运营与持续发展具有至关重要的意义。一旦信息安全遭受威胁，企业可能面临多种严重的后果。

首先，商业机密的泄露是一个不容忽视的问题。企业的核心竞争力往往体现在其独特的客户数据、先进的研发成果以及周密的商业计划上。如果这些重要信息被不法分子窃取或泄露，企业可能会立即失去市场竞争的优势，甚至面临法律诉讼的风险。为了防止这种情况的发生，企业需要采取一系列严密的防护措施，包括实施严格的访问控制制度，确保只有授权人员能够接触到敏感信息；采用数据加密技术，即使信息被窃取也无法轻易被解读；加强员工的安全培训，提高全员的信息安全意识；定期进行安全审计，及时发现并纠正潜在的安全隐患。

其次,信息安全问题还可能导致企业的运营中断。在高度信息化的今天,企业的运营越来越依赖各种信息系统和网络平台。一旦这些系统遭受网络攻击,可能会导致企业的业务流程受阻,系统瘫痪,进而影响正常的运营和服务提供。为了应对这种风险,企业需要建立应急响应计划,确保在发生安全事件时能够迅速、有序地采取行动;使用高可用性系统,确保在部分系统出现故障时能够自动切换到备用系统,保证业务的连续性;需要定期进行系统备份和恢复测试,确保在数据丢失或系统损坏时能够迅速恢复数据和服务。

最后,信息安全事件还可能对企业的信誉造成损害。在信息透明化的社会中,企业的任何一次信息安全事件都可能迅速传播开来,引发公众和合作伙伴的质疑与担忧。这种信誉的损害可能会长期影响企业的品牌形象和市场地位。因此,企业在处理信息安全事件时需要采取透明公开的态度,及时通知受影响的各方并说明情况;同时,需要持续改进安全措施,加强信息安全的防范和管理能力,以赢得公众的信任和支持。

信息安全对企业的影响是多方面的且深远的。为了保障企业的稳定运营和持续发展,企业需要高度重视信息安全问题并采取有效的防护措施来应对各种潜在的风险和挑战。

3. 信息安全对国家的影响

(1)国家安全威胁。在信息化时代,关键基础设施的信息系统已经成为国家运行不可或缺的一部分。一旦这些系统遭受攻击,不仅可能导致服务中断,还可能泄露敏感信息,进而被用于政治或军事目的,严重威胁国家安全。例如,电力系统的瘫痪可能导致城市生活陷入混乱,交通系统的被控可能导致交通瘫痪和公共安全危机,而通信系统的中断则可能切断国家间的联系,削弱国家的应急响应能力。

近年来,多国发生的电力网络攻击事件和交通控制系统被黑客入侵的案例,都提醒我们信息安全对于国家安全的极端重要性。这些事件不仅直接威胁到国家的正常运行,还可能被敌对势力利用,加剧国际局势的紧张。

(2)经济损失。信息安全事件对经济的影响是深远的。大规模的数据泄露或网络攻击可能导致企业破产、消费者信任丧失、金融市场动荡等连锁反应。对于国家而言,这不仅意味着直接的经济损失,还可能影响其在国际市场的声誉和竞争力。此外,信息安全问题还可能阻碍数字经济的发展,限制新技术和新应用的推广。

根据相关研究,每年因信息安全问题导致的全球经济损失高达数千亿美元。对于发展中国家而言,这一数字可能更为庞大,因为它们在信息安全方面的投入和防护能力相对较弱。

(3)社会稳定。信息安全事件对社会稳定的影响同样不容忽视。一旦公众意识到自己的隐私和数据安全受到威胁,就可能产生恐慌情绪,进而引发社会不满和动荡。此外,网络谣言和虚假信息的传播也可能加剧社会恐慌和混乱。

为了维护社会稳定,政府应加强对网络谣言和虚假信息的打击力度,同时加强网络安全宣传教育,提高公众的网络安全素养。此外,还应建立健全的网络安全预警和应急机制,确保在信息安全事件发生时能够迅速响应、有效处置。

信息安全对国家的影响是多方面的、深远的。为了保障国家安全、减少经济损失、维护社会稳定,我们必须高度重视信息安全问题,加强关键基础设施的安全防护、完善网络安全法律法规、推动网络安全产业发展、提高全民网络安全意识。只有这样,我们才能在这个信息化时代中立于不败之地。

任务 7.3　信息伦理与职业行为自律

7.3.1　任务描述

本任务的主要目标是帮助学生深入了解信息伦理及职业行为自律的核心概念和实践要求。信息伦理涉及在信息活动中遵循的道德原则与行为规范，包括个人隐私保护、知识产权维护、信息公平传播等方面。通过学习信息伦理的基本知识，学习者将掌握如何在信息处理、传播和使用过程中履行道德责任，确保信息活动的公正性和透明性，并增强对个人隐私和知识产权的尊重。

此外，本任务还将重点关注职业行为自律，要求学习者了解相关法律法规，如《中华人民共和国网络安全法》《中华人民共和国个人信息保护法》和《中华人民共和国电子商务法》，并学习如何在实际工作中实施职业行为自律。这包括保持良好的职业态度、遵守法律法规、维护信息的真实性与安全性等方面。通过任务实施，学生将具备在信息技术领域自觉遵守伦理规范和法律要求的能力，提升职业素养和道德水平。

7.3.2　任务实施

1. 学习和讨论

步骤 1：阅读本任务中关于信息伦理的内容，重点关注信息伦理的定义、重要性和主要原则。

步骤 2：参与课堂讨论或小组讨论，分享对信息伦理的理解和在实际工作中的应用案例。

步骤 3：通过案例分析，讨论虚假信息的辨别方法及其对社会和个人的影响。

2. 实操练习

步骤 1：查找并分析最近在社交媒体上流传的虚假信息，利用所学的辨别技巧，判断其真实性，并撰写分析报告。

步骤 2：针对一个具体的业务场景（如电子商务、社交媒体运营），制订信息伦理和职业行为自律的实施方案，包括如何保护个人信息、维护知识产权和确保信息的公正传播。

3. 法律法规学习

步骤 1：学习《中华人民共和国网络安全法》《中华人民共和国个人信息保护法》和《中华人民共和国电子商务法》的相关内容，理解这些法律如何影响信息技术行业的操作规范。

步骤 2：通过模拟案例，分析在法律框架下处理信息伦理问题的方法。

4. 职业行为自律实践

步骤 1：制订个人职业行为自律计划，包括如何在日常工作中保持良好的职业态度、遵守法律法规、维护商业利益等。

步骤 2：参与行业自律活动，了解和遵守行业协会制定的自律公约，并在实践中展示良好的职业操守。

5. 反馈与评估

步骤 1：进行自我评估和同伴评估，检视在任务实施过程中的表现和进步。

步骤 2：通过问卷调查或小组讨论，收集对本任务实施效果的反馈，评估学习效果并提出改进建议。

7.3.3　知识链接

7.3.3.1　信息伦理的基本知识

1. 认识信息伦理

信息伦理是指在信息活动中应遵循的道德原则和行为规范。它涉及个人、组织和社会在收集、处理、存储、传播和使用信息过程中应承担的道德责任和义务。信息伦理的核心在于确保信息活动的公正性、透明性和尊重个人隐私,同时保护知识产权和促进信息的合理利用。

2. 信息伦理的重要性

(1) 保护个人隐私。信息伦理要求在处理个人信息时,必须获得个人的明确同意,并确保信息的安全和保密,防止个人信息被滥用或泄露。

(2) 维护知识产权。信息伦理强调对原创作品和创新成果的尊重和保护,防止未经授权的复制、传播和使用,促进知识和文化的健康发展。

(3) 促进信息公平。信息伦理要求信息的传播和使用应公平、公正,避免信息垄断和歧视,确保所有人都能平等地获取和利用信息。

(4) 增强社会信任。遵守信息伦理可以增强公众对信息提供者和传播者的信任,促进信息社会的和谐稳定。

3. 信息伦理的主要原则

(1) 尊重隐私。在收集、使用和披露个人信息时,应尊重个人的隐私权,确保信息的安全和保密。

(2) 保护知识产权。尊重和保护原创作品和创新成果的知识产权,禁止未经授权的复制、传播和使用。

(3) 诚实守信。在信息活动中应诚实守信,提供真实、准确的信息,避免虚假和误导。

(4) 公平使用。信息的传播和使用应公平、公正,避免信息垄断和歧视,确保信息的合理利用。

(5) 责任与透明。信息提供者和传播者应对其行为负责,确保信息活动的透明度,接受公众监督。

7.3.3.2　辨别虚假信息

1. 虚假信息的定义与特征

虚假信息是指内容不真实、具有误导性或故意欺骗的信息。其特征如下。

(1) 来源不明。虚假信息往往缺乏可靠的来源或引用不可信的来源。

(2) 内容夸张。虚假信息常常包含夸张、极端或不合理的陈述,以吸引注意或制造恐慌。

(3) 缺乏证据。虚假信息通常缺乏支持其主张的证据或引用不可验证的数据。

(4) 时间敏感。虚假信息可能利用当前事件或热门话题,以增加其可信度和传播速度。

2. 辨别虚假信息的方法和技巧

首先,查证信息来源,确认发布者是否为可信的媒体机构、专业组织或权威人士,并检查网站域名是否正规,避免点击来源不明的链接。

其次,对比多方信息,通过多个独立的信息源验证信息的准确性,对比不同来源的报道和观点,注意信息的一致性和差异,辨别是否存在矛盾或不一致的地方。

再次,关注信息发布时间,检查其是否为过时的信息或已被证伪的内容,注意信息是否针对当前事件，避免被旧闻或不相关的信息误导。

最后，分析信息内容，评估其逻辑性和合理性，判断是否符合常理和事实，注意信息中是否存在拼写错误、语法错误或不专业的表述，这些可能是虚假信息的标志。

3. 虚假信息的危害和传播途径

虚假信息的危害和传播途径广泛而深远。首先，虚假信息可能导致公众对事实的误解，影响个人决策和社会共识，甚至引发社会恐慌、信任危机和群体对立，严重破坏社会稳定。其次，虚假信息可能对个人、企业或组织的声誉造成不可逆转的损害，影响其正常运营和发展。

虚假信息的传播途径多样，主要通过社交媒体平台迅速扩散，如微博、微信等，用户通过分享和转发使虚假信息快速传播。此外，即时通信工具如QQ、微信的群聊和私聊功能也成为虚假信息传播的渠道。电子邮件和短信也常被用于发送虚假信息，诱导接收者单击链接或提供个人信息，进一步加剧了虚假信息的传播和危害。

7.3.3.3 相关法律法规与职业行为自律

1. 相关法律法规

（1）《中华人民共和国网络安全法》。《中华人民共和国网络安全法》于2017年6月1日实施，其核心目标是保障网络安全，维护网络空间主权和国家安全、社会公共利益，保护公民、法人和其他组织的合法权益，促进经济社会信息化健康发展。该法规定了网络运营者的安全保护义务、个人信息保护、关键信息基础设施保护、网络安全监测预警与应急处置等内容，为我国网络安全提供了法律保障。

（2）《中华人民共和国个人信息保护法》。《中华人民共和国个人信息保护法》于2021年11月1日实施，该法旨在保护个人信息权益，规范个人信息处理活动，促进个人信息合理利用。其主要内容包括个人信息的定义、处理原则、个人信息主体的权利、个人信息处理者的义务、跨境提供个人信息的规则等，强化了对个人信息的法律保护，确保个人信息不被滥用。

（3）《中华人民共和国电子商务法》。《中华人民共和国电子商务法》于2019年1月1日实施，该法旨在保障电子商务各方主体的合法权益，规范电子商务行为，维护市场秩序，促进电子商务持续健康发展。其主要内容涵盖电子商务经营者的义务、电子商务合同的订立与履行、电子商务争议解决、电子商务促进等，为电子商务的健康发展提供了法律框架。

通过法律的实施，我国在网络安全、个人信息保护和电子商务领域建立了较为完善的法律体系，为信息行业的健康发展提供了坚实的法律基础。

2. 职业行为自律的重要性和具体要求

（1）职业行为自律的重要性。职业行为自律是信息行业从业者应遵循的基本原则，体现了对职业道德和社会责任的尊重和承诺。通过自律，可以提升行业整体形象，增强公众信任，促进信息行业的健康发展。职业行为自律不仅是个人职业发展的需要，也是维护行业秩序和社会稳定的重要保障。

（2）职业行为自律的具体要求如下。

① 坚守健康的生活情趣。从业者应保持良好的生活习惯和道德品质，避免因个人行为影响职业形象。这包括合理安排工作与休息，培养健康的生活方式，以及遵守社会公德和职业道德。

② 培养良好的职业态度。以诚信、专业、负责的态度对待工作，不断提升专业技能和服务质量。从业者应诚实守信，对工作认真负责，不断学习新知识，提高业务水平，以提供高质量的

服务。

③ 秉承端正的职业操守。遵守法律法规，尊重他人权益，维护信息的真实性、安全性和合法性。从业者应遵守国家法律法规，尊重和保护知识产权，确保信息内容的真实性和安全性，不传播虚假信息，不侵犯他人合法权益。

④ 维护核心的商业利益。在追求经济效益的同时，注重社会效益和长远发展，避免损害公众利益。从业者应在追求企业利润的同时，考虑社会影响，坚持诚信经营，不以牺牲公众利益为代价获取短期利益。

⑤ 规避产生个人不良记录。从业者应避免违法行为和不当行为，保持良好的个人信用记录。这包括遵守职业道德，不参与任何违法活动，保持个人行为的清白，以维护个人和企业的良好声誉。

3. 职业行为自律的实践

（1）企业内部的信息安全管理制度。企业建立健全信息安全管理制度，明确员工的信息安全责任和行为规范，定期进行安全培训和审计。通过制度化的管理，确保员工遵守信息安全规定，保护企业信息资产的安全。

（2）行业自律公约。行业协会制定并推广行业自律公约，引导会员单位遵守职业道德和行为准则，共同维护行业秩序。通过行业自律，提升整个行业的职业道德水平，增强行业的社会责任感。

（3）个人信息保护实践。企业采取技术措施和管理措施，确保个人信息的安全和保密，尊重和保护用户的隐私权。通过实施严格的个人信息保护措施，企业不仅遵守了法律法规，也赢得了用户的信任和支持。

信 息 中 国

数字时代的浪潮与责任

2024 年 5 月 24 日，第七届数字中国建设峰会在福建省福州市开幕。本届峰会由国家发展和改革委员会、国家数据局、国家互联网信息办公室、科学技术部、国务院国有资产监督管理委员会、福建省人民政府共同主办，以"释放数据要素价值，发展新质生产力"为主题，旨在推动数字中国建设，促进数字技术与实体经济深度融合，赋能经济社会发展。

峰会期间，国家部委、权威机构发布了数字化发展政策措施和研究报告，为数字中国建设指明方向。本届峰会聚焦数字中国建设关键领域，召开了相关专业工作会议，助力发展新质生产力。同时，企业代表嘉宾占比超过 65％，展示了数字技术的最新成果和应用案例。

峰会让数字惠民触手可及，通过创新数字赛事、打造数字街区、丰富数字文旅等方式，让数字场景更加贴近人民群众，让数字惠民看得见、摸得着、体验更好。

福州作为数字中国建设峰会的举办地，通过承办峰会，释放了强大的数字引擎动力，推动城市高质量发展。近年来，福州大力发展数字经济，构建了"天上三朵云、中间两个超算、地上两条路"的信息基础设施网络，推动产业数字化、工业互联网创新发展，并取得了显著成效。同时，福州加快放大数据要素乘数效应，成立快递大数据东南研究院、智慧海洋空间基础数据创新研究院等，持续赋能城市交通、普惠金融、医疗健康等数字应用场景。

此外，福州在数字服务出口基地建设、跨境电商发展等方面取得了积极进展，深化了闽港数字经济领域交流合作。在社会治理方面，福州通过建设提升数字化政务服务中心，推出 191 个"高效办成一件事"套餐，让群众少跑腿、数据多跑路。

未来，福州将持续深入践行数字中国建设要求，以举办数字中国建设峰会为契机，放大峰会效应，加快培育发展新质生产力，推动可持续高质量发展。

（资料来源：第七届数字中国建设峰会在福建福州举办——数字创新激活发展动力.《人民日报》.2024 年 5 月 26 日，有删改）

实 训 任 务

1. 信息素养培养实践。自主选择一个与信息技术相关的主题（如大数据、人工智能、云计算等），通过图书馆、网络等资源收集相关信息，整理并撰写一篇不少于 1500 字的综述报告。报告中需包含主题的基本概念、发展历程、应用领域、未来趋势等内容。

2. 信息技术发展史与企业兴衰案例分析。选取至少两个具有代表性的信息技术领域（如计算机硬件、软件、互联网、人工智能等），研究其发展历程中的重要事件和里程碑。同时，分析该领域内至少一家知名企业的兴衰过程，探讨其成功与失败的原因。通过案例分析，加深对信息技术发展规律的认识，以及企业在技术创新和市场竞争中的策略选择。

3. 信息安全与自主可控实践。组织一次信息安全模拟演练，包括但不限于密码破解与防护、网络钓鱼识别、恶意软件防范等。通过实际操作，亲身体验信息安全的重要性及自主可控的必要性。同时，关注国家信息安全政策与法规，讨论如何在日常学习生活中遵守相关规定，维护个人及国家的信息安全。

4. 信息伦理与职业行为自律讨论会。围绕"信息伦理与职业行为自律"主题，组织一次班级讨论会。会上，学生需结合所学专业知识及实际案例，就信息隐私保护、知识产权尊重、网络言论责任、职业诚信等议题展开讨论。鼓励学生提出个人观点，并就如何在实际工作中践行信息伦理与职业行为自律提出具体建议。

参 考 文 献

［1］曾爱林．信息技术基础项目化教程（Windows 10＋Office 2016）［M］．2 版．北京：高等教育出版社，2023.

［2］娄志刚，田驰，李杜．信息技术（基础模块）（WPS 2019 版）［M］．上海：上海交通大学出版社，2021.

［3］张爱民，魏建英．信息技术基础［M］．2 版．北京：电子工业出版社，2023.

［4］李方，陈华，王运兰．WPS 办公应用（初级）［M］．北京：电子工业出版社，2023.

［5］赵竞，欧阳芳．信息技术基础［M］．北京：机械工业出版社，2022.

［6］张敏华，史小英．信息技术基础模块（WPS Office 慕课版）［M］．北京：人民邮电出版社，2023.

［7］疏国会，张成叔，林昕．信息技术基础（WPS 版）［M］．大连：大连理工大学出版社，2022.

［8］潘彪，杨海斌．信息技术基础（WPS Office 2019）［M］．北京：电子工业出版社，2022.

参考文献